ÉLÉMENTS

DE MINÉRALOGIE

ET

DE LITHOLOGIE

OUVRAGE

Complémentaire des Eléments de Géologie.

TOULOUSE IMP. A. CHAUVIN ET FILS, RUE DES SALENQUES. 28.

ÉLÉMENTS

DE

MINÉRALOGIE

ET DE

LITHOLOGIE

Ouvrage complémentaire des Eléments de Géologie,

PAR

A. LEYMERIE

Professeur à la Faculté des Sciences de Toulouse,

Correspondant de l'Institut.

———

TROISIÈME ÉDITION

Corrigée et augmentée, illustrée de plus de **100** vignettes
représentant des formes cristallines.

———

G. MASSON
Boulevard Saint-Germain, en face
de l'Ecole de Médecine, à Paris.

J.-B. BAILLÈRE
Rue Hautefeuille, 19, à Paris.

PAUL PRIVAT, rue des Tourneurs, 45, à Toulouse.

———

1878

AVANT-PROPOS

Les notions élémentaires de *minéralogie* et de *litho-logie* qui composent ce petit volume étaient, dans nos précédentes éditions, réunies aux *Eléments de géologie*, et le tout formait un ouvrage complet et indivisible. Dans la préface des *Eléments de géologie*, nous avons dit pourquoi nous avons pris le parti, dans cette nouvelle édition, de faire de ces notions minéralogiques et lithologiques un volume séparé qui devient en quelque sorte facultatif. Nous n'en regardons pas moins ce petit ouvrage comme une annexe complémentaire de la partie géologique, que le lecteur sérieux sentira le besoin de consulter à mesure qu'il prendra connaissance du volume consacré spécialement à la géologie.

Ce petit livre se compose naturellement de deux parties.

La partie minéralogique n'est autre chose qu'un
abrégé, rendu plus élémentaire, de notre *Cours de
minéralogie* (2 vol. in-8°), où nous avons tâché de
ramener, autant que possible, la science des minéraux dans les voies et moyens de l'histoire naturelle,
et d'apporter quelque clarté dans l'exposition des notions cristallographiques qui doivent constituer la
base fondamentale d'une minéralogie quelconque.
Elle comprend la classification et la description des
espèces minérales réellement importantes.

Dans la deuxième partie, consacrée à la lithologie,
nous avons rassemblé les notions générales et particulières qui sont indispensables pour la connaissance
et la reconnaissance des roches principalement considérées au point de vue minéralogique. Ces notions
n'occupent dans notre livre qu'une place relativement peu considérable; néanmoins nous croyons y
avoir fait entrer tout ce qu'on est en droit de désirer,
dans un ouvrage élémentaire, sur la composition, la
structure et la classification des roches et sur les caractères des espèces qu'il y a lieu de regarder comme
les éléments essentiels des terrains.

TABLE MÉTHODIQUE

DES SUJETS TRAITÉS DANS CET OUVRAGE.

MINÉRALOGIE.

DESCRIPTION DES ESPÈCES IMPORTANTES.

PREMIÈRE DIVISION. — INORGANIQUES.

DEUXIÈME DIVISION. — ORGANIQUES.

NOTIONS DE LITHOLOGIE.

DESCRIPTION DES ROCHES.

PREMIÈRE DIVISION.

ROCHES CLASSÉES EU ÉGARD A LEUR COMPOSITION MINÉRALOGIQUE.

ÉLÉMENTS
DE MINÉRALOGIE

COMPRENANT

LA DESCRIPTION DES MINÉRAUX LES PLUS IMPORTANTS.

NOTIONS PRÉLIMINAIRES

RELATIVES A LA SUBSTANCE DES MINÉRAUX.

Éléments chimiques des minéraux. — Les anciens distinguaient dans l'univers quatre grands éléments, la *terre*, l'*air*, l'*eau* et le *feu*.

Le feu n'est pas une matière ; on peut le considérer comme un fluide impondérable dont l'étude est du ressort de la physique ; restent donc la terre, l'eau et l'air. Ces deux derniers ont été regardés comme élémentaires jusqu'à la fin du siècle précédent, où l'on est parvenu à diviser chacun en deux principes gazeux. On sait depuis longtemps que la terre est un corps très-compliqué, et, à l'époque si brillante pour la chimie que nous venons de rappeler, on reconnaissait, dans les matières solides qui composent notre planète, un assez grand nombre de substances différentes, la *silice*, l'*alumine*, la *chaux*, la *potasse*, le *soufre*, l'*arsenic*, et la plupart des métaux utiles.

Plus tard, H. Davy est venu montrer que les plus essentiels de ces matériaux terrestres, savoir : la *silice*, les *terres*, et les *alcalis*, étaient eux-mêmes composés d'oxygène et d'un radical spécial pour chacun d'eux. Par cette découverte et par celles de plusieurs chimistes qui ont marché sur les traces de Davy, le nombre des éléments, c'est-à-dire

1

des corps considérés comme indécomposables, s'est trouvé fort augmenté. Déjà en 1820 il se trouvait porté à cinquante, et maintenant il s'élève à soixante-six.

Sur le nombre des combinaisons réalisées par la nature. — Tous les minéraux résultent, sous le rapport chimique, de la combinaison une à une, deux à deux, trois à trois, etc..., de ces soixante-six substances élémentaires.

Or, si l'on cherchait le nombre possible de ces combinaisons, on arriverait à des chiffres considérables qu'il faudrait encore augmenter d'après la considération que les mêmes éléments combinés en plusieurs proportions peuvent donner des produits différents. Mais la nature n'a réellement adopté qu'une bien faible partie de ces combinaisons possibles, puisque le nombre des espèces connues ayant une composition essentiellement différente, s'élève tout au plus à *cinq cents*, parmi lesquelles *deux cents* environ ont une certaine importance.

Éléments essentiels. — Cet état de choses tient à plusieurs circonstances et particulièrement à ce que la nature n'a fait usage un peu fréquemment que d'une partie de ces corps élémentaires. En effet, parmi ces soixante-six substances, il n'en est que quarante-cinq tout au plus qu'on puisse regarder comme essentielles en minéralogie; les autres ne constituent que quelques espèces rares et sans intérêt, ou n'entrent dans la composition de minéraux plus intéressants que d'une manière tout à fait accessoire. On sait, au reste, que les combinaisons de ces quarante-cinq corps simples sont loin d'avoir été toutes réalisées; la condition de ne renfermer qu'un nombre très-limité d'éléments et, d'un autre côté, les antipathies naturelles de beaucoup d'entre eux devaient nécessairement en restreindre beaucoup le nombre.

Minéralisateurs et minéralisables. — Si l'on étudie comparativement la manière d'être de ces quarante-cinq corps et leur mode d'action réciproque, on voit que certains d'entre eux se montrent dans un grand nombre de composés et qu'ils semblent chercher incessamment à se combiner avec les autres, ceux-ci, par rapport aux premiers, jouant pour ainsi dire un rôle passif. Il y a donc dans les corps élémentaires deux catégories ou *genres* jusqu'à un certain point comparables aux sexes du monde organique.

Les éléments *actifs* ou *mâles* sont beaucoup moins nombreux et, par compensation, bien plus fréquents que les autres. Le principal est l'*oxygène*; après lui viennent le *soufre* et l'*arsenic* (1). Il est bon d'avertir, d'ailleurs, que ces deux tendances des éléments n'ont rien d'absolu; un corps qui joue le rôle actif dans un composé devant être regardé comme passif dans un autre et réciproquement. Il n'y a réellement qu'un corps simple absolument actif, c'est l'*oxygène*.

Les substances actives des combinaisons naturelles ont été instinctivement désignées, dans des ouvrages anciens, par le nom de *minéralisateurs*, et les corps passifs (radicaux ou bases) par le nom de *minéralisables*. Nous adopterons ces dénominations, très-convenables en minéralogie, d'autant plus qu'elles expriment réellement un fait qui restera vrai malgré les variations des théories chimiques. Elles correspondent aux expressions *électro-négatif* et *électro-positif* dans la théorie électro-chimique proposée par Berzélius.

Classification des éléments essentiels. — Nous avons puisé dans la considération qui précède la base d'une classification des quarante-cinq corps élémentaires essentiels du règne minéral; nous la donnons dans le tableau suivant où se trouvent indiqués les signes représentatifs et les équivalents chimiques de ces corps.

(1) L'oxygène entre dans quatre cents espèces minérales sur cinq cents que la minéralogie possède, et le soufre dans quatre-vingts environ, métalliques pour la plupart. Le nombre des combinaisons arsenicales ne s'élève qu'à trente-quatre, dont vingt-six métalliqués.

TABLEAU DES ÉLÉMENTS ESSENTIELS DES MINÉRAUX:

(Nombre 45.)

Minéralisateur absolu.

Oxygène = 100.

Minéralisateurs relatifs non métalliques.

Radicaux des acides.

Les uns gazeux, les autres solides sans éclat métallique et peu pesants.

+ Soufre.	S = 200		+ Carbone.	C = 75	
Phosphore.	Ph = 200		Silicium.	Si = 266.7	
			Bore.	Bo = 136.15	
Chlore.	Cl = 443.2				
Fluor.	Fl = 239.8		Azote	Az = 175	
			Hydrogène.	H = $\frac{1}{2}$12.50	

Minéralisables.

Radicaux des oxydes.

1° MÉTALLOÏDES (1), RADICAUX DES ALCALIS ET DES TERRES.

Solides, *peu pesants* (2), éclatants à l'état de régule, en général ductiles ; fortement engagés dans leurs combinaisons avec l'oxygène ; oxydes ternes, la plupart terreux.

Alcalins :

Potassium.	K = 490		Lithium.	Li = 80.37
Sodium	Na = 287.2			

(1) Berzélius a donné ce nom de *métalloïde*, on ne sait en vérité pourquoi, aux corps simples non métalliques, comme le *soufre*, l'*azote*, l'*hydrogène*, dont la propriété générale la plus saillante est de n'avoir aucun rapport, au moins au point de vue physique, avec les métaux. Nous nous servons de ce mot pour désigner les radicaux des terres et des alcalis que les chimistes confondent avec les véritables métaux.

(2) Le thallium, qui a été récemment découvert et qui se trouve en petite quantité dans certaines pyrites, vient ici constituer une exception que nous ne voulons pas dissimuler. En effet, ce métalloïde, très-voisin du potassium par l'ensemble de ses propriétés, est en même temps aussi lourd que le plomb.

Alcalino-terreux :

Baryum.	Ba = 858	Calcium	Ca = 250
Strontium.	Sr = 548	Magnésium.	Mg = 151.3

Terreux :

Aluminium.	Al = 170.98	Zirconium.	Zr = 420
Glucinium.	Gl = 87.06	Yttrium.	Yt = 402.31

2° MÉTAUX.

Solides (sauf le mercure), *pesants*, éclatants et colorés, même dans leurs combinaisons, la plupart ductiles; formant des oxydes plus ou moins réductibles et souvent doués d'un vif éclat.

+ Arsenic.	As = 957.50		Fer.	Fe = 350
+ Tellure.	Te = 806.50		Cobalt.	Co = 369
+ Antimoine.	Sb = 806.50		Nickel.	Ni = 369.7
Etain.	Sn = 735.30		Uranium.	U = 750
Tantale.	Ta = 1148.36	+	Cuivre.	Cu = 395.6
Titane	Ti = 314.7		Plomb.	Pb = 1294.5
Molybdène.	Mo = 598.5	+	Bismuth.	Bi = 1330
Tungstène.	W = 1138.4	+	Mercure.	Hg = 1250
Chrome.	Cr = 328	+	Argent.	Ag = 1350
Cerium	Ce = 575	+	Or.	Au = 1227.8
Manganèse.	Mn = 344.7	+	Platine.	Pt = 1232
Zinc.	Zn = 406.6	+	Palladium.	Pd = 665.2

Aperçu des principales combinaisons naturelles. — Douze de ces éléments se trouvent immédiatement dans la nature; nous les avons marqués dans le tableau du signe + (1). Les autres minéraux résultent de la combinaison deux à deux, trois à trois, quatre à quatre, en proportions définies, des quarante-cinq éléments que renferme le

(1) On a trouvé, dit-on, le plomb et le fer à l'état natif, et l'on sait que ce dernier métal est quelquefois tombé des espaces célestes en masses considérables. Nous ajouterons que l'oxygène, l'azote, l'hydrogène et le chlore s'observent dans quelques circonstances accidentelles ou passagères.

tableau. Le nombre de ces combinaisons se trouve, d'ailleurs, très-limité par la considération des affinités.

Les composés binaires les plus nombreux sont les *oxydes* ; viennent ensuite les *sulfures* et les *arséniures*.

Les combinaisons ternaires les plus fréquentes sont celles
que les chimistes appellent *sels* et qui peuvent être regar-
dées comme résultant de l'accouplement d'un élément bi-
naire oxygéné jouant le rôle de minéralisateur, un acide,
par exemple, et d'un oxyde passif ou *base*. Parmi ces composés ternaires, on doit distinguer les *silicates*, qui constituent la base fondamentale de presque toutes les pierres
proprement dites.

La plupart des minéraux à quatre ou cinq éléments résultent de la réunion de deu*x* silicates auxquels vient se joindre
quelquefois l'eau ; il existe aussi des composés de trois silicates. On rencontre rarement des minéraux plus compliqués.

DÉFINITIONS ; GÉNÉRALITÉS.

Qu'est-ce qu'un minéral? — Les corps simples décou-
verts par la chimie et celles de leurs combinaisons que la
nature a réalisées, constituent la *substance* des minéraux.
Mais les minéraux eux-mêmes, but spécial de notre
étude, doivent être regardés comme résultant de l'admirable emploi que la nature a fait de ces matériaux, sans se
servir des forces vitales, les douant de diverses propriétés
physiques, parmi lesquelles il en est qui ont une constance
et une fixité qui permettent l'établissement de types bien
déterminés qu'on appelle *espèces*.

*Les minéraux sont donc des substances mises en œuvre par
la nature sans l'intervention des forces vitales.*

Il conviendrait aussi peu de confondre un minéral avec sa
substance que de voir seulement un bloc de marbre dans une
belle statue ou un monceau de pierres dans un somptueux
édifice. D'après cela, le minéralogiste ne devra pas consi-

dérer seulement comme de la silice ces beaux prismes pyramidés limpides qui représentent, sous le nom particulier
de *cristal de roche*, l'espèce *quartz* dans son état le plus
parfait, et il lui répugnerait de mettre sur la même ligne
le *carbone* et le *diamant*, cette pierre si précieuse en laquelle la nature s'est plu à rassembler toutes ses perfections.

Puisque nous devons, en minéralogie, voir dans les minéraux, non des substances, mais bien des êtres revêtus
de propriétés physiques qui les caractérisent, il est indispensable de désigner ces êtres naturels par des noms particuliers. Tels sont ceux de *quartz* et de *diamant* ci-dessus employés. Tout minéral porte ainsi un nom univoque
dont il faut se servir exclusivement, à moins que l'on ait
à parler de sa substance, auquel cas seulement il convient
de faire usage de la nomenclature chimique.

Caractères minéralogiques. — Les propriétés dont la
nature a revêtu les substances minérales pour en faire les
minéraux proprement dits, n'ont pas toutes la même importance au point de vue de l'histoire naturelle. Il en est
qui n'ont qu'un intérêt purement scientifique qui les rattache à la physique et à la chimie ; il n'y a presque pas lieu
de s'en occuper en minéralogie. Les autres, qui seules con-
tribuent directement à la connaissance et à la reconnaissance des minéraux, doivent être étudiées avec soin : on
les appelle particulièrement *caractères minéralogiques*.

Parmi ces caractères il en est qui ont une constance et
une généralité très-grandes, et qui sont intimement liés à
l'existence même des minéraux. Le plus fondamental est
la *forme cristalline* ; viennent ensuite la *densité* et la *dureté*.

Type minéralogique. — Un minéral dont la substance
est pure, et qui se présente revêtu de la forme cristalline
fondamentale (nous verrons bientôt ce qu'il faut entendre
par ce mot), offre aussi une densité et une dureté fixes et
déterminées. Ce minéral, à l'état parfait, est à la minéralogie ce qu'est la fleur à la botanique. Nous l'appellerons

particulièrement *type minéralogique*, et de même qu'au végétal caractérisé par sa fleur se rattachent, par les autres organes ou caractères, beaucoup d'individus non fleuris, soit entiers, soit mutilés, de même, autour du type minéralogique, viendront se grouper des minéraux cristallisés ou non, ayant les mêmes caractères essentiels.

C'est ainsi qu'à la galène cristallisée en cube, qui sera pour nous le type du minéral portant ce nom, nous joindrons la galène octaédrique, dodécaédrique, et les morceaux lamellaires, compactes, etc., et que le calcaire transparent, sous la forme du rhomboèdre de 105°, ne sera que le chef de file, pour ainsi dire, d'une longue série d'individus revêtus d'autres formes, et d'échantillons à structure laminaire ou aciculaire, de formes concrétionnées, etc.

Minéralogie; son but, ses moyens. — Le but de la *minéralogie* proprement dite (oryctognosie de Werner) est d'étudier et de classer les *types minéralogiques* et les individus plus ou moins imparfaits qui s'y rattachent. Cette étude doit être faite au point de vue de l'histoire naturelle, c'est-à-dire sous le rapport des propriétés physiques qui caractérisent immédiatement les minéraux, en se basant plutôt sur l'observation que sur l'expérience, et n'employant d'autres instruments que les organes des sens (1).

La minéralogie, telle que nous venons de la caractériser, complète l'histoire naturelle d'une manière tout à fait convenable, tout en laissant le champ libre aux dérivations ou extensions qui constituent la *minéralogie chimique* et la *minéralogie optique*.

Quant à l'utilité de la minéralogie proprement dite et au

---

(1) La minéralogie n'exclut pas toutefois quelques instruments qui peuvent servir à étendre et à fortifier la puissance des sens ou à préciser les impressions qu'ils perçoivent (loupe, goniomètre, balance); elle emprunte aussi à la chimie quelques-uns de ses moyens les plus simples, comme l'action du chalumeau, celle des acides.

secours qu'elle peut fournir aux sciences physiques, je ne pense pas que personne veuille les contester , et il serait inutile d'entrer à cet égard dans de longues explications. Je me contenterai de rappeler que l'histoire naturelle des minéraux est la source où viennent incessamment puiser le physicien, et surtout le chimiste, auquel, dans la plupart des cas , le minéralogiste indique les corps où il y a quelque chose d'intéressant à reconnaître ou à découvrir. On sait, au reste, que la minéralogie est le point de départ de cet ensemble de connaissances qui composent la science spéciale du mineur , et que c'est à elle que nous devons réellement la première indication des métaux utiles. Il est même des sciences et des arts qui relèvent directement d'elle seule. La minéralogie fournit au géologue les moyens de caractériser et de classer les roches qui entrent dans la composition des terrains. Ce sont les caractères minéralogiques qui éclairent l'architecte et l'ingénieur dans le choix des matériaux qui peuvent plus ou moins convenir pour tel ou tel genre de construction. Enfin, l'art du lapidaire tout entier repose sur la connaissance des propriétés des minéraux, et uniquement sur celles que considère le minéralogiste pur.

Nécessité de l'exercice des sens. — Ces généralités permettent déjà d'entrevoir que, dans l'étude de la minéralogie, il ne suffit pas de mettre en jeu l'intelligence, et que les sens doivent y prendre une bonne part. Il est très-utile même de commencer par voir, toucher, soupeser, casser des minéraux , afin de se former d'avance un fonds d'impressions qui, résumées et généralisées , se traduiront plus tard en principes. Je ne saurais donc trop recommander aux personnes, désireuses d'acquérir des connaissances réelles en minéralogie, dans le cas même où la somme de ces connaissances devrait être très-restreinte , de ne négliger aucune occasion de se livrer, dès l'origine , à cet exercice, sans lequel la plupart des généralités des auteurs ne seraient pour elles que des mots vides de sens.

CARACTÈRES CRISTALLOGRAPHIQUES.

Constitution moléculaire des minéraux; cristal. — Il est admis que tous les corps sont composés de molécules infiniment petites, impalpables, non susceptibles d'être subdivisées physiquement; ce sont les molécules de la substance, qu'on pourra appeler molécules *physiques* ou *chaotiques*. Or, dans toutes les circonstances où ces molécules, considérées dans un corps donné, sont mises en contact apparent à une température convenable, étant libres de se mouvoir et de se tourner sans être gênées ou troublées par aucune cause étrangère, elles se portent les unes vers les autres et se groupent de manière à former de nouvelles molécules égales qu'on nomme *intégrantes* ou *cristallines*.

Les molécules chaotiques, dernier terme de la division physique d'un corps quelconque, peuvent être supposées sphériques; car c'est cette forme qu'affectent les corps toutes les fois que leurs molécules n'ont à obéir qu'à l'attraction qu'elles exercent naturellement les unes sur les autres (gouttes de mercure, de suif, d'eau). Mais l'observation indique pour les molécules intégrantes, ainsi que nous le verrons bientôt, la forme de polyèdres plus ou moins réguliers ou symétriques, très-simples, qui, en s'agrégeant eux-mêmes régulièrement, peuvent donner naissance, en définitive, à des masses palpables douées également de formes géométriques fixes et déterminées qu'on appelle *formes cristallines*.

Quand un minéral est ainsi revêtu par la cristallisation d'une forme géométrique régulière, on dit qu'il est *cristallisé*, et il prend lui-même le nom de *cristal*.

La molécule cristalline doit être considérée comme l'élément immédiat du cristal. La molécule physique est l'élément de la substance; elle la constitue dans tous les états où elle peut se trouver, fût-elle même terreuse ou gélatineuse, comme il arrive ordinairement dans les précipités chimiques ; elle précède l'acte de la cristallisation, tandis que la molécule cristalline en est le premier résultat.

Structure régulière : clivage. — La régularité et l'admirable symétrie que la nature a mises dans la formation des cristaux ne s'arrête pas à la surface extérieure, et les faces géométriques dont celle-ci est composée ne sont qu'un effet spécial de l'agrégation régulière des molécules cristallines. L'effet général consiste dans une structure intérieure toute géométrique qui existe non-seulement dans les cristaux, mais encore au sein de masses cristallisées qui n'offrent à l'extérieur qu'une forme commune. Il est d'ailleurs souvent facile *à posteriori* de mettre cette régularité interne en évidence par le *clivage* (1).

On désigne par ce nom une opération qui permet de diviser un cristal ou une masse cristallisée en fragments polyédriques réguliers, ou d'y opérer une espèce de dissection en détachant, dans plusieurs sens fixes et déterminés pour chaque minéral, des lames parallèles et miroitantes, qui laissent bientôt arriver jusqu'à un noyau intérieur d'une forme géométrique très-simple, identique à la forme cristalline extérieure, ou qui du moins offre avec elle des rapports extrêmement étroits. Ce noyau lui-même, et les

---

(1) Le nom de clivage, dérivé du mot allemand *klieben* (fendre), a d'abord été employé dans l'art du diamantaire, d'où il est passé dans la minéralogie. Avant d'user et de polir sur la meule les diamants bruts, qui ordinairement se trouvent dans la nature à l'état de cristaux rugueux et ternes à la surface, les diamantaires profitent des joints naturels de ce minéral pour en enlever l'écaille extérieure, ou, comme ils le disent, pour le *cliver*, opération qui, si elle était poussée assez loin, conduirait à un octaèdre régulier dont les faces présenteraient naturellement le poli le plus parfait et le plus vif éclat. Les minéralogistes, en s'emparant de ce terme, n'ont fait que le généraliser en l'appliquant à la division mécanique d'un minéral cristallisé quelconque dans le sens de ses joints naturels.

lames enlevées successivement pour le découvrir, se divi-
seraient en des polyèdres de même forme, mais de plus
en plus petits, et il est facile de voir que le résultat final
de cette espèce de dissection, si nos sens et nos instruments étaient assez parfaits pour nous permettre de l'atteindre, serait la molécule cristalline ou intégrante.

Le clivage est plus ou moins facile suivant les minéraux,
et, dans chaque minéral, suivant le sens. Ainsi la galène se
divise très-facilement en frag-
ments cubiques, et le spath
calcaire (*fig.* 1) en rhomboèdres, par le simple choc du
marteau.

Dans le gypse cristallisé,
on peut enlever, en un sens,
avec la plus grande facilité,
au moyen d'un couteau, des

Fig. 1.

lames plus ou moins étendues ; dans les autres directions,
la division se fait moins facilement. Il est des minéraux
qu'on ne réussit à cliver que par des moyens particuliers ;
quelques-uns même, comme le quartz, résistent presque
absolument au clivage.

Etat cristallin. — Nous venons de dire qu'un minéral
pouvait avoir acquis par la cristallisation une structure régulière sans offrir à l'extérieur des faces géométriques. Il
peut même arriver que cette force ou influence n'ait produit qu'un agrégat d'éléments trop confus pour que la structure elle-même y soit manifeste. Dans le premier cas,
comme dans le second, on dit que le minéral est à l'état
cristallin, le nom de cristal étant exclusivement réservé
pour le minéral revêtu d'une forme extérieure régulière.

L'état de cristal ou simplement l'état cristallin, auxquels
on peut amener beaucoup de corps par des procédés artificiels, est le plus sûr indice de l'individualité et de la pureté. Aussi emploie-t-on fréquemment la cristallisation

dans les laboratoires et dans les usines pour séparer les
corps facilement cristallisables, les sels principalement, et
pour les débarrasser des mélanges ou des impuretés qui
en masquent les caractères spécifiques (fabrication du sel
marin, du nitre, de l'alun, raffinage du sucre).

Forme primitive; forme secondaire. — On doit admettre, ainsi que nous l'avons déjà dit, que tout minéral est
susceptible de cristalliser et de se présenter sous des formes régulières, de même que, dans l'immense majorité
des cas, tout végétal peut fleurir. Or, tandis qu'une plante
déterminée ne donne qu'une espèce de fleur, caractérisée
par sa forme générale et par le nombre et la disposition de
ses parties essentielles, chaque minéral peut offrir plusieurs
formes très-différentes. Hâtons-nous de dire que ces formes, très-nombreuses chez certaines espèces, loin d'être
étrangères les unes aux autres, se trouvent au contraire
liées par des rapports très-étroits, de telle manière que
toutes, sans exception, peuvent être dérivées de l'une d'entre elles, choisie parmi les plus simples.

Cette dernière forme, qui résume en elle seule toute la
symétrie dont le minéral cristallisé est susceptible, qui
constitue le caractère le plus saillant du type minéralogique, et qui est tout particulièrement comparable à la fleur
des végétaux, a reçu le nom de *forme primitive* ou *fondamentale*, les autres n'étant à son égard que des formes déduites ou *secondaires*.

Dans chaque minéral, la forme primitive est constante et
déterminée en genre et en espèce, c'est-à-dire non-seulement
dans sa figure générale, mais encore dans la valeur des angles dièdres que ses faces forment entre elles ; de telle sorte
que, si plusieurs minéraux affectent le même genre de formes, celles-ci diffèrent nécessairement par leurs angles (1).

_____

(1) On connaît cependant à cette règle une exception remarquable. Elle est offerte par les minéraux revêtus de formes régu-

Le rhomboèdre, par exemple, est une forme primitive commune à plusieurs espèces minérales, le *calcaire*, le *quartz*, l'*oligiste* ; mais ce polyèdre est spécialisé, dans chacun de ces minéraux, par l'angle des faces culminantes. En effet, cet angle est de 105° pour le premier minéral, de 94° pour le deuxième, de 86° pour le troisième.

La forme primitive doit toujours être une forme simple ; elle se détermine par des considérations cristallographiques de plusieurs genres ; il faut choisir autant que possible celle à laquelle on est conduit par le clivage ; c'est évidemment cette forme que la nature indique d'une manière toute particulière.

Romé de l'Isle, le premier, a introduit dans la minéralogie l'idée fondamentale de la forme primitive et des formes secondaires.

Constance des angles. — C'est encore à Romé de l'Isle que l'on doit le principe de la constance des angles qui doit être considéré comme une dépendance du précédent. Ce principe établit que dans tous les cristaux d'un même minéral les faces homologues doivent former rigoureusement les mêmes angles. Ainsi pour le calcaire et le quartz, que nous avons cités il n'y a qu'un instant, en tout temps et en tout lieu, dans un cristal simple comme dans un cristal composé, les faces primitives seront inclinées entre elles de 105° pour la première espèce et de 94° pour la seconde, ni plus ni moins.

lières susceptibles d'être dérivées du cube. Cette dernière forme, par exemple, est fondamentale à la fois pour la *galène* et pour le *sel marin*. C'est à ces minéraux seulement que devrait être appliquée l'expression d'*isomorphe* qui a été employée à tort dans d'autres circonstances. D'un autre côté, les prismes carrés et les prismes hexagonaux ont, par leur nature même, des angles fixes qui sembleraient devoir être une nouvelle cause de confusion ; mais nous verrons plus tard que la théorie a trouvé dans la nature même un moyen de parer à cet inconvénient.

Cette fixité dans les angles de la forme fondamentale entraîne celle des formes secondaires, dont les faces homologues doivent aussi, par conséquent, former des angles constants. Ainsi, dans la forme la plus habituelle du quartz, les faces du prisme (*fig.* 2) font toujours avec celles de la pyramide un angle de 140° $^1/_2$; tandis que dans l'*apatite*, des cristaux du même genre de

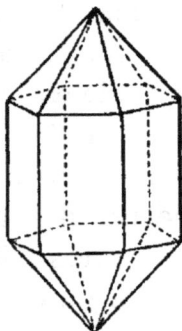 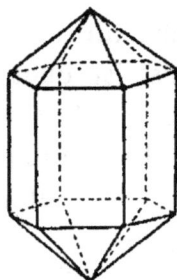

Fig. 2.   Fig. 3.

forme (*fig.* 3) offrent habituellement, pour les faces que nous venons de désigner, un angle de 130°.

SUBORDINATION ET CLASSIFICATION DES CARACTÈRES.

En général, la forme primitive et la composition chimique marchent ensemble dans les minéraux, de telle sorte que, à une substance déterminée en qualité et en quantité, correspond une forme primitive également déterminée en genre et en espèce (1). Il résulte de là que le caractère tiré de la

(1) Cette règle souffre quelques exceptions qui se rapportent à l'*isomorphie* et à l'*isomérie*. Nous avons déjà indiqué la véritable signification de la première de ces deux propriétés exceptionnelles. La seconde doit s'appliquer aux minéraux qui, avec une substance identique, ont néanmoins une forme primitive ou des propriétés essentielles différentes ; tels sont le *calcaire* et l'*aragonite*, composés l'un et l'autre de chaux et d'acide carbonique en mêmes proportions. Nous citerons encore la *pyrite* et la *sperkise* dont la substance commune est un bi-sulfure de fer. Souvent on appelle ces minéraux *dimorphes*, mais nous préférons le nom d'*isomères*, comme étant plus conforme à l'esprit de l'histoire naturelle ; d'ailleurs, il est plus général, en ce qu'il convient même dans le cas où l'on ne peut constater la différence des minéraux, en l'absence de la forme, que par l'ensemble des propriétés physiques (*allotropie*).

forme peut, jusqu'à un certain point, indiquer la connaissance de la composition chimique. Aussi se sert-on, dans
beaucoup de circonstances, de ce moyen si rapide d'éviter
des analyses souvent très-longues et toujours plus ou moins
pénibles. Les chimistes l'emploient notamment avec un
grand avantage pour caractériser les corps nouveaux qu'ils
rencontrent dans leurs réactions.

Ces deux propriétés *équivalentes* ont une importance
hors ligne et constituent réellement les conditions d'existence d'un minéral. Aussi croyons-nous devoir proposer
pour eux un nom particulier, celui d'*attribut*.

La condition fondamentale d'avoir la même substance et
la même forme primitive, c'est-à-dire les mêmes attributs,
entraîne avec elle un degré de cohésion fixe entre les molécules des véritables minéraux, d'où résultent la propriété
de peser également sous le même volume et celle de résister à peu près au même degré à un corps qui chercherait à
les rayer ou à les entamer. On conçoit, en effet, qu'il en
doit être ainsi pour les minéraux cristallisés qui sont formés de molécules identiques et assemblées de la même
manière. Pour les masses amorphes à textures variées,
l'observation prouve que les modifications subies par ces
propriétés restent resserrées entre des limites très-étroites.

La *densité* et la *dureté* (1) sont donc attachées aux propriétés les plus fondamentales, aux attributs des minéraux, et
peuvent les suppléer au besoin. Leur emploi est très-utile
dans la caractérisation et la détermination des morceaux qui
n'offrent, à l'extérieur ni à l'intérieur, aucune forme déter-

(1) Dans cet aperçu tout élémentaire, je n'ai pas cru devoir
mentionner la *double réfraction* à laquelle la plupart des auteurs
attachent une grande importance. J'en parlerai au chapitre des
caractères essentiels, et je donnerai alors les motifs qui m'ont
déterminé à ne pas mettre cette propriété sur la même ligne que
la densité et la dureté.

minable. Ce sont donc des caractères *essentiels*, et nous emploierons dorénavant cette expression pour les désigner.

Après ces caractères, auxquels on pourrait peut-être joindre la *fusibilité*, viennent les *caractères secondaires*, ceux qui méritent particulièrement le nom *d'extérieurs*, parce qu'ils se manifestent immédiatement aux sens. Ceux-ci n'ont pas la généralité, la fixité ni la constance des premiers : ils ne sont donc pas aussi importants au point de vue philosophique; mais sous le rapport pratique, ils ont une très-grande utilité. D'abord ils sont indispensables dans la description des espèces, et leur emploi suffit pour permettre au minéralogiste exercé de rapporter un minéral donné à son type, ou au moins pour le mettre sur la voie de cette détermination. En mettant à part les *configurations et structures communes et accidentelles* et la *cassure*, qui forment un ordre de choses particulier, les principaux caractères secondaires sont : la *couleur*, l'*éclat*, la *transparence*, la *pesanteur* et l'*impression* sur le sens du *toucher*, l'*odeur*, la *saveur*, l'action du *barreau aimanté*, auxquels il faut ajouter la *solubilité*, l'action du feu et celle des acides, empruntés à la catégorie des caractères chimiques.

Les caractères des minéraux peuvent donc être répartis, au point de vue où nous sommes placés, dans trois catégories, savoir :

> **Les attributs,**
> **Les caractères essentiels,**
> **Les caractères secondaires.**

L'objet le plus important qui se présente lorsqu'on entre dans le domaine de la minéralogie est l'étude de ces trois ordres de caractères, qui constituent réellement la base de la connaissance, de la détermination et de la classification des minéraux.

Nous suivrons dans cette étude l'ordre d'importance des caractères en commençant par la forme cristalline, le seul

des attributs qui soit du ressort de la minéralogie. Nous
avons déjà parlé de ce caractère fondamental et nous sa-
vons tout l'intérêt qu'il présente ; mais il nous reste encore
bien des choses indispensables à dire sur ce sujet, et nous
ne saurions le faire sans donner préalablement à nos lec-
teurs des notions générales de la science créée pour cet
objet, et dont les principales bases ont été établies par
deux Français, Romé de l'Isle et Haüy.

NOTIONS ÉLÉMENTAIRES DE CRISTALLOGRAPHIE.

MESURE DES ANGLES ; GONIOMÈTRE.

Nous verrons plus tard que les cristaux, même en mettant de côté les oblitérations accidentelles qui les altèrent
dans certaines circonstances, se montrent rarement avec la
perfection que nous sommes obligé de leur supposer dans
nos considérations cristallographiques. Leur état habituel
est un état de monstruosité qui amène l'inégalité des faces,
l'allongement ou le raccourcissement de certaines arêtes, etc.
D'où il résulte qu'il ne faut pas attacher beaucoup d'importance aux dimensions réelles des cristaux. Il n'y a réellement qu'une chose qui persiste au milieu de toutes les variations dont les minéraux cristallisés sont susceptibles : c'est
l'angle *dièdre*. C'est donc une chose très-importante que cet
angle ; c'est même la seule partie du cristal qu'il soit utile
de mesurer exactement. On y parvient à l'aide d'instruments
particuliers auxquels on a donné le nom de *goniomètres*.

Il en existe un assez grand nombre dont les dispositions
sont plus ou moins ingénieuses. Le plus simple et le plus
habituellement employé est le *goniomètre d'application*.

L'angle de deux plans se mesure, comme on sait, par
celui que forment deux droites placées, l'une sur le premier
plan et l'autre sur le second, perpendiculairement, en un
même point, à l'intersection commune. D'après cela, qu'on

prenne deux règles ou alidades mobiles autour d'un axe qui les traverse toutes deux, comme dans une paire de ciseaux, qu'on place cet instrument à cheval sur l'arête du cristal de manière que les deux règles soient bien perpendiculaires à cette arête, et que, d'un autre côté, elles s'appliquent exactement sur les deux faces qui forment l'angle à mesurer ; on obtiendra ainsi un calque de cet angle, dont on se procurera facilement la mesure en le transportant sur un demi-cercle divisé.

Tel est le principe, l'usage et à peu près la construction très-simple, comme on le voit, des goniomètres d'application. Qu'on ajoute maintenant des rainures suivant l'axe des règles, afin de pouvoir les faire glisser pour les allonger et les raccourcir de ce côté, ce qui est essentiel surtout dans le cas où les cristaux sont engagés dans une gangue, qu'on fasse au centre du rapporteur un trou circulaire destiné à recevoir l'axe de rotation, et qu'on place enfin sur le diamètre du demi-cercle un repère qui assure le passage d'une des alidades par le zéro de la division, et l'on a le goniomètre le plus généralement employé.

La faculté, en se servant de ce goniomètre, de s'affran-

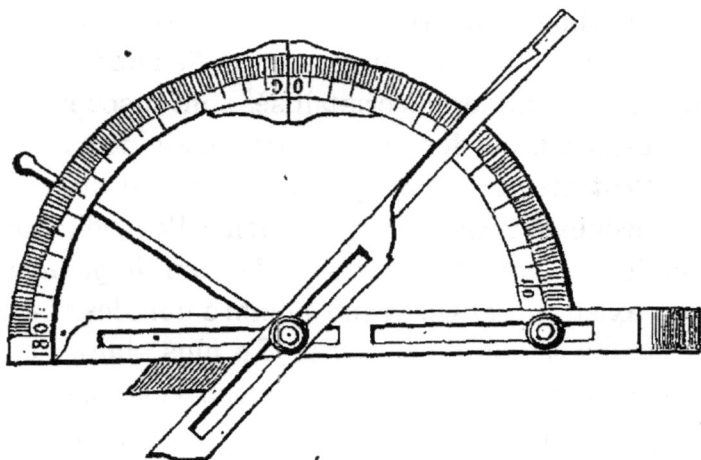

Fig. 4.

chir du demi-cercle gradué pendant que l'on cherche à ap-

pliquer les alidades sur les faces du cristal est un avantage
réel ; mais d'un autre côté, l'ajustation de ce système sur
le cercle pour la recherche de la valeur de l'angle peut en-
traîner un petit mouvement des alidades et par conséquent
une variation dans la grandeur de leur écartement. Aussi
beaucoup de minéralogistes préfèrent-ils le goniomètre
primitivement imaginé par Carangeot (*fig.* 4), dans lequel
le centre de rotation des alidades et l'une de ces règles di-
rigée suivant le diamètre du cercle, sont fixes. Une brisure
à charnière, pratiquée au milieu du limbe de cet instrument, permet d'ailleurs de replier le quart de cercle de
gauche sous celui de droite dans le cas où, le cristal étant
engagé, ce quadrant viendrait à gêner l'opérateur. On ré-
tablit ensuite, pour la mesure de l'angle, cette portion de
cercle dans la position normale où elle est maintenue par
une tringle à l'aide d'un bouton. C'est avec ce simple instrument que Haüy a fait toutes les observations d'angles
qui ont servi de base à ses belles considérations cristallographiques et à ses descriptions d'espèces.

NOTIONS GÉNÉRALES RELATIVES AUX CRISTAUX ET A LEURS AFFINITÉS.

Dans ces notions, nous ne considérerons que des *genres* de
formes. Les *espèces* de formes déterminées par des valeurs
particulières d'angles ou de dimensions, véritable base de
la spécification des minéraux, ne seront que des applications qu'il sera facile de rattacher aux faits généraux qui
vont nous occuper.

Symétrie ; principaux genres de formes. — Dans l'état
normal, un cristal offre extérieurement la forme d'un polyèdre à surface convexe, condition qui exclut toute partie
rentrante. Il y a trois choses à considérer dans cette surface : les *faces*, les *arêtes* et les *angles*.

Les faces sont planes et de figure polygonale. Les arêtes
sont nécessairement rectilignes. On les dit *rectangulaires*,
aiguës ou *obtuses*, suivant que les plans qui leur donnent

naissance, par leur intersection, forment entre eux des angles droits, aigus ou obtus.

Les angles sont de trois sortes : les angles *solides*, les angles *dièdres* et les angles *plans*.

Les polyèdres du règne minéral offrent toujours une certaine symétrie. Ainsi, dans les moins parfaits, les faces et les arêtes opposées sont au moins égales et parallèles deux à deux (1); et les angles solides opposés sont égaux.

La symétrie des cristaux est encore caractérisée par la propriété d'avoir un *centre*, c'est-à-dire un point intérieur tellement placé que toute droite qui y passe et qui se termine à la surface extérieure du cristal, se trouve divisée, à ce point, en deux parties égales.

Les formes cristallines peuvent être *simples* ou *composées*. Les premières sont celles dont toutes les parties, peu nombreuses, normalement étendues, sont nécessaires pour constituer des polyèdres uniques susceptibles d'être définis et dénommés géométriquement. Ce sont les éléments dont la combinaison donne lieu aux formes composées. Les figures 5 et 6 montrent séparément deux formes simples, un cube

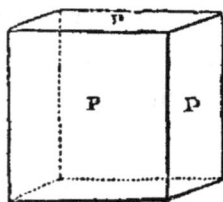 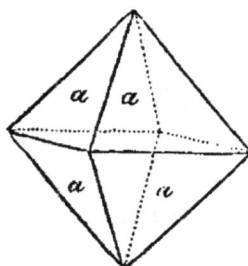 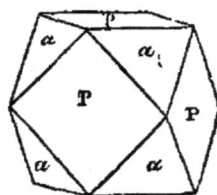

Fig. 5.　　　　　Fig. 6.　　　　　Fig. 7.

et un octaèdre, qui, par leur combinaison, produisent le polyèdre composé (*fig.* 7), qu'on appelle quelquefois *cubo-*

---

(1) Quelques formes du genre de celles qu'on nomme *hémièdres*, comme le *tétraèdre*, ne remplissent pas, il est vrai, cette condition ; mais on y trouve d'autres caractères équivalents.

octaèdre. Dans la figure 8, aux deux solides précédents se joignent les faces *b* du dodécaèdre rhomboïdal ; il en résulte un solide triple que Haüy désignait par le nom de *triforme*.

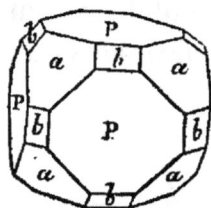

Fig. 8.

Les formes simples les plus fréquemment employées par la nature, et sur lesquelles il est utile de donner, dès à présent, quelques notions, sont : le *prisme*, l'*octaèdre* et le *rhomboèdre*.

Prisme. — Le prisme est un solide à deux bases égales et parallèles, et dont les faces latérales sont des parallélogrammes (*fig.* 9 et 10). Les arêtes des bases prennent le nom de *basiques*, les autres s'appellent *latérales* ; celles-ci sont toutes égales et parallèles. On place généralement le prisme de manière que ces dernières arêtes occupent la position verticale.

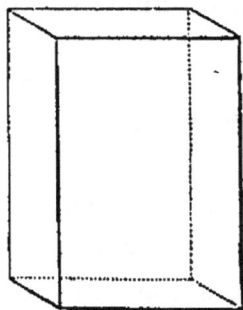

Fig. 9.

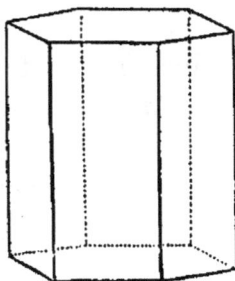

Fig. 10.

Lorsqu'elles sont alors perpendiculaires aux plans des bases, ou, ce qui revient au même, quand ces bases sont horizontales, le prisme est *droit* et ses faces latérales sont des rectangles. Il est *oblique* dans le cas contraire. L'obliquité ne se manifeste ordinairement qu'en un seul sens ; le prisme alors est dit *unoblique*.

Diverses sortes de prismes résultent de la forme de la base. Les plus fréquentes sont le prisme *rhomboïdal* ou *rhombique*, qui a pour base un losange ou rhombe, le prisme *rectangulaire*, dont la base est un rectangle, et le prisme *carré*, qui a pour base un carré. Ce dernier prisme passe au *cube* par l'égalité de ses arêtes basiques et latérales.

Il faut encore citer, parmi les prismes adoptés par la

nature, le prisme droit ayant pour base un hexagone régulier (*fig.* 10).

Octaèdre. — L'octaèdre (*fig.* 11) est un solide à huit faces triangulaires. Il se compose de deux pyramides quadrangulaires égales, appuyées sur une base commune. Les sommets de ces pyramides déterminent une droite ou axe à laquelle on donne la position verticale. La base peut être horizontale, auquel cas l'octaèdre est *droit* ; si elle est oblique en un ou deux sens, l'octaèdre est *unoblique* ou *bi-oblique* : ce dernier est très-rare.

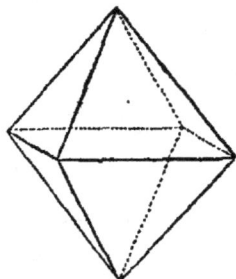

Fig. 11.

La forme de la base d'un octaèdre le spécifie, comme nous avons vu que cela avait lieu pour le prisme, et l'on dit qu'un octèdre est *rhomboïdal* ou *rhombique*, *rectangulaire*, *carré*, suivant que sa base est un rhombe, un rectangle ou un carré.

Lorsque, dans cette dernière sorte, les faces deviennent équilatérales, on a l'*octaèdre régulier* (*fig.* 6), le plus parfait de tous.

Il faut considérer à part, dans l'octaèdre, les arêtes des bases (*basiques*) et celles qui viennent se réunir aux sommets (*culminantes*). On distingue aussi les angles *basiques* et les angles *culminants*.

On a pu remarquer que les prismes et les octaèdres passent par les mêmes phases de symétrie, de telle sorte qu'à chaque genre de prisme correspond un genre d'octaèdre.

Le solide analogue à l'octaèdre qui pourrait correspondre au prisme hexagonal régulier serait le *dodécaèdre triangulaire* ou *dihexaèdre régulier* (*fig.* 12). Cette forme peut être regardée comme étant composée de deux pyramides hexagonales régulières réunies base à base.

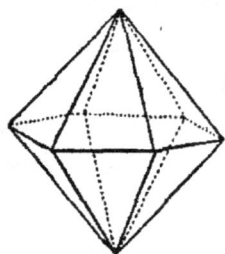

Fig. 12.

Rhomboèdre. — Le rhomboèdre (*fig.* 13) est un solide compris entre six faces rhomboïdales parfaitement égales et parallèles deux à deux. C'est donc, à la rigueur, une sorte de parallélipipède ; mais il faut le considérer, en minéralogie, comme un hexaèdre d'une espèce particulière. Voici les propriétés principales qui le caractérisent :

Parmi les huit angles solides, il n'en est que deux qui soient formés par trois angles plans égaux. Ces deux angles se trouvent aux extrémités d'une même diagonale qui est l'axe principal du solide et qu'il faut placer verticalement.

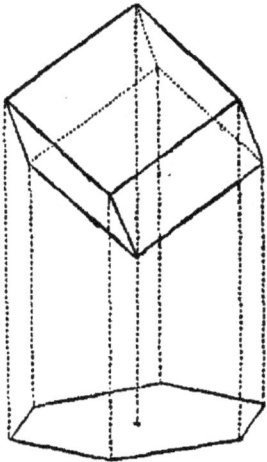

Dans cette position, le rhomboèdre a, comme l'octaèdre, deux sommets où viennent se réunir les arêtes *culminantes*. Les six autres arêtes, qu'on appelle *latérales*, équidistantes par rapport à l'axe vertical, sont inclinées alternativement dans un sens et dans l'autre, mais de la même quantité, sur un plan horizontal, et se projettent sur ce plan sous la forme d'un hexagone régulier.

Le rhomboèdre est *aigu* ou *obtus*, suivant que les angles plans qui forment les angles solides culminants sont plus petits ou plus grands qu'un angle droit. Dans le cas particulier où ces angles seraient droits, il deviendrait un *cube*.

Fig. 13.

Les formes dont nous venons de donner une première idée sont les formes habituelles ou courantes de la minéralogie ; mais il en existe encore d'autres que nous ferons connaître à mesure que l'occasion s'en présentera.

Des axes cristallins. — La symétrie se manifeste particulièrement autour d'une ou de plusieurs droites que l'on peut imaginer dans l'intérieur du cristal, et que l'on désigne par le nom d'*axes cristallins*.

Un axe s'obtient en joignant les milieux des faces ou des arêtes, ou les sommets d'angles solides opposés.

En général, dans une forme cristalline, il y a plusieurs axes qui se coupent au centre du solide, et dont l'ensemble est souvent désigné par le nom de *système*. Parmi les axes d'un système, il en est presque toujours un relativement auquel la symétrie est plus parfaite, et qui indique la position à donner au cristal. On lui donne le nom d'*axe principal*; les autres sont appelés *axes secondaires*. Ainsi, dans le prisme rhomboïdal (*fig.* 14), l'axe principal joindrait les centres des bases; les axes secondai-res seraient les droites menées entre les milieux des arêtes latérales. Pour avoir les axes de l'oc-taèdre carré, il faudrait joindre deux à deux les

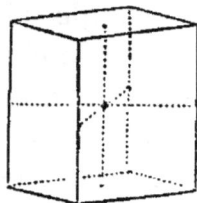
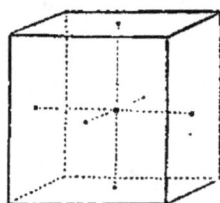

Fig. 14.   Fig. 15.

milieux des arêtes basiques opposées; la ligne menée entre les deux sommets serait l'axe principal. Dans le cube (*fig.* 15), les axes s'obtiennent en menant des droites entre les milieux des faces opposées. Ces axes sont égaux, ont tous le même degré de symétrie, et le choix de l'axe principal est arbi-traire; il en est de même dans l'octaèdre régulier et dans les autres solides qui se rattachent au cube.

Le système d'axes peut être considéré comme le sque-lette des formes qu'un minéral est susceptible de prendre, et notamment de la forme primitive. C'est la partie essen-tielle de ces formes, et il résume en lui toute leur symétrie.

Disposition des molécules dans le cristal. — Les cris-taux sont constitués, d'après ce que nous avons dit précé-demment, par l'agrégation de molécules cristallines par-faitement égales entre elles dont la forme est en rapport intime avec la nature même du minéral. Chacune de ces molécules doit être assujétie à des axes fixes et détermi-nés identiques à ceux du cristal lui-même, et il faut ad-mettre qu'elles sont équidistantes et disposéês, dans la masse, en files rectilignes ou suivant des plans parallèles, leurs axes étant orientés d'une manière constante suivant les directions des axes du cristal.

Position à donner au cristal ; forme dominante. — Lorsqu'on étudie un cristal, soit pour le décrire, soit pour en faire dériver d'autres formes cristallines, il est indispensable de lui donner une position fixe que l'on peut commodément déterminer par la considération des axes.

Il faut d'abord placer verticalement l'axe principal. Les axes secondaires doivent être ordonnés ensuite relativement au plan idéal que l'on suppose toujours exister parallèlement à l'observateur et devant lui. On peut placer l'un d'eux dans ce plan, où il occupera en même temps, presque toujours, une position horizontale. La symétrie du cristal indiquera d'ailleurs suffisamment, dans chaque cas, ce qu'il y aura à faire à cet égard. Mais il est bien essentiel que, une fois la position du cristal fixée, il la conserve pendant tout le temps que l'on s'occupera de sa forme ou de celles qui peuvent s'y rapporter.

Le cristal étant placé normalement, comme nous venons de le dire, on en aperçoit aisément la symétrie, s'il est simple, et il est facile de le décrire. S'il est composé, on devra chercher à découvrir, au milieu de toutes les faces et facettes qu'il présente, celles qui jouent le principal rôle, celles enfin dont l'ensemble constituerait une forme simple à laquelle les autres faces seraient pour ainsi dire subordonnées. C'est la *forme dominante*. Une fois cette forme reconnue et décrite, on n'a plus qu'à joindre l'indication méthodique des modifications qui l'affectent. Généralement, on procède, dans cette partie de la description, du centre du cristal vers les extrémités.

Relations qui lient les formes d'un même minéral. — Si l'on jette sur toutes les formes d'un minéral donné un coup d'œil comparatif, la première chose qui frappe, sans doute, est leur diversité souvent très-grande ; mais, avec un peu d'attention, on ne tarde pas à reconnaître entre

elles certaines analogies et même une espèce de filiation
qui permet de considérer leur ensemble comme, pour ainsi
dire, une famille dont les membres sont liés les uns aux
autres par des faces communes. Ainsi, parmi les cristaux
de la galène, on trouve des cubes (*fig.* 16) et des octaèdres
(*fig.* 17) qui, au premier aspect, paraissent tout à fait
étrangers l'un à l'autre : mais leur parenté est dévoilée

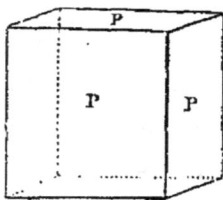 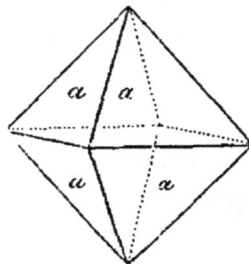 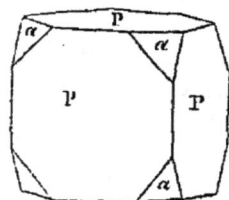

Fig. 16. Fig. 17. Fig. 18.

par certains cristaux cubiques qui portent, sur leurs
huit angles solides, des facettes triangulaires *a* (*fig.* 18)
inclinées comme celles de
l'octaèdre régulier, et qui,
souvent, se trouvent aussi
et même plus étendues que
celles du cube (*fig.* 19 et
20), qu'elles feraient entièrement disparaître, si elles
prenaient encore plus d'extension, pour donner naissance à l'octaèdre lui-même.

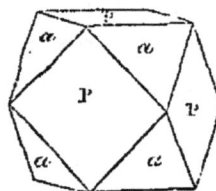 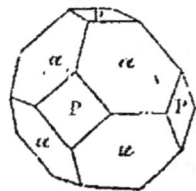

Fig. 19. Fig. 20.

De même, des galènes octaédriques peuvent offrir, sur
leurs six angles, des facettes carrées (*fig.* 20) qui, prolongées, produiraient un cube.

Dans l'espèce calcaire, nous trouverons des cristaux ayant
la forme d'un rhomboèdre dont l'angle obtus est de 105°
comme dans la figure 13, et d'autres configurés en prismes hexagonaux réguliers (*fig.* 21), formes qui paraissent
d'abord n'avoir rien de commun. Mais, parmi les prismes

de ce minéral, on en rencontrera (*fig.* 22), dont trois arêtes supérieures, 1, 3, 5, et trois arêtes inférieures, 2, 4,
6, alternes avec

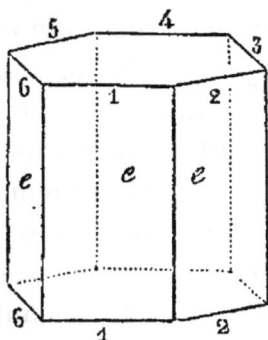
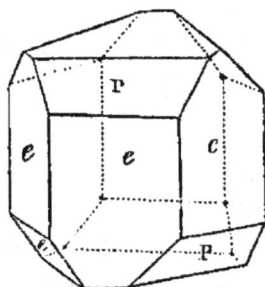

les premières, se-
ront remplacées
par des facettes
trapéziennes P.
Dans d'autres,
ces facettes se-
ront développées
au point de se
rencontrer aux

Fig. 21.   Fig. 22.

centres des bases, de manière à réduire celles-ci à des sommets A (*fig.* 23). En cherchant bien parmi les nombreux cristaux du calcaire, on en trouvera même où les faces *e* du
prisme seront réduites à de petits triangles (*fig.* 24). Dans

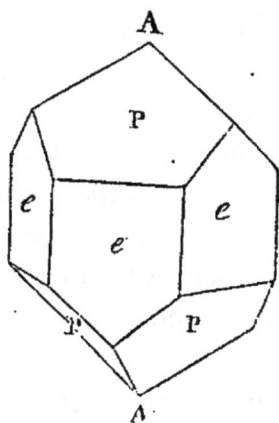
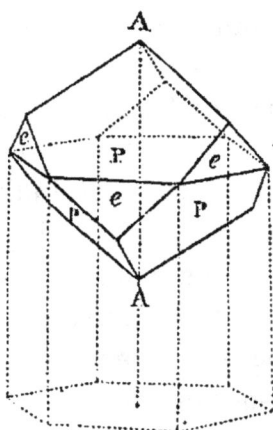

ces derniers, le
rhomboèdre se
dessine si clai-
rement qu'il est
impossible de ne
pas le reconnaî-
tre, et pour l'ob-
tenir dans toute
sa simplicité, il
suffirait de faire
marcher les som-

Fig. 23.   Fig. 24.   mets du cristal

l'un vers l'autre, ou de prolonger les faces P, jusqu'à la
disparition complète des facettes *e*.

Si maintenant nous venons à comparer les formes du
calcaire avec celles de la galène, nous verrons qu'elles
n'ont aucune analogie, et qu'il n'existe pas de passage entre les unes et les autres. Le premier minéral n'offre jamais de cristaux cubiques ou octaédriques, comme la ga-

lène, et celle-ci, en revanche, n'admet pas la forme du rhomboèdre ni celle du prisme hexagonal régulier.

Les analogies et les antilogies qui viennent d'être signalées comme exemples pour des minéraux très-connus, existent généralement pour tous les genres de formes, quelles que soient les espèces auxquelles ces formes peuvent se rapporter. Ainsi le cube, considéré d'une manière générale, se lie toujours à l'octaèdre régulier et est incompatible avec un rhomboèdre quelconque, tandis que le rhomboèdre, quel que soit du reste l'angle dièdre de ses faces, peut toujours passer à un prisme hexagonal correspondant. On trouverait de même que l'octaèdre carré, qui dérive naturellement du prisme à base carrée, ne saurait coexister, par exemple, avec l'octaèdre à base rhomboïdale.

DÉRIVATION ; SES MOYENS ; SES LOIS ; SES CONSÉQUENCES.

C'est sur les analogies et les incompatibilités que nous avons cherché à faire pressentir dans le paragraphe précédent, étendues à tous les genres de formes du règne minéral, que sont basées les catégories auxquelles on a donné le nom de *systèmes cristallins*. Nous allons bientôt en faire une étude rapide ; mais il est indispensable, auparavant, de faire connaître le moyen de dérivation, simple et facile, que nous emploierons pour les constituer, et d'indiquer les lois qui régissent les dérivations elles-mêmes.

Méthode des troncatures. — Les exemples que nous avons donnés ci-dessus nous ont montré que certaines formes simples passaient les unes aux autres par des formes composées intermédiaires. Or, ces formes de passage peuvent aussi être considérées comme résultant de modifications opérées sur certaines parties de la forme simple choisie pour type. Ainsi, dans l'exemple de la galène, la forme qui nous a servi à passer du cube à l'octaèdre n'est autre chose, en effet, qu'un cube dont tous les angles solides auraient été coupés et remplacés par des facettes triangulaires équilatérales. De même, dans l'exemple du calcaire, le solide de passage représenté dans la figure 24 s'obtiendrait évidemment par des troncatures verticales faites sur les angles latéraux du rhomboèdre.

L'observation attentive des cristaux naturels a fait voir qu'il y avait lieu de généraliser cette manière de considérer les formes de passage. En effet, toutes peuvent être obtenues en exécutant, sur les angles ou sur les arêtes des formes simples, une ou plusieurs modifications dont l'élément essentiel est la *troncature*.

Ce moyen de dérivation, dont l'auteur est Romé de l'Isle, est évidemment artificiel ; mais il n'en est pas moins très-précieux, puisque, par l'emploi méthodique qu'on peut en faire, on arrive, d'une manière facile et sûre, non-seulement aux formes que la nature a offertes jusqu'à ce jour, mais encore à celles qu'elle est susceptible de réaliser et que l'observation n'a pas encore fait découvrir.

Les troncatures peuvent être simples (*troncatures*) ou symétriquement groupées deux à deux (*bisellement*), ou bien trois à trois, quatre à quatre, etc., en pointes sur des angles solides (*pointement*). L'emploi direct de ces troncatures groupées est très-avantageux pour la facilité des dérivations, et nous les considérerons en conséquence comme des modifications distinctes.

La *troncature* résulte simplement d'une section opérée sur une arête ou sur un angle solide ou sommet qui se trouve alors, l'un ou l'autre, remplacé par une facette. La figure 25 représente un cube tronqué sur toutes ses arêtes,

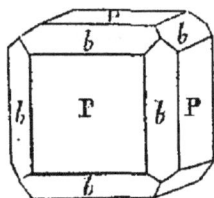

Fig. 25.

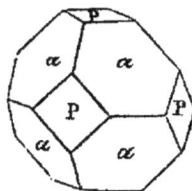

Fig. 26.

et la figure 26 un octaèdre régulier portant des troncatures sur ses angles solides.

Le *biseau* se compose de deux troncatures symétriquement placées de part et d'autre d'une arête ou d'un sommet ; il produit donc deux nouvelles faces ou facettes formant un angle plus ouvert que celui que le biseau a remplacé. Dans la figure 27, on voit un cube biselé sur toutes les arêtes.

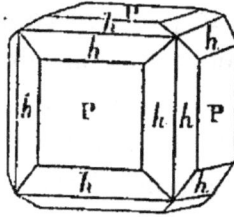
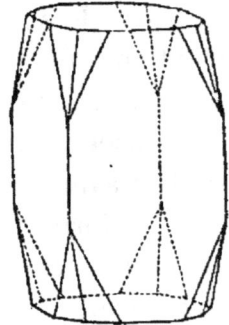

Il y a des biseaux obliques. Ces derniers affectent ordinairement

Fig. 27.

Fig. 28.

des extrémités d'arêtes à l'endroit des angles solides, dans les prismes. La figure 28 en offre un exemple pour le prisme à base carrée.

Le *pointement* se fait au sommet d'un angle solide par plusieurs troncatures (au moins trois) symétriques, portant, soit sur les plans (direct), soit sur les arêtes (indirect). Son effet immédiat est de remplacer l'angle qu'il modifie par une nouvelle pointe surbaissée. La figure 29 représente un octaèdre carré dont les sommets portent un pointement direct à quatre facettes, et la figure 30 un cube épointé sur tous les angles d'une manière indirecte.

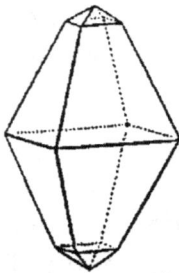
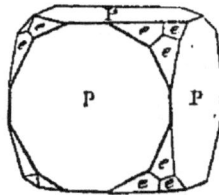
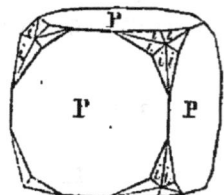

Fig. 29.

Fig. 30.

Fig. 31.

Enfin il existe des pointements doubles. Ces derniers peuvent être considérés comme des pointements indirects dans lesquels les arêtes qui aboutissent à un angle solide s'y trouvent modifiées, non plus par des troncatures, mais par de petits biseaux obliques. L'exemple représenté

dans la figure 31 consiste en un cube portant un pointement double sur tous ses angles solides. ·

Pour arriver, par les modifications exécutées sur un type,
aux formes complètes qu'elles représentent, pour ainsi dire,
à l'état naissant, il suffit de prolonger les plans des troncatures, des biseaux ou des pointements, jusqu'à ce qu'ils
se rencontrent entre eux en masquant les faces du solide
primitif, ou bien d'entamer de plus en plus et symétriquement ce solide par des plans parallèles jusqu'à sa disparition complète, ou enfin de mener, parallèlement, des plans
tangents par les arêtes ou par les sommets.

Par les deuxième et troisième moyens, on obtient des solides dérivés rigoureusement semblables, mais ayant des
volumes différents et qui sont en quelque sorte, sous ce
rapport, des limites entre lesquelles se trouveraient tous
les solides semblables auxquels on pourrait arriver par le
prolongement des plans de modification ordinaires.

Le troisième procédé, qui sort un peu de la méthode des
troncatures et qu'on pourrait appeler *méthode des plans tangents*, conduit à des formes dérivées enveloppantes ou tan-
gentes ; tandis que par l'emploi du deuxième moyen on
arrive à un noyau intérieur.

Du reste, que l'on se serve de l'un des deux modes ex-
trêmes ou du moyen intermédiaire, pourvu que les plans
de dérivation soient parallèles et que leur position relative
ne varie pas, on arrive toujours à la même forme et c'est
là le seul résultat intéressant, car le volume importe peu
dans la question qui nous occupe.

Loi de symétrie. — Le simple bon sens suffit pour indiquer que les modifications dont il vient d'être question
ne peuvent être portées indifféremment sur des arêtes ou
angles quelconques de la forme type, ni affecter arbitraire-
ment les faces qui constituent ces parties. En effet, la
nature a suivi, dans les modifications qu'elle nous présente,
une symétrie parfaite que nous devons imiter, et dont la

loi a été découverte par Haüy. Cette loi, qui régit toute dérivation, s'appelle *loi de symétrie*. On peut la formuler en
deux énoncés, de la manière suivante :

1º Les parties identiques sont toutes modifiées à la fois
et de la même manière, et les parties non identiques se
modifient isolément ou différemment ; ·

2º Les modifications produisent le même effet sur les faces ou arêtes qui forment la partie modifiée, quand ces
faces ou arêtes sont égales. Dans le cas contraire, elles
produisent un effet différent.

Ces conditions se trouvent remplies dans les exemples
de modifications qui ont été donnés ci-dessus ; le lecteur
pourra les vérifier. Nous aurons l'occasion bientôt, en étu-
diant les systèmes cristallins, de nous exercer à l'applications de cette loi.

Hémiédrie. — Il est des cas cependant qui paraissent
offrir une exception sur laquelle nous ne pouvons nous
dispenser de nous arrêter un peu. Cette exception consiste
en ce que dans certaines espèces minérales, quelques formes simples ne portent que la moitié des modifications qui
seraient exigées par la loi de symétrie. C'est ainsi que le
minéral nommé *boracite* se présente souvent sous la forme
de cubes tronqués sur la moitié seulement de leurs angles
(*fig.* 32), de telle manière qu'aux extrémités d'une même
diagonale, il n'y a jamais qu'un angle tronqué, l'autre
restant intact ou modifié différemment.

Un autre exemple de ce défaut de symétrie se trouve dans
la *pyrite*, qui offre
des cubes (*fig.* 33)
dont les arêtes sont
remplacées par des
facettes *d* différem-
ment inclinées sur
les deux faces adja-

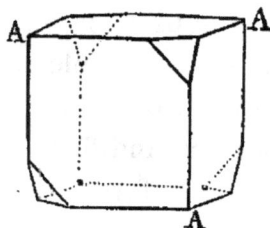
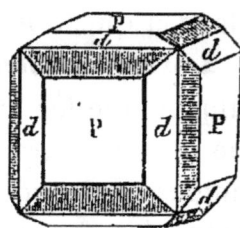

Fig. 32.   Fig. 33.

centes, ou, ce qui revient au même, ne portant sur chaque

arête qu'une seule face d'un biseau qui, pour obéir à la loi de symétrie, devrait être complété par une autre facette également inclinée et en sens inverse (1).

La plupart des cristaux de la *tourmaline* et de la *chalkopyrite* sont affectés aussi d'une dissymétrie analogue ; mais l'exemple le plus important est offert par les minéraux qui cristallisent en rhomboèdres, parce que ces minéraux sont nombreux, et que, parmi eux, il en existe beaucoup qui offrent un grand intérêt. Il est évident d'ailleurs que le rhomboèdre lui-même doit être considéré comme ayant une origine dissymétrique. Si l'on se rapporte, en effet, aux figures 21, 22, 23 et 24, déjà données, pour lier ce polyèdre au prisme hexagonal, on remarquera qu'en partant de ce dernier prisme, qui est une forme bien complète, on ne peut obtenir le rhomboèdre qu'en tronquant la moitié des arêtes des bases prises de deux en deux alternativement ; car la troncature simultanée des douze arêtes conduirait à un dodécaèdre triangulaire régulier (*fig.* 12).

Il faut bien remarquer que, dans tous ces cristaux incomplétement modifiés, l'absence des modifications a lieu constamment sur la moitié des parties similaires qui devraient être toutes affectées à la fois d'après la loi de symétrie ; de là le nom d'*hémiédrie* qui a été donné à ce phénomène.

Dans tous les exemples d'hémiédrie connus, les parties privées de modifications suivent un ordre fixe et déterminé qui consiste ordinairement en une alternance avec les parties modifiées ; de telle manière que les troncatures de celles-ci, étant prolongées, donnent naissance à des solides particuliers (*hémièdres*) identiques à ceux qu'on pourrait obtenir par le prolongement de la moitié des faces des polyèdres dérivés au moyen de modifications *holoèdres* ou complètes. C'est ainsi qu'en donnant toute l'étendue possible aux quatre

(1) Dans la figure 33, on a désigné par des hachures celles des facettes qui se trouvent supprimées par l'effet de l'hémiédrie.

troncatures qui affectent souvent les angles de la boracite cubique (*fig.* 32), on obtient le tétraèdre régulier (*fig.* 34) qui résulterait aussi du prolongement de quatre faces alternes de l'octaèdre régulier, A

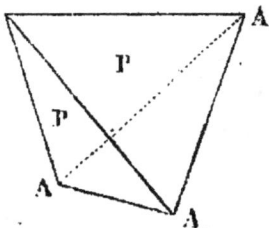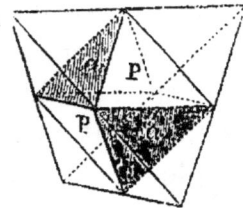

ainsi que le montre la figure 35, et l'on peut dire que le premier solide est l'hémièdre du second. De même, le rhomboèdre, qui

Fig. 34.   Fig. 35.

résulterait de la troncature de trois arêtes alternes sur chaque base du prisme hexagonal, doit être regardé comme l'hémièdre du dodécaèdre triangulaire qui serait donné par la troncature complète des douze arêtes basiques du même prisme. La figure 36 montre, en effet, le rhomboèdre prenant naissance par le prolongement et l'intersection mutuelle de six faces alternes du dodécaèdre (celles qui ne sont pas ombrées).

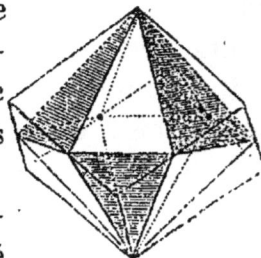

Ces hémiédries ne peuvent être l'effet du hasard. M. Delafosse a démontré qu'elles dépendaient de la forme spéciale

Fig. 36.

des molécules intégrantes, et que, en tenant compte de cette considération, elles rentraient dans des conditions réellement symétriques. Ainsi, pour ne pas sortir des exemples que nous avons déjà donnés, si la boracite cubique, au lieu d'être formée par un assemblage de petits cubes, ainsi qu'il arrive pour la galène et le sel marin, est constituée par des tétraèdres disposés en files parallèles aux diagonales du cube (*fig.* 37), comme cela est probable d'après l'ensemble des propriétés du minéral, il doit nécessairement arriver que les angles placés aux extrémités de l'une de ces droites seront aptes à subir des modifications différentes, puisque l'un correspond au sommet et l'autre à une face du solide élémentaire. Dans un cube composé de molécules ayant la

forme du dodécaèdre pentagonal, orientées toutes de la
même manière (*fig.* 38), les arêtes culminantes de ces molé-

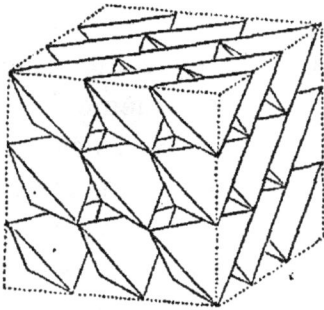 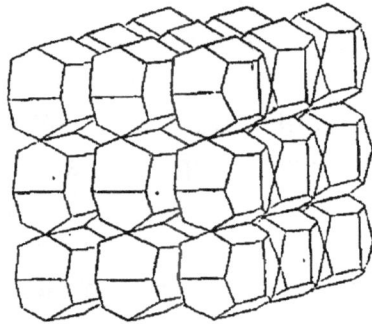

Fig. 37.   Fig. 38.

cules étant disposées, sur les trois faces adjacentes du
cristal, en trois sens différents perpendiculaires entre eux,
les circonstances ne seraient pas identiques sur ces faces,
et, par conséquent, la présence de troncatures simples iné-
galement inclinées sur chacune des arêtes serait réellement
d'accord avec la véritable symétrie. Enfin, si l'on considère
deux prismes hexaèdres réguliers de mêmes dimensions et
que l'on suppose l'un formé par des molécules prismatiques
et l'autre par de petits rhomboèdres, on verra que le premier aura toutes les arêtes basiques et les angles dans les
mêmes conditions, tandis que, dans l'autre, ces arêtes ou
angles offriront deux genres de structure, différence qui
entraînera l'hémiédrie d'où résulte la forme rhomboédrique.

Loi de rationalité des axes. — Parmi les modifications
qui conduisent aux formes dérivées en partant d'une forme
primitive, il en est dont l'inclinaison est unique et fixée par
la symétrie même du solide fondamental. Telles sont, par
exemple, les troncatures que peuvent subir les arêtes ou
les angles d'un cube ; mais, dans la plupart des cas, l'incidence des faces secondaires sur les faces primitives
n'est pas fixée, et la loi de symétrie ne s'oppose nullement
à ce qu'elle puisse passer par toutes les valeurs possibles

et conduire, par suite, à un nombre indéterminé de formes dérivées de même genre.

Si l'on prend, par exemple, un prisme droit à base carrée, la troncature des arêtes de ses bases ne sera assujétie à d'autre condition que celle de l'égalité d'inclinaison des nouvelles faces sur la base ou sur les pans du prisme ; rien d'ailleurs ne vient déterminer la valeur même de cette inclinaison. D'après cela, on pourrait croire à la possibilité d'un nombre immense d'octaèdres carrés produits par cette modification. Hâtons-nous de dire que ce danger a été évité par la nature. En effet, si l'on étudie avec soin les cristaux naturels sous ce rapport, on voit que le nombre des octaèdres dus à la modification que nous avons prise pour exemple est très-limité et que ceux dont l'existence se trouve réalisée, ont, pour une même base, des longueurs d'axes liées entre elles par les rapports les plus simples, comme celui de 1 à 2, à 3, ou de 1 à $1/2$, $1/3$, ou enfin de 2 à 3.

Ainsi dans le zircon, l'axe de l'octaèdre principal étant 1, deux autres octaèdres du même genre qu'offre également ce minéral, ont pour longueurs d'axes $1/2$, $1/3$.

Ce fait est général en cristallographie et constitue *la loi de rationalité des axes*, qui est dans l'ordre cristallographique ce qu'est la *loi des proportions multiples* en chimie. On peut la vérifier, par exemple, pour les octaèdres qui dérivent du prisme ortho-rhombique (topaze). Elle s'applique aussi aux rhomboèdres et même aux formes du système régulier susceptibles de varier dans la valeur de leurs angles, comme l'hexa-tétraèdre.

Hauteur des prismes. — Les formes autres que les prismes (*formes fermées*), comme l'octaèdre, le rhomboèdre, sont déterminées dans tous les sens, et le rapport de leurs dimensions est fixe. Quant aux prismes (*formes ouvertes*), l'observation des cristaux naturels n'indique aucune limite à leur hauteur réelle qui ne paraît dépendre que de circonstances fortuites ou accidentelles, et lorsque leurs bases sont identiques (prisme carré, prisme hexagonal), si ces bases d'ailleurs ne portent point de facettes secondaires conduisant à une forme fermée, nous n'avons aucun moyen de différencier ces solides. Dans le cas où la base est modifiée par des troncatures, par exemple, ces troncatures ont toujours des inclinaisons différentes pour des minéraux distincts, et ces minéraux, dans ce cas, peuvent être déterminés par la hauteur spéciale d'un octaèdre de ce genre pour chacun d'eux.

Les minéralogistes, pour se soustraire, au moins théoriquement, à l'indétermination qui résulte de la hauteur variable des prismes, lorsque ces prismes doivent être pris pour forme primitive, supposent que chacun d'eux a pour hauteur celle de l'octaèdre indiqué par la troncature de ses arêtes basiques. Ainsi, quand on dit que le zircon a pour forme primitive un prisme dont la hauteur est $9/10$, la base ayant pour côté 1, cela veut dire que les facettes les plus fréquentes ou les plus remarquables que portent les arêtes basiques sur beaucoup de cristaux, conduiraient à un octaèdre qui aurait ces mêmes dimensions.

Chaque prisme peut avoir ainsi son octaèdre ou, en général, sa forme fermée *conjuguée*, propre à déterminer le rapport théorique qui lie sa base à sa hauteur. Pour citer un exemple en dehors de l'octaèdre, nous dirons que les auteurs donnent au prisme hexagonal de l'émeraude, la hauteur 1, parce que dans le di-hexaèdre indiqué par les principales troncatures de ses arêtes basiques, le côté de la base est à peu près égal à la hauteur.

Les formes du système régulier échappent à cette indétermination par leur parfaite symétrie qui entraîne l'égalité des dimensions dans le sens des trois axes.

SYSTÈMES CRISTALLINS.

En appliquant aux cristaux simples, considérés comme des formes purement géométriques, la méthode des troncatures, et se conformant d'ailleurs à la loi de symétrie, on peut arriver théoriquement à un très-grand nombre de formes. Cependant toutes ces formes possibles, dont la nature n'a réalisé d'ailleurs qu'une partie, peuvent être divisées en six catégories seulement auxquelles on a donné le nom de *systèmes cristallins.*

Dans le tableau suivant, destiné principalement à offrir au lecteur une vue d'ensemble, ces systèmes se trouvent désignés par les noms que nous croyons les plus convenables, avec l'indication de leurs caractères distinctifs, et rangés, autant que possible, dans leur ordre de symétrie.

Le trait caractéristique de ces systèmes est celui-ci, que toutes les formes qui appartiennent à l'un quelconque d'entre eux offrent une symétrie équivalente, et sont liées si étroitement, qu'elles peuvent être déduites, par des modifications symétriques, de l'une quelconque d'entre elles choisie pour type, tandis que, entre les formes d'un système et celles d'un système différent, il y a, au contraire, une incompatibilité à peu près absolue. Chacun de ces groupes de cristaux forme ainsi comme une famille caractérisée par une forme simple convenablement choisie que l'on peut appeler *type*, ou mieux encore par les axes; car, chose bien remarquable, toutes les formes appartenant à un même système sont assujéties à des axes identiques, tandis que, d'un système à un autre, il y a, sous ce rapport, des différences fondamentales, soit dans la longueur relative, soit dans la position de ces droites.

Les formes types des systèmes ne sont autre chose qu'une généralisation de la forme primitive; et les systèmes eux-mêmes doivent être regardés comme l'ensemble de toutes les formes et des propriétés cristallographiques des minéraux, embrassé et méthodiquement disposé dans une considération générale.

SYSTÈMES : AXES.	FORMES TYPES.	FORMES SIMPLES DÉRIVÉES.
I. SYSTÈME RÉGULIER. Trois axes rectangulaires égaux entre eux.	**Cube.**	Octaèdre régulier; dodécaèdre rhomboïdal. — Trapézoèdre; hexa-tétraèdre; octo-trièdre; solide à quarante-huit faces. Tétraèdre. } *Hémièdres.* Hexa-dièdre. }
II. SYSTÈME HEXAGONAL. Un axe principal perpendiculaire à trois axes secondaires égaux se coupant sous l'angle de 60°.	**Prisme hexagonal régulier.**	Di-hexaèdre régulier. — Prisme dodécagonal symétrique; di-dodécaèdre symétrique. Rhomboèdre; scalénoèdre. . . . . *Hémièdres.* Pyramide triangulaire droite à base équilatérale; prisme *idem.* . . . . . . *Hémièdres.*
III. SYSTÈME TÉTRAGONAL. Trois axes rectangulaires : un principal et deux secondaires égaux entre eux.	**Prisme carré.**	Octaèdre carré; prisme octogonal symétrique; di-octaèdre symétrique. Sphénoèdre. . . . . *Hémièdre.*
IV. SYSTÈME ORTHO-RHOMBIQUE. Trois axes rectangulaires inégaux.	**Prisme ortho-rhombique.**	Octaèdre ortho-rhombique; prisme rectangulaire droit; octaèdre rectangulaire droit.
V. SYSTÈME UNOBLIQUE. Trois axes inégaux dont deux obliques, le troisième étant perpendiculaire aux deux premiers.	**Prisme rhombique unoblique.**	Octaèdre rhombique unoblique; prisme rectangulaire unoblique; octaèdre *idem.*
VI. SYSTÈME BI-OBLIQUE. Trois axes inégaux et obliques.	**Prisme bi-oblique à base parallélogramme.**	Octaèdre bi-oblique à base parallélogramme.

Dans notre tableau , ces systèmes sont caractérisés par
les axes et par les formes types. Nous y avons placé , en
regard de ces dernières , les solides dérivés dans une colonne spéciale où les formes hémièdres occupent une place
à part à la suite des formes complètes ou holoèdres.

Il est essentiel d'avoir une connaissance suffisante de
ces familles de cristaux. Nous allons par conséquent nous
arrêter quelques instants sur chacune d'elles et étudier,
jusqu'à un certain point, sa symétrie et les formes les plus
simples qui s'y rattachent.

L'emploi fréquent que nous ferons de figures claires et
soignées, nous permettra d'être bref dans nos explications.
Dans ces figures, nous désignerons , à l'imitation d'Haüy,
les faces de la forme type par les letttres P , M , T , consonnes principales du mot PRIMITIF , les angles solides
par A , E , I , et les arêtes par les consonnes B , C , D (1).
Les parties identiques devront naturellement porter la
même lettre, et l'emploi de deux ou trois lettres indiquera
autant de catégories de faces, d'angles ou d'arêtes. Les faces ou facettes secondaires formées par des modifications
de ces parties , seront représentées par des lettres minus-
cules que nous ferons correspondre, le plus qu'il sera possible , aux majuscules employées pour les parties du type
qui auront subi ces modifications.

Système régulier.

Forme type. — Le cube (*fig.* 39), que nous avons choisi
pour forme fondamentale , est le solide régulier par excellence et sa symétrie est parfaite. Toutes les parties , dans
chaque catégorie, sont identiques entre elles, savoir :

(1) Pour les arêtes latérales des prismes, on se sert ordinairement des lettres H , G , L , la lettre H étant souvent réservée
pour les arêtes des prismes droits qui jouent le rôle de hauteur.

6 faces carrées P — 12 arêtes B — 8 angles solides droits A.

En joignant deux à deux les milieux des faces opposées, on a les axes (*fig.* 40). Il est facile de voir qu'ils sont égaux entre eux et aux arêtes, et qu'ils se cou-

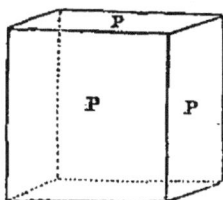
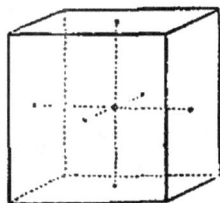

Fig. 39.

Fig. 40.

pent au centre en deux parties égales.

Formes dérivées. — *Octaèdre régulier.* — Il s'obtient par la troncature symétrique des huit angles solides du cube fondamental. On comprendra facilement cette dériva-tion si l'on se rappelle les explications de la page 27, et si l'on se représente les figures 18, 19 et 20, qui servent de transition d'une forme à l'autre.

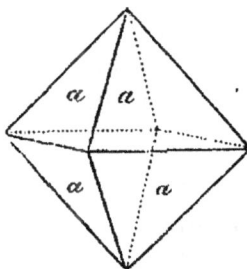

L'octaèdre (*fig.* 41) se compose de huit faces triangulaires équilatérales formant entre elles, de part et d'autre d'une même arête, des angles dièdres de 109° ¹/₂.

Fig. 41.

Hexa-tétraèdre. — Cette forme résulte du bisellement des douze arêtes du cube. Il est facile de voir, en effet, si l'on considère, par exemple, les quatre facettes *h* (*fig.* 42) qui bordent la base su-périeure, que ces facettes prolongées formeraient, sur la face dont il s'agit, une pyramide qua-drangulaire droite. L'effet général et définitif de la mo-

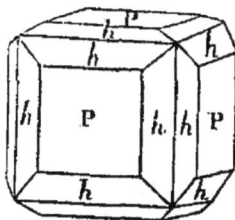
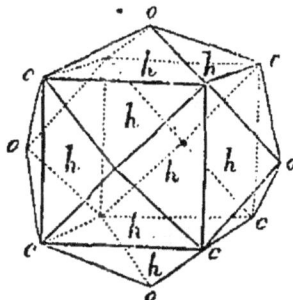

Fig. 42.

Fig. 43.

dification sera donc de produire un cube pyramidé sur toutes

44 MINÉRALOGIE.

les faces (*fig.* 43). C'est l'*hexa-tétraèdre* qui se trouve circonscrit par vingt-quatre faces triangulaires isocèles.

Dodécaèdre rhomboïdal. — Il peu arriver que l'angle du biseau qui donne naissance au solide précédent soit très-obtus, et, à la limite, cet angle même arrive à 180°. Dans ce dernier cas, les deux facettes,

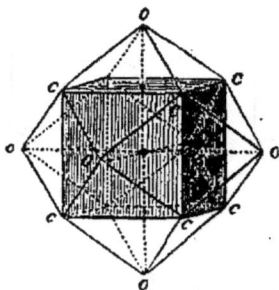

Fig. 44.

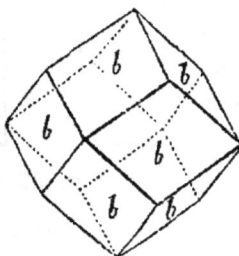

Fig. 45.

situées de part et d'autre d'une même arête cubique, se trouvant dans le même plan, se réduisent alors à une simple troncature, comme dans la figure 25, et les deux faces triangulaires correspondantes forment, par leur combinaison, un *losange* ou *rhombe*, circonstance qui est clairement indiquée dans la figure 44. Le solide dérivé se compose donc de douze faces rhombes égales, et on lui donne le nom de *dodécaèdre rhomboïdal* (*fig.* 45).

Trapézoèdre. — Cette forme offre vingt-quatre quadrilatères symétriques (trapézoïdes) parfaitement égaux (*fig.* 46). Nous devons nous borner ici à indiquer le moyen de l'obtenir en partant du cube fondamental. Ce moyen con-

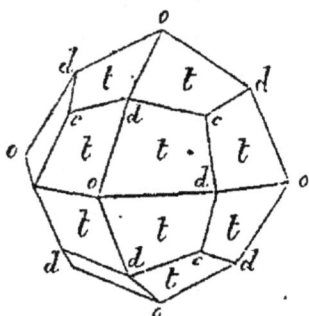

Fig. 46.

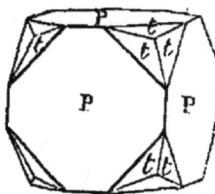

Fig. 47.

siste à exécuter, sur les angles solides de ce type, un pointement direct (*fig.* 47).

Octo-trièdre. — On donne ce nom à un solide qu'on ferait dériver du cube par un pointement indirect (*fig.* 30), exécuté sur ses angles, et qui offre habituellement un faciès octaédrique par la plus grande saillie des sommets qui se trouvent sur les axes. La figure 48, qui représente cette forme, montre clairement qu'on pourrait y arriver, d'une manière peut-être plus naturelle, en affectant d'un biseau toutes les arêtes de l'octaèdre régulier.

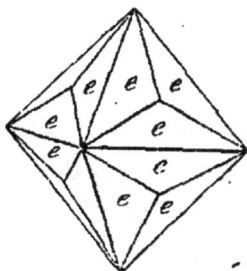 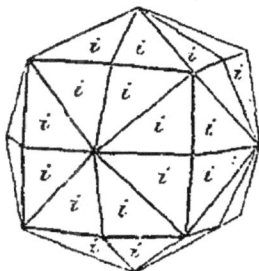

Fig. 48.   Fig. 49.

Il existe encore parmi les formes simples dérivées du cube un solide à quarante-huit faces (*fig.* 49), que l'on produirait par un pointement double sur les angles de ce type (voyez *fig.* 31).

Remarque. — Le cube, l'octaèdre et le dodécaèdre rhomboïdal sont des formes fixes et invariables dans leurs angles et dans leurs dimensions relatives. Il n'en est pas de même des quatre autres solides simples du système : ceux-ci dépendent jusqu'à un certain point de l'angle variable du biseau et des faces des pointements. Il peut donc y avoir, par exemple, plusieurs hexa-tétraèdres, plusieurs trapézoèdres ; mais la nature n'en a réalisé qu'un petit nombre dont les axes sont à ceux du type dans un rapport très-simple que nous avons déjà indiqué.

Exemples naturels. — La *fluorine*, la *galène*, le *grenat*, le *diamant* sont les meilleurs exemples à citer pour le système régulier. Les deux premières espèces offrent fréquemment le cube, moins souvent l'octaèdre et le dodécaèdre rhomboïdal. Cette dernière forme est celle qu'affecte habituellement le grenat qui se présente fréquemment aussi cristallisé en trapézoèdres. Pour le diamant, c'est l'octaèdre et l'octo-trièdre qui sont les formes simples dominantes.

Les cristaux composés se rapportent, en général, à une

forme dominante qui est ordinairement le cube ou l'octaèdre ou encore le dodécaèdre. Nous nous
contenterons d'en donner ici un exemple :
c'est la variété de galène que Haüy a nommée *triforme* (*fig.* 50), parce qu'elle porte
à la fois les faces P du cube, celles *a* de
l'octaèdre et des facettes *b* qui conduiraient
au dodécaèdre rhomboïdal.

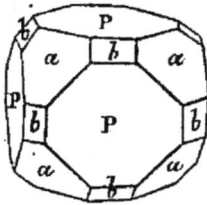

Fig. 50.

Formes hémièdres. — Au système régulier se rattachent deux genres d'hémiédrie. Dans le premier, dont
l'exemple le plus frappant est offert par la *boracite* (voyez
pages 33, 34 et 35), il n'y a que la moitié des angles qui
se trouve modifiée (*fig.* 32), et le solide dérivé qui en résulte est le tétraèdre régulier (*fig.* 51) qui est la forme dominante habituelle de la *panabase*.

Ce solide peut être immédiatement obtenu en partant du
cube. Il suffit, en
effet, de jeter com-
parativement les
yeux sur les figures
51 et 52 pour voir
que ses arêtes peu-
vent être considé-

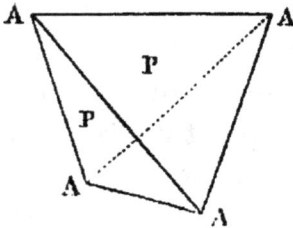

Fig. 51.

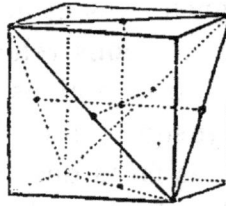

Fig. 52.

rées comme la moitié des diagonales alternes des faces
carrées qui circonscrivent ce dernier type.

Le deuxième genre d'hémiédrie résulte de l'absence con-

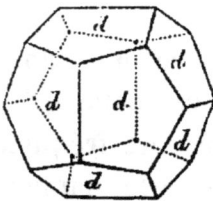

Fig. 53.

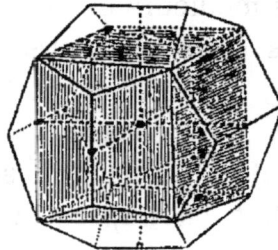

Fig. 54.

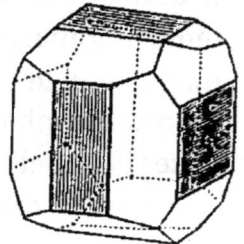

Fig. 55.

stante d'une des facettes dans les biseaux qui nous ont

,servi à obtenir l'hexa-tétraèdre (voyez *fig.* 33). Le solide dérivé se réduit, dans ce cas, à une forme à douze faces qui se trouvent être des pentagones symétriques ; de là le nom de *dodécaèdre pentagonal* (*fig.* 53). On appelle cette forme *hexa-dièdre*, parce qu'on peut la regarder comme résultant d'un toit ou dièdre placé sur chacune des six faces du cube (*fig.* 54).

Ce solide est susceptible, comme l'hexa-tétraèdre, d'offrir plusieurs espèces. La 'plus fréquente, dont l'axe est $^3/_2$, est celle qu'affectent habituellement la *pyrite* et la *cobaltine*, les seules espèces minérales dont les cristaux offrent cette sorte d'hémiédrie. On l'appelle particulièrement *pyritoèdre*. C'est celle-là que représentent nos figures. Nous avons figuré (*fig.* 55) une combinaison de ce solide et du cube fondamental.

Système hexagonal.

Dans ce système, les modifications marchent par six. C'est là un de ses principaux caractères distinctifs.

Forme type. — Le prisme hexagonal régulier (*fig.* 56), qui est le véritable type de ce système, est très-connu, et sa symétrie s'aperçoit au premier coup d'œil. Ici l'axe principal joint les centres

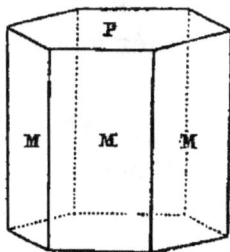
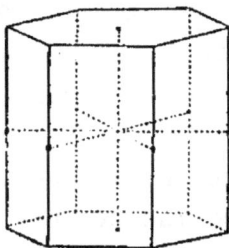

Fig. 56.   Fig. 57.

des deux bases, et chacun des trois axes secondaires réunit les milieux des arêtes latérales opposées (*fig.* 57).

Formes dérivées. — *Di-hexaèdre.* — La troncature symétrique des arêtes de la base supérieure du type donnerait un anneau de facettes *b* (*fig.* 58) qui, prolongées par en haut jusqu'à leur rencontre mutuelle, produirait une pyramide droite ayant pour base un hexagone régulier. La même modification appliquée à la base inférieure donne-

rait naissance, de ce côté, à une deuxième pyramide égale
à la première, mais dans une position renversée. Il résulterait donc de cette double modification un prisme *pyra-*

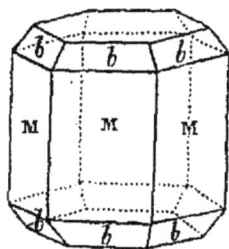
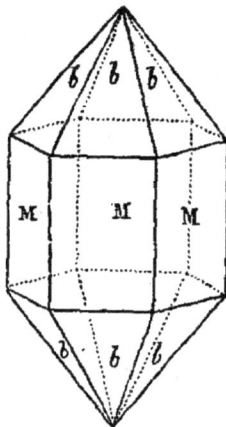
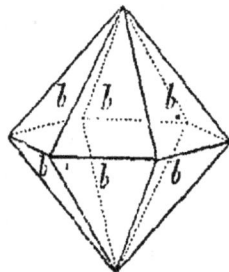

Fig. 58.   Fig. 59.   Fig. 60.

midé à ses deux extrémités (*fig.* 59). Si l'on suppose maintenant que les deux pyramides marchent l'une vers l'autre,
le prisme intermédiaire se raccourcira de plus en plus, et
il arrivera un moment où il aura disparu. Alors les deux
solides pyramidaux se trouveront appliqués sur une base
commune, et l'on aura un *dodécaèdre bi-pyramidal* symétrique, qu'on appelle aussi *di-hexaèdre* (*fig.* 60). C'est le
solide dérivé le plus remarquable du système.

Nous ne ferons que nommer le *di-dodécaèdre* (*fig.* 61),
solide bi-pyramidal à vingt faces triangu-
aires, qui naîtrait d'un bisellement oblique fait aux dépens des douze angles du
prisme fondamental.

Toutes les formes précédentes résultent
des modifications opérées sur les bases du
prisme type ; en agissant sur les arêtes
latérales, on obtiendrait des prismes à
six, douze, dix-huit faces latérales, susceptibles de se combiner avec les formes
fermées de la première catégorie.

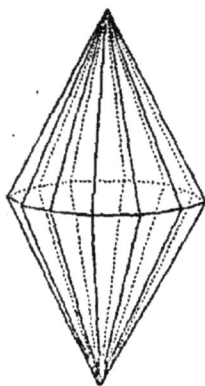

Fig. 61.

Exemples naturels. — Le *béryl* ou *émeraude*, la *pyro-morphite* et l'*apatite* constituent les exemples les plus clas-siques que l'on puisse citer pour le système hexagonal, et presque jamais le prisme fondamental ne s'y trouve effacé. Les modifications les plus habituelles qui accompagnent ce type consistent en des troncatures ou des biseaux rempla-çant les arêtes latérales, et en des rangées annulaires simples ou multi-ples de facettes remplaçant les arêtes des bases. Dans le cristal, représenté figure 62, on voit deux de ces ran-gées, et en outre des facettes *s* posées sur les angles, qui condui-raient, si elles étaient prolongées, à

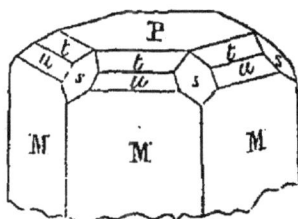

Fig. 62.

un di-hexaèdre occupant une position alterne par rapport à celui que nous avons obtenu par la troncature des arêtes basiques.

Formes hémièdres. — Nous avons encore à signaler ici deux sortes d'hémiédrie, dont l'une est si importante qu'elle a été considérée par la plupart des auteurs comme devant constituer le système normal qui a pour base le nombre 6. Je veux parler de l'hémiédrie dont le solide caractéristique est le *rhomboèdre* (*fig.* 63). Nous avons déjà fait connaître les principales propriétés de ce type, qui se manifeste si fréquemment dans les cristaux naturels. On peut le re-garder comme dérivant du prisme hexagonal par des troncatures annu-laires dans lesquelles on aurait fait disparaître trois facettes sur chaque base, conservant, dans la base supé-rieure, les trois facettes 1, 3, 5, et les

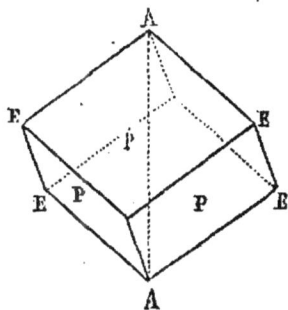

Fig. 63.

facettes alternes de la base inférieure 2, 4, 6, ainsi que le montrent les figures 21, 22, 23, 24, de la page 28. C'est donc réellement en quelque sorte une moitié ou un hémièdre du di-héxaèdre. On peut, en effet, l'obtenir, ainsi que nous l'avons dit page 35, en prolongeant la moitié des faces·de ce dernier solide (voy. *fig.* 36).

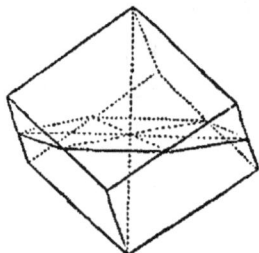

L'axe principal réunit ici les sommets du rhomboèdre qui sont formés de trois angles plans égaux, et les axes secondaires s'obtiennent en joignant les milieux des arêtes latérales opposées. Ces axes sont représentés dans la figure 64, où nous avons tracé également l'hexagone indiqué par les extrémités des axes secondaires. Ils sont identiques à ceux du prisme normal.

Fig. 64.

Le *scalénoèdre* est encore une forme bien remarquable dépendant du même genre d'hémiédrie, et qui a été aussi très-employée par la nature (1). On peut le faire dériver du

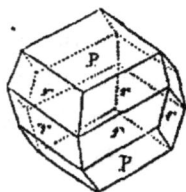 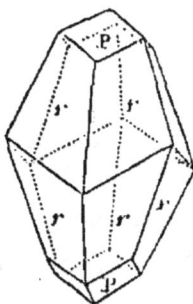 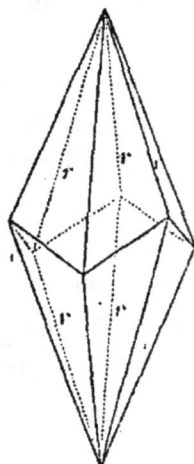

Fig. 65.　　　　　　Fig. 66.　　　　　　Fig. 67.

rhomboèdre de plusieurs manières. La plus simple consiste à modifier, par des biseaux (*rr*), les six arêtes latérales de ce solide (*fig.* 65 et 66). Le scalénoèdre ainsi dérivé (*fig.* 67)

(1) Ce solide a pour holoèdre, dans le système normal, le di-dodécaèdre; on l'obtiendrait en prolongeant la moitié des faces alternes de cette dernière forme.

peut être regardé comme une double pyramide à triangles scalènes dont la base, au lieu d'être plane comme dans le di-hexaèdre ordinaire, serait un zigzag composé de six côtés égaux parallèles aux arêtes latérales du rhomboèdre considéré comme type.

Les cristaux qui se rattachent à ce groupe de formes hémièdres offrent, comme ceux qui appartiennent au système normal, le prisme hexagonal régulier; mais ici ce prisme doit être considéré comme étant composé de molécules rhomboédriques, auquel cas ces bases n'ont plus toutes leur parties physiquement identiques, ainsi que cela doit être dans le prisme que nous avons pris originairement pour type. On peut facilement faire dériver cette forme du rhomboèdre par la troncature des six arêtes latérales ou des angles latéraux combinée avec celle des sommets.

Les genres de formes qui dépendent de cette famille se réduisent aux trois dont il vient d'être question; mais les deux premiers genres sont susceptibles d'offrir un assez grand nombre d'espèces différentes par leurs angles. Ces espèces toutefois sont limitées et réglées par la loi de rationalité des axes.

Beaucoup de minéraux se rattachent par leurs formes cristallines au groupe particulier dont le type est le rhomboèdre ; mais aucun ne peut être comparé, sous ce rapport, au *calcaire* qui offre une variété de formes réellement remarquables, parmi lesquelles dominent plusieurs rhomboèdres secondaires, un scalénoèdre particulier qu'Haüy appelait *métastatique* et le prisme hexagonal. La figure 68 représente une forme composée (*analogique* d'Haüy), où se trouvent réunis le prisme hexagonal *e*, le

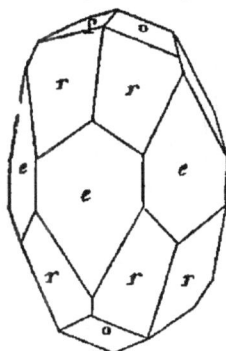

Fig. 68.

métastatique *r* et un rhomboèdre *o* très-obtus qu'Haüy désignait par le nom d'*équiaxe*.

. Nous citerons à part le *quartz hyalin* (cristal de roche)
pour une anomalie spéciale qu'il offre exclusivement. La

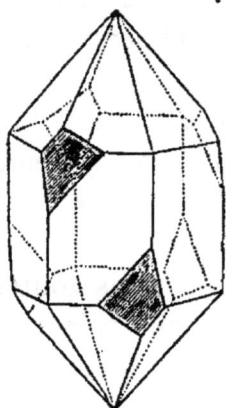

forme dominante et habituelle de cette
espèce est un prisme hexagonal pyramidé, que l'on pourrait être tenté, au
premier abord, de rapporter au système
holoèdre ; mais diverses circonstances
ont déterminé tous les minéralogistes à
la rattacher au rhomboèdre. On considère
alors les pyramides comme ayant chacune deux sortes de faces p et e (*fig.* 36),
dont les unes se rapportent au rhom
boèdre primitif et les autres à un autre

Fig. 69.

rhomboèdre égal au premier, mais placé
relativement à celui-ci dans une position alterne. L'anomalie que nous avons annoncée consiste en des faces
obliques qui remplacent certains angles du prisme pyramidé (*fig.* 69). Ces faces, auxquelles Haüy a donné le nom
de *plagièdres*, sont toujours tournées d'un seul côté, tantôt
à droite, tantôt à gauche, et constituent une infraction, au
moins apparente, à la loi de symétrie.

Nous insisterons peu sur le second genre d'hémiédrie

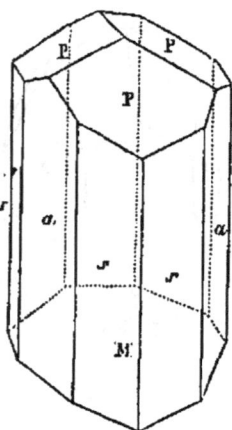

qui se rapporte au système hexagonal.
Il ne se présente que dans une seule
espèce, la *tourmaline*, où la plupart des
cristaux portent les faces d'un prisme
triangulaire. Les extrémités offrent, en
outre, constamment une dissymétrie
dont l'effet le plus simple est de présenter, d'un côté, une pyramide à trois faces p, et, de l'autre, une base sans modification. Cette double dissymétrie, que
montre clairement la figure 70, peut

Fig. 70.

s'expliquer au moyen de la supposition
que la molécule intégrante, dans cette circonstance, est une

pyramide droite ayant pour base un triangle équilatéral.

La symétrie tout exceptionnelle que cette double hémiédrie présente ne semble comporter qu'un seul axe de cristallisation.

Système tétragonal.

Le nom de *tétragonal* indique un caractère fondamental de ce système où toutes les parties et les modifications marchent essentiellement par quatre.

Forme type. — Le type est ici le prisme droit à base carrée (*fig.* 71), que nous appelons, pour abréger, *prisme carré*.

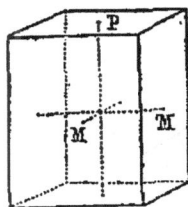

Fig. 71.

L'axe principal est déterminé par la ligne qui joint les centres des bases : les deux axes secondaires s'obtiennent en unissant les centres des faces opposées par des droites qui sont égales entre elles et rectangulaires.

Formes dérivées. — *Octaèdre carré.* — Cette forme est la plus importante de toutes celles qu'on peut déduire du type. On l'obtient par la troncature, soit des arêtes basiques, soit des angles.

Dans le premier cas, l'effet initial de cette modification est de produire, sur chaque base, une bordure (*fig.* 72) qui

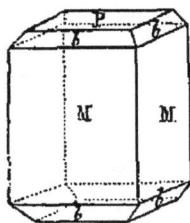
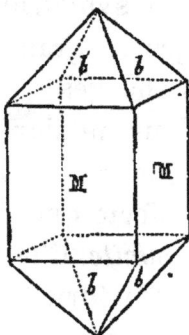
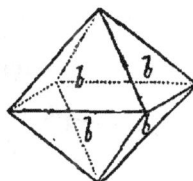

Fig. 72.   Fig. 73.   Fig. 74.

devient une pyramide par suite du prolongement des facettes *b* qui la composent. Le prisme se trouve alors bipyramidé (*fig.* 73), et, s'il vient à disparaître par l'appro-

fondissement des troncatures, il reste deux pyramides carrées opposées base à base qui constituent, par leur ensemble, l'*octaèdre carré* (*fig.* 74).

La figure 75 montre suffisamment la dérivation de l'octaèdre qui résulte de la tronca-
ture des angles. Il ne diffère
du premier que par sa po-
sition désignée par le nom
d'*alterne*.

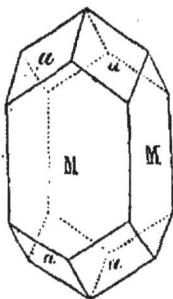
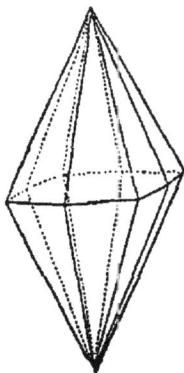

Prismes variés. — Des prismes à 8, 12 ou 16 pans résul-
teraient de la troncature et
du bisellement des arêtes latérales.

Fig. 75.   Fig. 76.

Di-octaèdre. — Enfin, des
biseaux obliques posés sur tous les angles, comme l'indique
la figure 28, conduiraient définitivement à un solide bi-
pyramidal symétrique (*fig.* 76) qu'on appelle *di-octaèdre*.

Exemples naturels. — Les cristaux naturels qui dépendent de ce système sont ordinairement nets et faciles à
déterminer. La plupart offrent le prisme carré comme forme
dominante (*zircon, idocrase*); quelques-uns l'octaèdre (*schéelite*). Les cristaux d'idocrase particulièrement sont remarquables par la variété et la symétrie de leurs formes, symétrie qui persiste malgré le grand nombre des facettes
dont ils sont quelquefois chargés.

Forme hémièdre. — Nous ne signalerons ici qu'une hémiédrie fondamentale qui jusqu'à présent
n'a été offerte que par une seule espèce,
la *chalkopyrite*. Elle est au prisme carré ce
qu'est l'hémiédrie tétraédrique au cube, et
le solide caractéristique auquel elle donne
lieu est une espèce de tétraèdre allongé
ayant la forme d'un double coin à faces

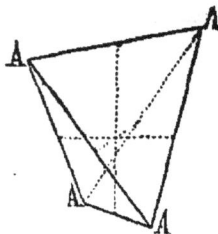

Fig. 77.

triangulaires isocèles, qu'on appelle *sphénoèdre* (*fig.* 77).

Système ortho-rhombique.

La dénomination d'*ortho-rhombique*, appliquée à ce système par M. Delafosse, présente à la fois l'idée des prismes et des octaèdres droits, soit rectangulaires, soit rhombiques, qui sont les formes caractéristiques de cette série.

Forme type. — Nous avons choisi pour type le prisme droit à base rhomboïdale ou *ortho-rhombique* (*fig.* 78). Ses faces latérales sont des rectangles égaux, et ses arêtes latérales sont de deux sortes, les unes *obtuses* et les autres *aiguës.*

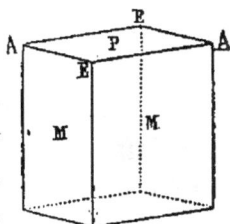 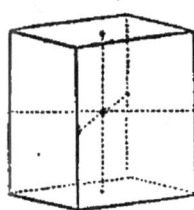

Fig. 78.   Fig. 79.

L'axe principal étant naturellement la ligne menée d'un centre à l'autre des bases rhomboïdales, il convient de prendre pour axes secondaires les lignes qui joindraient les milieux des arêtes opposées (*fig.* 79). Ces trois axes sont rectangulaires comme dans le système précédent; mais il n'y a plus égalité entre les axes secondaires.

Formes dérivées. — *Octaèdre ortho-rhombique.* — Cet octaèdre a pour base un rhombe semblable à celui du prisme fondamental, et ses faces sont des triangles isocèles égaux (*fig.* 81). Il s'obtiendrait par des troncatures *b* faites sur les arêtes basiques du type (*fig.* 80), moyen de dérivation que nous avons déjà employé pour l'octaèdre carré.

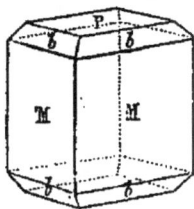 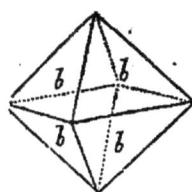

Fig. 80.   Fig. 81.

Octaèdre rectangulaire droit. — Celui-ci, qui a pour base un rectangle et dont les faces sont des triangles isocèles de deux espèces, résulterait des troncatures combinées des deux sortes d'angles de la base du type (*fig.* 82).

Chacun des deux ordres de troncatures pourrait d'ailleurs exister seul sur le prisme et produirait alors un biseau. La figure 83 représente celui qui naîtrait de cette modification opérée sur les angles obtus seuls, et la figure 84, qui n'est que la précédente raccourcie,

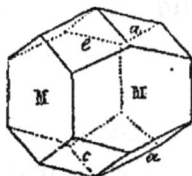

Fig. 83.

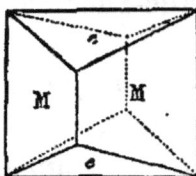

Fig. 82.

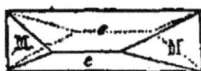

Fig. 84.

montre un exemple de prisme rhomboïdal couché avec des biseaux verticaux.

Prisme rectangulaire droit. — Ce prisme s'obtient par la troncature simultanée des deux sortes d'arêtes latérales du prisme fondamental, ainsi que le montre clairement la figure 85. Chacune de ces troncatures, combinée avec les faces du type, conduirait à un prisme à 6 faces. Par d'autres combinaisons de troncatures et de bisellements opérés sur ces mêmes arêtes, on arriverait à d'autres prismes ayant 8, 10, 12, 14, 16..... faces.

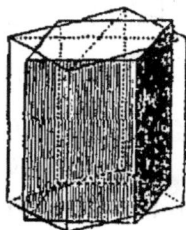

Fig. 85.

Exemples naturels. — Un grand nombre de minéraux importants se rapportent à ce système.

Pour les formes prismatiques à base rhomboïdale, nous citerons particulièrement la *célestine*, la *barytine* et la *topaze*. La figure 86 représente un cristal composé appartenant à la seconde espèce. Les faces du prisme primitif y sont réduites à l'état de facettes m par le grand développement des plans e qui ne sont autre chose que les troncatures allongées des angles obtus du type. La position des facettes a indique assez qu'elles résultent de la troncature des angles aigus A du prisme primitif.

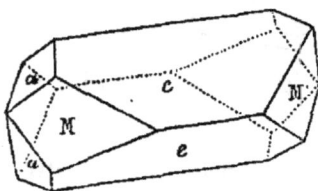

Fig. 86.

Un des meilleurs exemples qu'on puisse signaler pour

l'octaèdre droit à base rhombe est le *soufre* natif. L'octaèdre rectangulaire se rencontre plus rarement que les autres formes.

Système unoblique.

Ce nom indique une obliquité en un seul sens des prismes et octaèdres qui se rattachent au système.

Forme type. — Dans le prisme (*fig.* 87) que nous considérons comme la forme fonda-mentale du système, la base P est encore un rhombe comme dans le prisme ortho-rhombique; mais elle n'est plus perpendiculaire aux arêtes latérales, et une des diagonales E I, nous supposons ici que

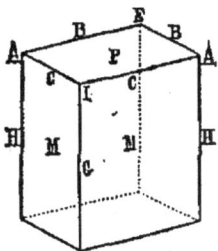
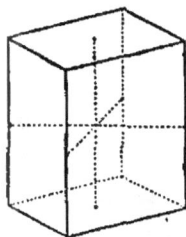

Fig. 87.   Fig. 88.

ce soit la plus petite, est oblique, tandis que l'autre AA reste horizontale.

On prend toujours pour axe principal (*fig.* 88) celui qui réunit les centres des bases du prisme; les autres axes joignent encore les milieux des arêtes latérales opposées; mais l'un seulement de ces axes, qui se trouve être parallèle à la diagonale AA, est horizontal, et l'autre axe, parallèle à la petite diagonale E I, est oblique et détermine le sens de l'inclinaison unique du système.

Il est à remarquer que le premier de ces deux axes secondaires est perpendiculaire aux deux autres, et, par conséquent, à leur plan que nous représentons, dans la figure 89, ra-battu sur un plan parallèle à l'observateur. Ce

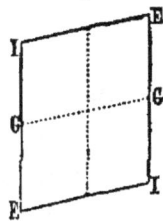

Fig. 89.

plan partage le cristal en deux parties symétriques.

Il y a deux sortes d'arêtes basiques, B et C, et trois sor-tes d'angles, A, E, I, dans le prisme unoblique (*fig.* 87). Aussi est-il susceptible de modifications par 2 et même par 1 sur les parties qu'offre chacune des deux bases.

La figure 90 représente le prisme primitif avec ses deux arêtes c tronquées, et la figure 91 le résultat de la modifica-

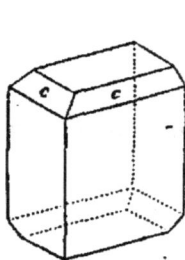 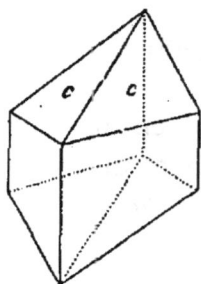

tion qui est un biseau uno-blique (*cc*). Ce genre de biseau pourrait s'obtenir encore par la troncature des deux angles A. Chacun des angles E, I, est susceptible d'être tronqué séparément et de donner naissance à un biseau horizontal par la combi-

Fig. 90.   Fig. 91.

naison de la troncature avec le résidu de la base du prisme (voyez ci-après *fig.* 92).

Formes dérivées. — Les formes simples dérivées sont ici analogues à celles du système précédent et s'obtiennent de la même manière, sauf le nombre des modifications qui est plus grand dans certains cas ; elles diffèrent seulement par l'obliquité en un sens qui est marqué par la petite diago-nale du prisme fondamental, condition qui entraîne un degré d'irrégularité de plus dans les faces et dans les au-tres parties de ces formes. Ainsi, par exemple, dans le prisme à base rectangulaire, deux des faces opposées, celles de devant et de derrière, sont des rectangles, tandis que les faces de droite et de gauche sont des parallélogrammes. L'octaèdre rhomboïdal n'a plus ici ses faces égales ; elles forment deux catégories.

Exemples naturels. — Des espèces très-importantes se rattachent à ce système. Je citerai le *feldspath orthose*, l'*am-phibole*, le *pyroxène* et le *gypse*, qui jouent un si grand rôle dans la constitution des roches.

L'orthose offre de fréquents exemples du prisme fonda-mental tronqué sur les arêtes aiguës par deux faces *h* per-pendiculaires à la base P. La plupart des cristaux portent, sur l'angle I de la base, une large troncature *e* qui, combinée avec le résidu de cette base, forme un biseau horizontal (*fig.* 92). Le pyroxène des volcans (augite) a pour forme primitive un prisme rhomboïdal unoblique qui porte habituellement un biseau oblique *a* résultant de la troncature des angles aigus situés aux extrémités de la diagonale horizontale de la base. Le prisme

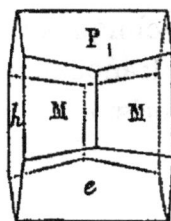
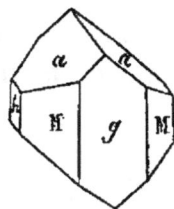

Fig. 92.   Fig. 93.

est à six ou huit pans par suite de la troncature des arêtes latérales. La figure 93 offre un prisme de cette dernière espèce portant, aux extrémités, le biseau habituel.

Système bi-oblique.

Les formes qui appartiennent à ce système n'ont plus d'autre régularité que le parallélisme et l'égalité des faces et des arêtes opposées.

Forme type. — Le prisme bi-oblique que nous prenons pour type n'offre que le degré de symétrie strictement nécessaire à un parallélipipède ordinaire. Les parties identiques n'y sont jamais qu'au nombre de deux et toujours opposées.

Ici les axes sont inégaux comme dans le système précédent, mais ils se rencontrent tous les trois sous des angles quelconques.

La dérivation, dans ce système, n'a d'autre ressource que des troncatures de diverses sortes qu'il faut nécessairement réunir si l'on veut obtenir des solides dérivés bi-obliques, analogues d'ailleurs à ceux qui ont été signalés dans le quatrième et dans le cinquième système.

Exemples naturels. — On dirait que ce n'est qu'à regret que la nature a travaillé sur ce plan cristallographique et peu avantageux pour la symétrie; car elle ne présente que de rares espèces que l'on puisse rapporter au système bi-oblique, et encore, dans ces exemples mêmes, ne s'écarte-t-elle guère de la forme du prisme fondamental.

L'*axinite* est ici l'espèce minérale par excellence. Elle offre des prismes bi-obliques très-obtus sur trois arêtes et très-aigus ou même tranchants sur les trois autres. On trouve ces prismes simples en Oisans (Dauphiné) et au pic d'Ereslidz (Pyrénées), mais il est plus fréquent de les rencontrer (*fig.* 94) avec des troncatures remplaçant des arêtes ou des angles.

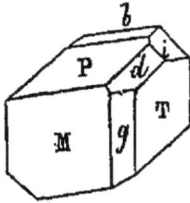

Fig. 94.

Plusieurs espèces de la famille des feldspath, notamment l'*albite*, sont rapportées à ce système par la plupart des auteurs; mais ces cristaux n'offrent rien de bien caractéristique, si ce n'est une hémitropie dont nous parlerons à l'article des mâcles.

Remarque sur les systèmes cristallins.

En jetant un coup d'œil d'ensemble sur les systèmes précédents, on voit qu'ils se trouvent disposés dans l'ordre indiqué par leur symétrie et leur régularité. Cette décroissance se manifeste, soit dans les types, soit dans les axes. On remarquera toutefois que le système hexagonal forme, pour ainsi dire, un ordre de choses à part en raison du nombre et de la symétrie de ses axes. Aussi plusieurs auteurs, pour ne pas interrompre la série des prismes à base quadrilatère, ont-ils pris le parti de mettre ce groupe à la fin de la série. La place que nous lui avons donnée après le système régulier est celle qu'il semble mériter par sa grande symétrie et par son importance.

Dans chacun des cinq systèmes à deux axes secondaires, les formes principales sont le prisme et l'octaèdre, et à chaque prisme correspond un octaèdre de même symétrie. Dans le système hexagonal, il n'y a plus d'octaèdre, mais le dodécaèdre triangulaire ou di-hexaèdre joue le même rôle relativement au prisme hexagonal.

_ En général les formes d'un même système, tant simples que composées, ont une symétrie équivalente, circonstance qui dépend de l'identité des axes pour toutes ces formes, et lorsque l'une d'elles semble perdre d'un côté sous ce rapport, elle gagne d'un autre côté, de manière à se relever au niveau général propre au système.

ACCIDENTS ET PARTICULARITÉS CRISTALLOGRAPHIQUES.

Monstruosités. — Il est assez rare de trouver, dans la nature, des cristaux qui offrent la régularité absolue que nous avons supposée jusqu'ici. En général, dans les polyèdres naturels, il arrive que certaines faces s'élargissent ou s'allongent aux dépens des faces voisines qui alors se trouvent souvent réduites à peu de chose et quelquefois même à rien. Il en résulte des *monstruosités minérales* qui doivent être considérées, ainsi que les monstres de la zoologie et de la botanique, non comme des exceptions aux lois naturelles, mais bien comme des applications de ces mêmes lois combinées avec des circonstances particulières et accessoires, comme, par exemple, le resserrement de la matière qui cristallisait dans une veine étroite, le voisinage d'autres cristaux qui se formaient en même temps que les premiers, la pression mutuelle des individus cristallins qui se développaient ensemble dans un petit espace, l'influence du support, celle de la pesanteur, celle de la nature et de la pureté du dissolvant, etc... Cet état de monstruosité, qui est plus ou moins rare chez les corps organisés, est au contraire habituel dans le règne minéral, en le supposant toutefois modérément ou faiblement prononcé; car il n'arrive pas fréquemment que les formes soient altérées au point d'être méconnaissables. Il est bien satisfaisant de reconnaître, par l'observation, que, malgré ces altérations dans les dimensions géométriques des cristaux, la constance des angles ne varie en aucune manière, et c'est réellement là que réside la véritable fixité des polyèdres naturels.

Ne pouvant signaler ici tous les genres de monstruosités dont les cristaux sont susceptibles, nous nous bornerons à citer, comme exemple, l'allongement latéral des octaèdres (*fig.* 95) et des scalénoèdres (*fig.* 96) qui a pour effet de substituer une ligne culminante à la pointe qui constitue les sommets de ces solides dans l'état normal.

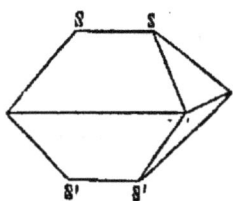

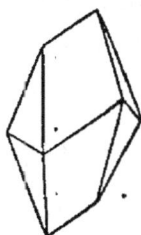

Fig. 95. Fig. 96.

Cristaux oblitérés. — Il arrive quelquefois que, par l'influence de circonstances encore mal connues, et toutefois assez constantes, les parties des cristaux s'arrondissent ou se contournent pendant qu'elles se forment; d'autre part, des causes extérieures déforment ces polyèdres en émoussant après coup leurs parties vives et saillantes. De là résultent des *oblitérations*, état bien plus imparfait que celui produit par la monstruosité, et qui constitue une sorte de transition des formes cristallines à celles qui tiennent à des causes particulières ou accidentelles. Une des plus fréquentes parmi ces formes oblitérées est celle que l'on désigne par le nom de *lenticulaire* (calcaire, gypse). Nous citerons encore des cristaux à surfaces *bombées* (diamant) ou *contournées* (dolomie), d'autres à face *creuses* (zigueline), et enfin des prismes *cylindroïdes* (pinite, tourmaline). Ces derniers sont habituellement chargés de *stries* longitudinales. Il y a aussi des prismes qui sont oblitérés par des stries transversales (cristal de roche).

Mâcles. — Les cristaux se trouvent assez rarement isolés. Dans la plupart des cas ils sont groupés. Ces groupes sont habituellement irréguliers ou indéterminés; mais il en est qui semblent avoir été faits sous l'empire des lois de la cristallisation et qui offrent une régularité et une symétrie remarquables; ce sont les *mâcles*, sorte de monstruosité double ou multiple qui résulte d'un accolement régulier, ordinairement avec pénétration et inversion, de deux ou plusieurs cristaux identiques et de même volume. En général elles offrent des angles rentrants et des inversions dans l'ordre des faces, qui les font facilement reconnaître. Les mâcles composées de deux cristaux, l'un d'eux étant renversé, sont les plus fréquentes. Haüy les nommait *hémi-tropies*, parce qu'elles peuvent s'expliquer par un demi-tour qu'aurait fait le deuxième cristal avant de s'accoler au premier. Un exemple théorique pourra nous aider à faire comprendre cette explication.

Soient (*fig.* 97) des coupes faites par les diagonales obliques dans deux prismes unobliques égaux. Si nous accolons

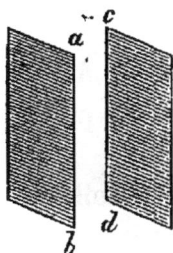
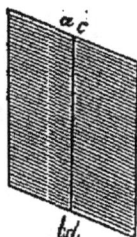
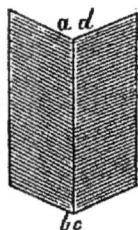

Fig. 97. Fig. 98. Fig. 99.

ces deux parallélogrammes, sans changer, d'ailleurs, leur position relative, par leurs côtés verticaux *a b*, *c*, *d*, nous obtiendrons un parallélogramme d'une largeur double (*fig.* 98), et il ne se passera là rien d'extraordinaire ; mais si nous opérons la jonction des deux coupes après avoir retourné la seconde, le groupe aura une forme toute particulière (*fig.* 99) qui sera caractérisée surtout par la différence des extrémités, l'une offrant un angle rentrant tandis que l'autre sera saillante.

Le gypse est très-sujet à se mâcler suivant le mode qui vient d'être indiqué. Le groupement le plus habituel est offert par la variété qui a été nommée *trapézienne* par Haüy. Des cristaux de cette forme, accolés par leur biseau longitudinal, après le retournement complet de l'un d'eux, donneraient un groupe,

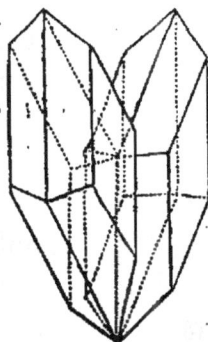
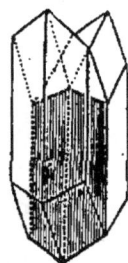

Fig. 100. Fig. 101.

comme figure 100, saillant à une extrémité (l'inférieure dans notre figure) et rentrant à l'autre, qui deviendrait semblable à la figure 101, après une pénétration avancée des deux cristaux élémentaires.

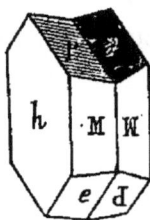

L'albite a, pour ainsi dire, l'habitude d'offrir une hémitropie où l'accolement se fait par deux faces latérales secondaires *h*. Le second cristal étant retourné de bas en haut, il en résulte, à la partie supérieure du cristal mâclé, une gouttière très-obtuse (*fig.* 102). Cette gouttière offre un moyen de distinguer cette espèce de l'orthose qui ne la présenterait pas dans une mâcle de la même espèce, la base P, dans ce minéral, étant perpendiculaire à la face *h*.

Fig. 102.

Il y a aussi des hémitropies obliques ; telle est celle qui résulte de l'accolement et de la pénétration de deux octaèdres par une de leurs faces. L'un de ces solides étant supposé dans sa position normale, le second a nécessairement son axe principal oblique, et le résultat définitif du groupement offre l'aspect indiqué par la figure 103, où l'on voit que le plan de pénétration est un hexagone autour duquel se manifestent six angles dièdres alternativement saillants et rentrants. Cette mâcle est une des formes habituelles du spinelle.

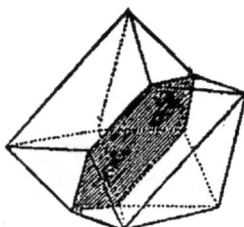

Fig. 103.

La staurotide ou croisette de Bretagne (*fig.* 104) offre un exemple remarquable de mâcle à cristaux croisés. Elle doit naissance à deux prismes ortho-rhombiques ordinairement tronqués sur leurs arêtes aiguës, dont l'un est couché horizontalement. Le croisement a lieu, le plus souvent, à angle droit et avec pénétration complète au centre des prismes.

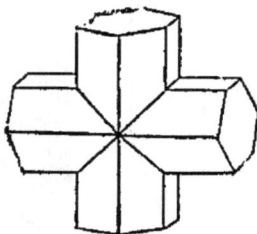

Fig. 104.

CONFIGURATIONS ET STRUCTURES NON GÉOMÉTRIQUES.

Dans les formes et les structures qui font l'objet de ce chapitre, la cristallisation n'a plus qu'une part faible ou nulle, et ce sont les causes particulières ou perturbatrices qui l'emportent. Les configurations les plus constantes et les plus générales sont les *concrétions* dont il serait difficile de séparer les *incrustations*; parmi les structures, celles qu'il est le plus utile de prendre en considération sont les structures que nous appelons *communes*, parce qu'elles s'offrent habituellement dans la nature à l'observation et à l'appréciation du minéralogiste et du géologue.

CONFIGURATIONS.

Concrétions. — Les concrétions tiennent le milieu entre les cristaux et les minéraux amorphes. On pourrait les considérer comme résultant d'une tendance à la cristallisation qui n'a pu être satisfaite. Une circonstance fondamentale de cette manière d'être est la disposition des molécules, soit physiques, soit cristallines, autour d'une droite ou d'un point, d'où résultent une forme arrondie cylindroïde ou globuleuse et une structure concentrique et souvent radiée.

Les *stalactites*, les *rognons* et les *pisolites* ou *oolites* sont les principales formes qui résultent de ce mode d'agrégation.

Stalactites. — Elles se forment par la stillation d'un liquide lapidifique qui, en arrivant sur la voûte d'une cavité, dépose, avant de tomber, la matière qu'il tenait en solution. Ici la concrétion est influencée par l'action de la pesanteur et se dispose autour d'une droite verticale. Les stalactites les plus fréquentes sont offertes par le calcaire, et affectent particulièrement la forme cylindroïde ou conoïde. Lorsque la concrétion se produit sur une surface plane ou courbe où elle peut s'étendre, elle prend une disposition ondulée ou mamelonnée. On appelle particulièrement *stalagmite* un dépôt de ce dernier genre, qui recouvre habituellement le sol des grottes dont la voûte et les parois latérales sont tapissées de stalactites.

Rognons. — Dans les concrétions précédentes, il y avait une surface d'attache; les rognons sont isolés au sein d'un milieu plus ou moins terreux et compressible, où ils se sont séparés et formés autour de divers centres sous l'influence d'une attraction élective (nodules calcaires dans l'argile calcarifère, rognons de silex dans la craie). Ils ont habituellement une forme sphéroïdale, ovoïde ou cylindroïde ou n'atteignent que la configuration plus grossière de *grumeaux*.

Parmi les concrétions de ce genre, il faut distinguer les *rognons cristallins* (pyrite) qui offrent à l'extérieur des pointes de cristaux, et à l'intérieur une structure radiée.

Pisolites et oolites. — Celles-ci n'ont pas non plus de point d'adhérence nécessaire: elles ont pris naissance dans un liquide où elles ont pu rester périodiquement suspendues pendant que la matière fournie par ce liquide augmentait leur volume par le dépôt de couches concentriques successives.

Les *oolites* sont ainsi nommées à cause de la ressemblance qu'elles offrent avec des œufs de poissons.

Les *pisolites* ne diffèrent des oolites que par leur volume, qui est celui d'un pois ou d'une noisette.

Le calcaire que nous avons déjà cité aux stalactites et aux rognons offre un excellent exemple d'oolites et de pisolites; nous mentionnerons encore la limonite.

Incrustations. — Les incrustations ont quelque rapport avec les stalagmites. Elles se forment par dépôts compactes ou grossiers sur des corps qu'elles revêtent d'une *croûte* plus ou moins épaisse. Tels sont, par exemple, ces objets revêtus de calcaire que l'on vend aux curieux dans plusieurs lieux d'eaux minérales (Saint-Allyre et Saint-Nectaire en Auvergne, Saint-Philippe en Toscane).

Pseudomorphoses. — Haüy a donné ce nom, qui signifie *figure fausse* ou *trompeuse*, à des configurations qui ne sont pas propres aux minéraux qui les présentent et qui ont été, pour ainsi dire, empruntées ou dérobées par eux à d'autres corps.

Il y en a de plusieurs sortes, savoir : les *pétrifications*, les *moulages*, les *épigénies*.

Pétrifications. — On a souvent et mal à propos donné le nom de *pétrification* à des corps incrustés d'une matière minérale, comme, par exemple, aux incrustations artificielles qui viennent d'être citées; mais il est des corps réellement *pétrifiés*; ce sont ceux dans lesquels il y a eu substitution, molécule à molécule et complète, d'une matière minérale, comme la silice, la pyrite, la limonite, à une autre matière minérale ou organique (coquilles silicifiées ou pyritisées; bois silicifié).

Moulages. — Les formes des coquilles ont été fréquemment aussi reproduites, dans les couches du globe, par un *moulage* de la matière de ces couches quand elle était encore molle. Les coquilles fossiles, en effet, dont la considération est si importante en géognosie, ne sont souvent représentées que par des moules, soit intérieurs, soit extérieurs.

Épigénies. — Un minéral peut offrir aussi des moulages de cristaux ou des substitutions moléculaires de substances étrangères à celles qui les composent. Les pseudomorphoses de cette dernière sorte portent le nom d'*épigénies* (engendré sur). Elles offrent la singulière réunion, sur le même individu, de la substance d'une espèce et de la forme d'une autre espèce (pyrite changée en limonite, gypse en silex).

A la suite de ces configurations principales, on pourrait en placer beaucoup d'autres plus ou moins particulières. Nous nous bornerons à signaler les *dendrites* et les configurations par *retrait*.

Dendrites. — Elles sont dues à de petits cristaux très-oblitérés, accolés en séries linéaires et ramifiées, qui offrent, jusqu'à un certain point, l'aspect d'un arbuste (argent natif, cuivre natif), et, dans quelques circonstances, une disposition réticulée (cobaltine). Ces dendrites ne sont souvent que superficielles et consistent en un dessin délicatement ramifié sur certaines surfaces de joint d'une roche pierreuse. Cette roche, le plus ordinairement, est un calcaire compacte, et le minéral ramifié est un oxyde de fer ou de manganèse.

La configuration *coralloïde* offerte par certaines variétés d'aragonite (*flos ferri*) pourrait être rapportée à la même catégorie, ainsi que la disposition *crétée* qu'affectent quelques minéraux (barytine).

Configurations par retrait. — Celles-ci consistent en des assemblages de prismes, de colonnes ou de baguettes, et quelquefois de polyèdres pyramidaux, dont la formation a été déterminée par un retrait qui s'est opéré dans une matière boueuse qui se desséchait ou dans une masse fondue qui se refroidissait plus ou moins brusquement. Les prismes et les colonnades basaltiques sont un exemple bien connu du second mode de retrait. Le gypse en piliers de Montmartre doit être rapporté au premier mode, de même que les rognons cloisonnés qu'on appelle *ludus* ou *septaria*. Il y a aussi des retraits qui ont produit des enveloppes et des vides concentriques (limonite).

STRUCTURES COMMUNES.

Le mot *structure* est généralement employé en minéralogie pour désigner la manière dont les éléments d'un minéral sont agrégés, sa composition mécanique interne.

La structure peut être *régulière, commune* ou *accidentelle*. Nous avons parlé de la première dans les notions cristallographiques. Nous nous occuperons ici de la seconde qui, ainsi que son nom l'indique, se présente fréquemment. Les structures de la troisième catégorie ne peuvent avoir qu'une faible importance : les plus intéressantes se rapportent, d'ailleurs, aux configurations que nous avons mentionnées et portent les mêmes noms, et nous croyons pouvoir nous dispenser d'en parler ici (1).

La structure commune résulte de l'agrégation de molécules physiques, ou même de molécules cristallines, mais sans qu'il y ait eu formation de cristaux réguliers, à cause de circonstances particulières qui faisaient obstacle à la cristallisation.

Structure cristalline. — De toutes les structures communes, celles qui intéressent le plus les minéralogistes sont dues à l'agrégation d'éléments cristallins. On peut les diviser en trois genres basés sur la forme et la disposition de ces éléments.

1° *Linéaire* ou *allongée.* — Les éléments qui la constituent sont allongés suivant des lignes parallèles, divergentes ou croisées. Elle prend les noms de *bacillaire* (calcaire, barytine), *aciculaire* (stibine), *fibreuse* (gypse), suivant la grosseur des éléments.

2° *Superficielle* ou *spathique* (2). — Dans celle-ci la cassure montre des éléments offrant des surfaces ordinairement planes. Les variétés sont dites *laminaires* (calcaire) ou *lamellaires* (galène), suivant la grandeur des plans qui miroitent à l'œil lorsqu'on a devant soi une surface de cassure. On lui donne le nom d'*écailleuse* lorsque les éléments sont de petites écailles courbes (chlorite).

(1) Il en est une cependant qu'il ne sera pas inutile de signaler : c'est la structure *cellulaire* ou *vacuolaire* qui résulte de nombreuses cellules ou vacuoles que la cassure fait découvrir. Cette structure est habituelle dans les produits volcaniques et dans les calcaires d'origine lacustre.

(2) Le mot *spath* était en usage dans l'ancienne nomenclature allemande ; et est même employé de nos jours, pour désigner des minéraux lamelleux ou susceptibles d'un clivage plus ou moins facile. Exemples : *spath calcaire*, *spath pesant* (barytine), *feldspath*, *spath adamantin* (corindon harmophane), *fer spathique* (sidérose).

3º *Solide* ou *grenue*. — Dans laquelle on considère l'étendue des éléments en trois sens (aimant, galène).

L'épithète *saccharoïde* s'applique à une structure à la fois grenue et lamellaire que manifestent certains agrégats blancs et brillants. Le marbre de Carrare peut être considéré comme le type de cette structure.

La structure *compacte* est celle des masses dont les éléments agrégés sont assez fins pour qu'il soit impossible de les distinguer à l'œil nu (calcaire lithographique).

Il convient de ne pas confondre cet état compacte dû à l'agrégation avec la compacité native ou moléculaire qui est inhérente à certaines espèces minérales, comme la *saussurite*, le *jade néphrétique* et le *quartz hyalin*. Ce dernier minéral a une compacité particulière qu'on peut appeler *vitreuse*.

Structure concrétionnée. — C'est celle dont les éléments sont le résultat d'une concrétion plus ou moins caractérisée. Telle est la structure *oolitique* qu'offrent fréquemment les calcaires du Jura. Il y a aussi des structures *pisolitiques* et *glanduleuses*. On peut rattacher à la même catégorie la structure *testacée* et la structure *stratoïde*, qui résultent de l'agrégation parallèle et presque toujours ondulée d'éléments concrétionnés (arsenic natif, albâtre calcaire).

CASSURE.

La cassure, en mettant à nu des surfaces fraîches dans une masse minérale, dévoile immédiatement la structure; mais elle fournit, en outre, des caractères distinctifs par les formes particulières qu'elle prend dans certains minéraux compactes.

Les principales de ces cassures spéciales sont désignées par les noms de *unie, inégale, esquilleuse, conchoïde*.

Les deux premiers de ces noms portent avec eux leur signification. La cassure est dite *esquilleuse* lorsqu'elle fait naître, à la surface des fragments, de fines écailles ou *esquilles* qui se détachent un peu sur une partie de leur étendue;

elles offrent alors une translucidité et un affaiblissement de couleur qui les rendent immédiatement sensibles à l'œil (pétrosilex). La cassure *conchoïde* est caractérisée par de légères ondulations ou stries concentriques jusqu'à un certain point comparables aux stries d'accroissement des coquilles bivalves (calcaire-lithographique, opale commune).

On trouve encore, dans les auteurs, des indications de cassure *vitreuse, résineuse, terreuse*, qui ne sont qu'un double emploi des variétés d'éclat qu'on désigne par les mêmes noms.

CARACTÈRES ESSENTIELS.

Pour qu'un caractère mérite le nom d'*essentiel*, il doit remplir à un degré suffisant les trois conditions suivantes :

1º Etre général, c'est-à-dire exister dans tous les minéraux ;

2º Etre constant pour une même espèce, ou, en d'autres termes, pour tous les minéraux doués des mêmes attributs ;

3º Etre observable et susceptible d'être apprécié par les moyens ordinaires de la minéralogie.

Or, si l'on passe en revue tous les caractères, les attributs mis à part comme étant hors ligne, on n'en trouvera réellement que deux qui réunissent ces trois conditions : ce sont la *densité* et la *dureté*.

Après la densité et la dureté, le caractère qui approcherait le plus d'être essentiel est la *fusibilité*; mais celui-ci est moins général, puisqu'il y a un certain nombre de minéraux qui refusent de se fondre au feu le plus actif du chalumeau ordinaire ; de plus, il n'est susceptible que d'une appréciation très-vague, et enfin il a l'inconvénient d'exiger la destruction de la pièce sur laquelle on opère. Toutefois, il est très-utile et très-employé. Nous ne faisons que le mentionner ici, nous proposant d'y revenir à l'article des caractères chimiques.

Le caractère tiré de la *réfraction* simple ou double, ce dernier surtout, est en rapport avec le système cristallin et paraît tenir de très-près à la nature ou plutôt à l'état moléculaire du minéral cristallisé ; il offre une certaine constance pour une même espèce ; mais il ne peut être observé que dans les minéraux cristallisés diaphanes ; il exige, d'ailleurs, des expériences délicates et des mesures précises qui sortent absolument des moyens que comporte l'histoire naturelle. Ce n'est donc pas réellement un caractère minéralogique essentiel ; cependant ses relations intimes avec la forme lui donnent un grand intérêt scientifique, et nous en parlerons à la fin de ce chapitre.

Les véritables caractères essentiels, c'est-à-dire la *densité* et la *dureté*, sont d'une utilité extrême comme étant complémentaires ou supplémentaires des attributs, et particulièrement de la forme primitive qui ne se manifeste que dans des circonstances assez rares et exceptionnelles au point de vue pratique. Ils constituent, avec la forme, une *trinité* puissante et, en général, suffisante pour caractériser et pour déterminer une espèce, quel que soit l'état dans lequel elle se trouve.

DENSITÉ.

Notions générales. — L'observation la plus vulgaire suffit pour nous apprendre que, à égalité de volume, les corps ont, en général, des poids différents. Tout le monde sait, par exemple, que l'or pèse plus que l'argent, que le plomb pèse plus que le cuivre, celui-ci plus que le marbre et, à plus forte raison, que le charbon et le liége. Une longue habitude d'apprécier les différences de cette nature entre les corps a fait reconnaître aux physiciens que ces différences, ou plutôt ces rapports, sont à peu près constants, et dès lors ils ont conçu la pensée de les mesurer et de les exprimer en nombres. Pour y arriver, ils supposèrent tous les corps réduits à un même volume et leurs poids exactement déterminés. De là à la densité mesurée ou *poids spécifique*, il n'y avait qu'un pas. Il suffisait, en effet, de rapporter tous les nombres exprimant ces poids à l'un d'eux pris pour unité. Le corps que l'on est convenu d'adopter comme type est l'eau pure à la température de 15° à 18° centigrades, parce qu'il est partout facile de se le procurer avec ces conditions qui assurent une densité constante. Lors donc que l'on dit qu'un corps a une densité de 2,7, de 0,8, cela veut dire qu'il pèse, à égalité de volume, deux fois et sept dixièmes, ou seulement huit dixièmes de fois autant que l'eau normale (1). Remarquons maintenant qu'il n'est pas besoin, pour arriver à ce résultat, de réduire tous les corps à un volume déterminé ; mais qu'il suffit, pour chacun d'eux, de comparer son poids à celui d'un égal volume d'eau, quelle que soit d'ailleurs la forme du corps que l'on veut soumettre à l'expérience.

Pour déterminer le poids spécifique d'un minéral, il suffit donc de le peser exactement, de chercher ensuite le poids d'un égal volume d'eau, et de diviser le premier résultat par le second. On peut faire l'opération de plusieurs manières. Nous nous contenterons ici de faire connaître la méthode de Klaproth, qui est presque exclusivement employée en minéralogie.

Méthode de Klaproth; ampoule à densité. — On commence par peser un flacon régulièrement bouché et plein d'eau distillée à la température normale, conjointement avec le corps sur lequel on veut opérer, et que l'on a placé, à cet effet, à côté du flacon, dans le plateau de la balance. Cette première pesée étant faite, on retire le flacon et le

(1) Le mot *densité* exprime, d'une manière générale, le rapport du poids au volume. Toutefois, nous nous en servirons souvent pour désigner la densité mesurée ou rapportée à l'eau, bien que, dans ce cas, nous dussions, à la rigueur, employer l'expression de *poids spécifique.*

corps, et l'on introduit ce dernier dans le flacon. Il est évident qu'il déplace un volume d'eau justement égal au sien propre, et que, après avoir rebouché exactement, ce volume de liquide doit se trouver en moins dans l'expérience. Cela posé, on essuie bien le flacon, on le remet sur la balance et l'on pèse de nouveau. On trouve une différence qui fait évidemment connaître le poids d'un volume d'eau égal au volume du corps. Divisant par ce nombre le poids du minéral, qui a dû être déterminé d'avance, on a son poids spécifique.

La seule difficulté que présente cette expérience consiste dans la précision qu'il faut apporter à la fermeture du vase exactement plein, soit avant, soit après l'introduction du corps, afin d'avoir un volume constant. On remplit très-bien cette condition en se servant, au lieu d'un flacon, d'une ampoule de verre (*fig.* 105), munie d'un goulot exactement cylindrique et rodé intérieurement. Le bouchon consiste en un cylindre creux en cristal rodé à l'extérieur et terminé par un tube court d'un très-petit diamètre. Après avoir rempli d'eau l'ampoule, on y introduit le bouchon également plein, d'où il résulte un excédant qui s'échappe par l'orifice du tube.

Fig. 105.

L'ampoule étant ainsi bouchée doit être entièrement pleine jusqu'à l'extrémité du bouchon. La figure représente l'ampoule et le bouchon séparés, celui-ci étant renversé, l'un et l'autre remplis d'eau, le corps ayant été introduit dans l'appareil. Ici l'orifice étroit du tube se trouve bouché par un obturateur; mais, dans la pratique, c'est un doigt qui remplit cet office, le pouce et les autres doigts étant employés à tenir le corps du bouchon. Il est mieux encore de boucher l'appareil sous l'eau.

Influence de la structure. — La densité, avons-nous dit, est un caractère constant pour un même minéral. Il est bon de prévenir, toutefois, que cette constance n'est pas absolue et qu'elle peut éprouver quelque atteinte, eu égard aux diverses structures. M. Beudant, qui a étudié cette influence de la structure variable des minéraux, a fait voir qu'elle restait comprise entre des limites très-resserrées,

DURETÉ.

Définition; moyens d'appréciation de Werner. — La dureté est une propriété en vertu de laquelle les minéraux se refusent plus ou moins à se laisser rayer, entamer ou user.

Werner divisait, sous ce rapport, les corps bruts naturels en quatre classes, savoir :

DÉSIGNATIONS.	MOYENS D'APPRÉCIATION.	EXEMPLES.
A. Durs.	Ne se laissant pas entamer par le couteau et faisant feu au briquet.	
1° *Extrêm. durs.*	Résistant à la lime.	Diamant.
2° *Très-durs.*	Cédant un peu à la lime.	Spinelle.
3° *Assez durs.*	Cédant à la lime.	Quartz.
B. Demi-durs.	Se laissant difficilement entamer par le couteau : point de feu au briquet.	Orthose. Apatite.
C. Tendres.	Se laissant facilement entamer ou tailler par le couteau, mais ne recevant pas l'empreinte de l'ongle.	Calcaire. Barytine.
D. Très-tendres.	Se laissant très-facilement tailler par le couteau et rayer par l'ongle	Gypse. Talc.

Types de dureté; leur emploi. — Mohs a introduit plus de précision dans l'appréciation de la propriété dont il s'agit en rapportant toutes les duretés à dix types, qui sont fournis par autant de minéraux convenablement choisis et espacés. Les minéraux, pour servir de termes de comparaison, ayant un degré suffisant de fixité et de constance, doivent être à l'état de cristaux ou, au moins, à l'état cristallin. Voici la liste de ces types avec les numéros correspondants qui peuvent indiquer des degrés de dureté.

Types de dureté de Mohs.

1. **Talc** (foliacé).
2. **Sélénite** (gypse laminaire).
3. **Calcaire** (spath d'Islande).
4. **Fluorine.**
5. **Apatite.**
6. **Orthose** (adulaire).
7. **Quartz** (hyalin).
8. **Topaze.**
9. **Corindon** (hyalin).
10. **Diamant.**

Les six premiers types de ces minéraux se laisseraient rayer par une pointe d'acier. Les quatre derniers résistent absolument à cette action et raient le verre.

Pour rapporter à ces types un minéral donné, on essaie de le rayer par ceux que l'on suppose avoir une dureté voisine, en commençant, bien entendu, par le plus tendre, et, lorsqu'on est arrivé au premier minéral qui remplit cette condition, on dit que la dureté du corps est comprise entre celle de ce dernier type et celle du type immédiatement inférieur. On opère, d'ailleurs, sur une face ou surface du minéral que l'on essaie, par un angle, une arête ou un bord vif de cassure du type que l'on fait agir.

Variations de la dureté. — Nous avons vu que le poids spécifique variait suivant les différentes structures des minéraux cristallins. Il en est de même de la dureté, et l'on doit bien s'attendre à trouver ici des variations encore plus marquées et moins susceptibles d'être appréciées; aussi ne donnons-nous le caractère que nous étudions comme suffisamment exact que pour les cristaux. Encore faut-il avoir égard à cette circonstance que les angles et les arêtes d'un cristal sont généralement plus durs que les faces et que ces dernières se laissent souvent rayer avec plus de facilité dans un sens que dans l'autre. En général, la dureté d'un minéral augmente à mesure qu'il approche de l'état cristallin le plus parfait. Toutefois, le mode d'agrégation moléculaire qui constitue les concrétions produit aussi une dureté normale. Il peut même arriver que, dans cet état concrétionné, un minéral soit plus dur que dans l'état cristallin, circonstance qui dépend peut-être de l'influence du clivage. Dans la plupart des minéraux amorphes qui se rattachent plus ou moins à l'une ou à l'autre des deux catégories précédentes, la dureté est diminuée en général, mais jamais au delà d'un certain terme qui ne s'éloigne pas assez de la dureté normale pour que le caractère perde sa valeur. Il n'y a réellement que dans les variétés terreuses, qui ne sont pas, à proprement parler, de véritables minéraux, qu'il faut renoncer à son emploi.

Epreuve par le choc du briquet. — Nous avons vu que Werner admettait l'action du briquet comme moyen d'estimer la dureté. Cependant cette propriété de faire jaillir du feu par le choc de l'acier dépend, non-seulement de la dureté, mais encore d'un état spécial de la cohésion des minéraux ; de telle sorte que tel corps plus dur réellement qu'un autre donnera cependant moins d'étincelles : témoin le diamant, qui est très-inférieur, sous ce rapport, au quartz hyalin, lequel le cède à son tour au silex, bien que le silex soit moins dur que lui. Malgré cette imperfection, le briquet est souvent et utilement employé en géognosie, surtout pour faire distinguer les roches siliceuses des roches calcaires ou feldspathiques.

RÉFRACTION.

Réfraction simple.

Lorsqu'un rayon de lumière tombe normalement sur un

corps diaphane, il le traverse et sort de l'autre côté sans
avoir éprouvé aucune déviation; mais s'il rencontre la surface du corps dans une direction oblique, les choses se
passent autrement; le rayon se brise en pénétrant dans la
masse et se rapproche de la perpendiculaire au point d'incidence, dans le cas où le corps est plus dense que l'air, ce
qui arrive toujours en minéralogie. Cette propriété de la
lumière a reçu le nom de *réfraction*, du mot latin *refractus*
qui signifie *brisé*. C'est par elle que les images des objets
se trouvent déplacées et que leurs formes mêmes paraissent
altérées lorsqu'on les regarde à travers deux faces cristallines formant entre elles un certain angle. C'est encore à
cette propriété qu'il faut attribuer la brisure apparente d'une
verge que l'on plonge obliquement dans l'eau. On nomme
angles d'incidence et de réfraction les angles formés par le
rayon, avant ou après la réfraction, avec la normale au point
d'incidence. L'expérience a prouvé que ces angles se trouvaient tous deux dans un même plan passant par la normale, et que, dans toutes les positions possibles du rayon incident, il existait entre leurs sinus, pour un même corps, un
rapport constant que l'on nomme *indice de réfraction*. Ce
rapport varie d'un corps à un autre et reste assez constant
pour une même espèce minérale; mais il ne saurait être
employé en minéralogie à cause des conditions qu'il exige.

Réfraction double.

Beaucoup de minéraux ont la propriété de réfracter simplement la lumière comme nous venons de le dire, mais il
en est un plus grand nombre encore pour lesquels les
choses se passent d'une manière plus complexe. Dans les
corps de cette seconde catégorie, non-seulement le rayon
incident oblique se brise en y pénétrant, mais encore il se
divise en deux parties, de telle manière qu'un objet quelconque, et surtout un petit objet, vu à travers ces corps

dans des directions convenables, paraît double. C'est ce que l'on peut vérifier en plaçant sur une ligne noire, par l'une de ses faces, un rhomboèdre de clivage de calcaire limpide (spath d'Islande) ; cette ligne, pour certaines positions, paraîtra double si l'on regarde par la face opposée.

Division des minéraux à ce point de vue. — Haüy a fait voir que la propriété de réfracter doublement les rayons lumineux, était intimement liée à la forme cristalline et qu'elle pouvait servir à établir deux grandes divisions dans les cristaux : la première comprenant tous ceux qui appartiennent au système régulier (1), et la seconde se composant de tous les corps naturels cristallisés qui se rapportent aux cinq autres systèmes.

Depuis Haüy les physiciens ont indiqué un autre caractère distinctif du même genre tiré de la présence d'un ou de deux axes de double réfraction, sur lequel ils ont voulu baser une subdivision dans les cinq derniers systèmes. Les minéraux ayant un axe cristallographique dominant autour duquel toutes les parties sont égales et équidistantes, ou, en d'autres termes, qui dépendent du système tétragonal ou du système hexagonal, n'ont aussi qu'un axe de double réfraction qui se confond avec l'axe de figure ; mais, pour les corps qui cristallisent conformément à la symétrie des trois derniers systèmes, il y a deux axes de double réfraction obliques, et symétriquement placés de part et d'autre de l'axe de figure.

D'après cela, on pourrait croire qu'il suffirait de chercher si un minéral a ou non la propriété de doubler les objets, et, dans le premier cas, s'il possède un ou deux axes optiques, pour savoir de suite s'il dépend du premier, des deuxième ou troisième, ou des trois derniers systèmes. Malheureusement d'assez nombreuses exceptions ou ano-

(1) Cette absence de double réfraction se remarque aussi dans les corps qui ne cristallisent pas, comme le verre.

malies nous avertissent qu'il ne faut pas compter entièrement sur ce moyen de distinction, que l'on peut encore
employer, toutefois, pourvu que l'on mette une grande
réserve dans le parti qu'on croira pouvoir en tirer. Ainsi,
le sel gemme, l'alun, le diamant, le spath fluor, l'analcime,
qui, d'après la première loi que nous avons citée, ne devraient jamais réfracter la lumière que d'une manière simple, donnent assez souvent la double réfraction, et cette
différence se présente, non-seulement d'un cristal à un
autre, mais encore en diverses parties d'un même individu.
La seconde loi souffre aussi quelques exceptions : ainsi
l'apophyllite offre tantôt un axe de double réfraction, tantôt deux, quelquefois dans un même cristal.

Moyen direct d'observation. — Les procédés que les
physiciens nous indiquent pour déterminer si un corps est
doué ou non de la double réfraction, et, dans ce dernier
cas, s'il possède un ou deux axes, nécessitent ordinairement
que l'on fasse naître sur les cristaux des faces artificielles
et, le plus souvent, qu'on les fasse tailler en plaques disposées de telle ou telle manière par rapport aux axes cristallins, conditions, comme on le voit, très-peu minéralogiques. Nous nous bornerons à indiquer le moyen donné par
Haüy pour reconnaître l'existence ou l'absence de la double
réfraction ; mais nous croyons devoir prévenir qu'il ne réussit bien que dans les cas où le caractère est très-prononcé.
Il consiste à regarder tout simplement un petit objet, une
épingle, par exemple, à travers le minéral que nous supposons cristallisé ; mais alors il faut éviter de prendre des
faces parallèles pour surfaces d'incidence et d'émergence
des rayons. Il est nécessaire, dans le plus grand nombre
des cas, de choisir deux faces qui fassent entre elles un
certain angle. Plus l'angle est ouvert, plus les images sont
écartées lorsque la réfraction doit être double. Dans les
gemmes taillées, on peut profiter, pour faire l'expérience,
de deux facettes remplissant la condition qui vient d'être

énoncée. Trop souvent, on sera obligé de faire préparer, sur le minéral, une ou deux facettes exprès pour cette épreuve.

Haüy, qui, le premier, a introduit ce genre d'expériences dans la minéralogie, conseille de prendre pour point de mire la flamme d'une bougie, et, pour éviter l'irradiation qui nuirait à la netteté des images, de placer, sur la face du cristal opposée à l'œil, une carte percée d'un très-petit trou qui joue alors le rôle de diaphragme.

Remarque.

Le rapide aperçu que nous venons de donner de la réfraction simple ou double suffit pour faire voir que ce caractère n'a pas toute la constance qu'on lui avait supposée dans l'origine, et que son emploi peut, dans certains cas, induire en erreur. D'un autre côté, il ne peut être observé que dans des individus ou des morceaux limpides sur lesquels il est nécessaire, dans beaucoup de cas, de faire naître des facettes artificielles. Enfin les moyens d'observation qu'il exige se trouvent, par leur nature même, en dehors de ceux que comporte l'histoire naturelle. C'est par tous ces motifs que nous plaçons ce caractère après la *densité* et la *dureté*, les seuls que nous devions considérer comme véritablement essentiels en minéralogie.

CARACTÈRES SECONDAIRES.

Les caractères que nous appelons *secondaires*, bien que moins généraux et moins constants que ceux que nous venons de faire connaître sous le nom d'*essentiels*, offrent cependant une précieuse ressource au minéralogiste et sont même d'une utilité plus directe et plus immédiate.

Nous en donnons ici la liste :

Liste des caractères secondaires.

1. **Ténacité.**   2. **Ductilité.**

3. **Flexibilité.**	10. **Magnétisme.**	
4. **Transparence.**	11. **Toucher.**	
5. **Couleur.**	12. **Odeur.**	organoleptiques.
6. **Éclat.**	13. **Saveur.**	
7. **Jeux de lumière.**	14. **Solubilité.**	
8. **Phosphorescence.**	15. **Action des acides.**	
9. **Électricité.**	16. **Fusibilité.**	

1. **Ténacité.** — On entend, en minéralogie, par *ténacité*
la résistance qu'opposent les corps au choc du marteau.
Elle n'est pas très-constante, en général, et n'est remarquable que dans un très-petit nombre de minéraux qu'elle
peut contribuer à caractériser, comme la néphrite et la
saussurite qui sont les *jades* de l'ancienne nomenclature.
La ténacité de la néphrite dépend d'une texture compacte
qui lui est propre et qui probablement résulte de l'entre-
lacement de fibres d'une finesse extrême, et il ne faudrait
pas croire que la compacité, que présentent accidentellement beaucoup de variétés minérales, dût leur communiquer cette propriété. La plupart, au contraire, ne la possè-
dent qu'à un faible degré; il existe même un certain nombre
de minéraux compactes qui sont fragiles, et principalement
ceux qui, à ce genre de texture, joignent l'éclat vitreux
et surtout l'éclat résinoïde (1) (quartz hyalin, opale).

Les minéraux facilement clivables et ceux dont la substance est soluble sont plus ou moins fragiles.

Les structures entrelacées (amphibolite) ou vacuolaires à
un haut degré (laves, ponces) entraînent avec elles une
résistance à la rupture par le choc du marteau qui contraste souvent avec une faible dureté.

---

(1) Ce dernier éclat notamment est un indice certain d'une
faible ténacité. Les minéraux qui en sont doués contiennent une
certaine quantité d'eau, et l'on peut admettre, en général, que
la présence de cet élément tend à abaisser la valeur du caractère dont il s'agit. Elle diminue aussi la dureté.

2. **Ductilité.** — On désigne par ce mot la faculté qu'ont certains minéraux de pouvoir s'étendre par la pression ou par le choc, de manière à prendre de nouvelles formes qui persistent après l'action. Tels sont l'or et l'argent, qui s'étirent en fils ou s'étendent en lames très-minces, en conservant toutefois une assez grande cohérence. On désigne particulièrement la faculté de s'étendre en lames par l'expression de *malléabilité*.

Les minéraux ductiles ont encore la propriété de se laisser couper par un instrument tranchant sous forme de petits copeaux allongés, tandis que, dans la même circonstance, les minéraux non ductiles se réduisent en poussière. Il y a même des espèces qui, sans être susceptibles de se convertir en lames ou en fils, jouissent cependant de la propriété qui vient d'être indiquée. Exemples : argyrose, kérargyre. Werner les nommait minéraux *doux*, employant le mot *aigre* pour désigner ceux qui n'ont aucune espèce de ductilité.

3. **Flexibilité.** — Cette expression conserve en minéralogie sa signification ordinaire, c'est-à-dire qu'on l'emploie pour désigner la propriété qu'ont certains minéraux de subir, sans se rompre, une courbure ou une flexion. Les minéraux ductiles, comme l'or, l'argent, le cuivre, les variétés des espèces pierreuses même qui se présentent sous la forme de fibres suffisamment déliées, ou de lames très-minces, jouissent de cette propriété souvent à un haut degré. Tout le monde connaît l'extrême flexibilité de l'*amiante*, que l'on est parvenu à filer et à convertir en tissus. Celle du mica et du talc laminiforme ne sont pas moins remarquables.

Il faut distinguer, parmi les minéraux flexibles, ceux qui conservent le pli que la flexion leur a communiqué, de ceux qui, l'action une fois accomplie, reviennent à leur première forme. Ceux-ci ont la *flexibilité élastique* (mica) et les autres la *flexibilité non élastique* (talc).

4. **Transparence.** — C'est la faculté de laisser passer plus ou moins les rayons de la lumière. S'ils traversent le corps

sans obstacle, de manière à ce que l'on puisse distinguer les objets vus à travers sa masse, il y a *transparence* proprement dite ou *diaphanéité*, propriété qui prend le nom de *limpidité* lorsqu'elle est jointe à l'absence de toute couleur (spath d'Islande, cristal de roche). En général, la limpidité, et même la diaphanéité, dénotent une pureté très-grande de la substance et un état cristallin très-prononcé. La *translucidité* consiste en une transparence incomplète ou *nuageuse* qui ne saurait permettre à l'œil de distinguer la forme des objets que l'on regarde à travers le minéral (calcédoine, opale, soufre). Enfin, la propriété d'arrêter complétement la lumière constitue l'*opacité*; c'est l'état habituel des minéraux métalliques et des combustibles fossiles.

5. **Couleur.** — Les couleurs dues à des mélanges purement accidentels de substances ou à un état moléculaire passager, comme celles des gemmes, par exemple, n'ont qu'une légère importance. Il n'en est pas de même des couleurs qui sont inhérentes à la nature même des minéraux et qu'on appelle, pour cette raison, *couleurs propres* ou *essentielles*, comme celles des métaux, du soufre... Celles-ci ont une grande valeur en minéralogie et fournissent un puissant et facile moyen de détermination.

Ces couleurs toutefois peuvent être obscurcies par l'agrégation des molécules dans certains métaux ou combustibles (hématite brune, oligiste, lignite); mais on peut les rendre manifestes par la *pulvérisation*, la *rayure* ou la *râclure*, qui ne sont que des moyens de désagrégation.

Entre les couleurs propres et les couleurs réellement accidentelles, on pourrait placer une troisième catégorie de couleurs, que nous appelons *empruntées caractéristiques*. Dans celles-ci le principe (oxyde de fer, de manganèse) qui se mêle à la substance type du minéral pour lui communiquer sa couleur, le fait en proportions mensurables et quelquefois même définies. La teinte du minéral reste alors à peu près constante et le caractérise comme sorte, si ce n'est comme espèce. Nous citerons les sortes d'amphibole qu'on appelle hornblende et actinote, et celles des grenats désignés par les noms de mélanite, almandin, grossulaire.

Les couleurs accidentelles affectent souvent des dispositions variées qui dépendent de diverses circonstances; telles sont les dispositions *rubanée, zonaire, veinée, arborisée, ruiniforme*, qui sont principalement offertes par l'agate.

6. **Éclat.** — Les minéralogistes emploient ce mot pour désigner un certain effet produit sur l'organe de la vue par la lumière réfléchie à la surface des corps. Cet effet est loin d'être le même pour tous les minéraux et semble souvent se lier à leurs propriétés les plus essentielles.

Un coup d'œil général jeté sur toute la série minéralogique suffit pour faire apercevoir d'abord deux grands genres d'aspect ou d'éclat, savoir : l'éclat *lithoïde*, celui des pierres et des sels, et l'éclat *métallique*, qui caractérise spécialement les métaux et la plupart de leurs combinaisons.

Cette grande division une fois reconnue, il est facile de voir qu'il y a lieu de distinguer, dans les minéraux qui se rapportent à l'un ou à l'autre groupe, principalement dans celui des lithoïdes, des éclats plus ou moins particuliers dont l'emploi peut être très-utile comme moyen de distinction entre les espèces, les sortes ou les variétés. Les principaux types de ces éclats, pour ainsi dire secondaires, sont désignés habituellement par les épithètes suivants : *métalloïde* (mica), *vitreux* (quartz, spath calcaire), *nacré* ou *perlé* (stilbite), *gras* (éléolite), *résineux* (opale commune), *terne, mat, terreux*.

7. **Jeux de lumière.** — Nous avons rassemblé, sous ce titre, quelques effets de lumière plus ou moins accidentels et qui n'ont qu'un intérêt de curiosité.

Dichroïsme; astérie. — Ces deux effets semblent se rattacher aux propriétés cristallographiques, mais ils ne sont offerts que par de rares individus. Le premier consiste en une différence de couleur qui existe dans certains cristaux (cordiérite, tourmaline) lorsqu'on les interpose longitudinalement ou transversalement entre la lumière et l'œil. Le second effet se manifeste soit par réflexion, soit par réfraction sur quelques cristaux exceptionnels taillés en cabochon perpendiculairement à l'axe (corindon, grenat). C'est une étoile à six ou à quatre rayons lumineux dont la direction coïncide avec les arêtes réelles ou virtuelles de la forme primitive de ces minéraux.

Irisation. — On sait que la lumière blanche se décompose, en traversant des lames très-minces d'un corps quelconque, de manière à produire des taches ou des zones diversement colorées. C'est à cette cause qu'il faut attribuer la plupart des couleurs irisées que l'on remarque à la surface ou dans l'intérieur de divers individus minéralogiques. Elles sont très-vives et très-agréables dans certains oligistes ou limonites.

Nous devons mentionner à part les couleurs intérieures que présentent assez fréquemment l'opale noble, couleurs dont la richesse, la variété et le jeu rendent cette pierre si précieuse dans la joaillerie.

Chatoiement. — On nomme ainsi une propriété en vertu de laquelle certaines variétés de différents minéraux paraissent contenir une tache lumineuse blanchâtre qui change de place lorsqu'on fait mouvoir le corps, comme si elle flottait dans son intérieur (feldspath opalin ou pierre de lune, cymophane, quartz chatoyant ou œil de chat). Nous lui rapportons un jeu de lumière qu'offre le labrador et qui consiste en des reflets colorés de la plus grande beauté qui se manifestent seulement sous certaines incidences.

Aventurine. — C'est une variété de quartz, ordinairement de couleur rougeâtre, de l'intérieur de laquelle partent, en une multitude de points, des reflets scintillants que l'on suppose produits par de petites parties cristallines plus vitreuses que les autres. On désigne encore par ce nom d'autres pierres (quartz, feldspath), dans lesquelles se trouvent disséminées de petites lamelles de mica. C'est cette dernière espèce d'aventurine, qui n'a aucun rapport théoriquement avec la précédente, que l'on imite par des verres dans lesquels on fait cristalliser du cuivre métallique disséminé.

8. **Phosphorescence.** — Ce phénomène, qui paraît se rattacher à l'électricité, consiste en des lueurs plus ou moins vives et diversement colorées, que l'on développe dans plusieurs minéraux par frottement, percussion ou compression, et surtout par l'action de la chaleur. La fluorine et la phosphorite, par exemple, donnent de belles lueurs colorées lorsqu'on les jette, en minces fragments, sur une pelle chauffée au rouge.

Cette propriété est assez curieuse; mais sa valeur comme caractère minéralogique est à peu près nulle.

9. **Electricité.** — *Ordinaire.* — La propriété la plus utile à considérer sous le rapport de l'électricité ordinaire, est la conductibilité. Eu égard à ce caractère, les minéraux peuvent être divisés en *non conducteurs* ou *électriques*, et *conducteurs* ou *anélectriques*. Les premiers comprennent le succin (electrum), le soufre, les gemmes et, en général, les minéraux résineux, bitumineux et vitreux. La seconde division est principalement constituée par les métaux et la plupart de leurs combinaisons.

On peut baser encore une distinction entre les minéraux sur la nature de l'électricité qu'ils prennent habituellement et sur leur faculté conservatrice. Ainsi les gemmes acquièrent, en général, l'électricité *positive*, tandis que, pour le soufre et le succin, on obtient constamment du fluide *négatif*.

Le moyen qu'on emploie ordinairement pour électriser les minéraux est le frottement à l'aide d'une étoffe de laine. Pour reconnaître simplement s'ils ont contracté, par cette action, la vertu électrique, on peut se servir d'un corps léger quelconque; le minéral doit l'attirer s'il est idio-électrique. Un fil, un cheveu peuvent très-bien remplir cet

objet ; mais on fait plus souvent usage d'une aiguille métallique terminée par deux petites boules', qui peut libre-
ment tourner sur un pivot. Lorsque l'aiguille est très-légère et que la suspension est faite avec soin, elle se meut
par l'influence d'une faible quantité d'électricité développée
dans le corps qu'on approche de l'une des boules.

S'il s'agit de découvrir l'espèce d'électricité que le frottement a communiquée au minéral, il faut électriser
d'avance le petit électroscope que nous venons de décrire
au moyen d'un bâton de résine ou d'un tube de verre
frotté, après l'avoir posé sur un support isolant, et voir
s'il y a attraction ou répulsion de la part du minéral.

Pyro-électricité. — Par l'action de la chaleur, on arrive à
développer dans certains minéraux une électricité polaire
plus ou moins prononcée.

Ce phénomène a été observé pour la première fois en 1717
dans la tourmaline par le chimiste Lémery. Haüy s'en est
occupé depuis, mais sa marche réelle n'est connue que depuis les expériences de M. Becquerel, desquelles il résulte :

1o Que les divers corps commencent à acquérir l'électricité polaire à une certaine température, à peu près constante pour chacun d'eux, mais variable d'un corps à un autre ;

2o Qu'à partir de cette limite, l'intensité électrique se
développe à chaque pôle et croît avec la température ;

3o Que toute trace d'électricité disparaît si la température, cessant de croître, reste néanmoins stationnaire ;

4o Que, pendant le refroidissement des corps, les pôles
et l'intensité électriques reparaissent, mais en sens inverse,
de sorte que le même pôle, qui manifestait l'électricité positive pendant la période croissante, offre maintenant
l'électricité négative, et réciproquement.

Il semble naturel de penser, d'après ces résultats d'expérience, que ce sont les variations de température plutôt
que l'action de la chaleur même, qui déterminent l'électricité polaire.

Cette propriété n'a été encore reconnue que dans quelques minéraux appartenant tous à la classe des mauvais conducteurs. Elle est très-remarquable dans la tourmaline, et il est bon de faire observer que les deux pôles de nature différente qui se manifestent aux extrémités des prismes de ce minéral correspondent à la dissymétrie cristallographique qui est un de ses caractères distinctifs les plus prononcés. Le moyen d'observation est d'ailleurs très-simple, dans le cas où il ne s'agit que de reconnaître la production des pôles. Il suffit de placer la tourmaline, au moyen d'une pince, au milieu de la flamme d'une lampe à alcool, et de présenter, tour à tour, l'une et l'autre extrémités du prisme à un petit électroscope électrisé d'avance et isolé.

10. **Magnétisme.** — On donne ce nom à la faculté qu'ont certains minéraux d'agir sur un aimant ou d'être affectés par lui dans des circonstances convenables. Le magnétisme n'est donc pas un caractère général, mais bien une propriété particulière qui paraît tenir, dans presque tous les cas, à la présence du fer.

Les *aimants* naturels ne sont autre chose que des fers oxydulés impurs dans lesquels des pôles ont pris naissance par l'influence du magnétisme terrestre. On sait aussi depuis longtemps que certains basaltes et des serpentines sont naturellement doués de la polarité magnétique.

Il y a donc à distinguer, dans les minéraux, la simple propriété magnétique du magnétisme polaire en vertu duquel ils peuvent jouer le rôle d'aimants.

On se sert pour constater la propriété magnétique, en minéralogie, d'une aiguille de boussole très-mobile sur un pivot placé à l'extrémité d'une tige. La vertu magnétique simple se manifeste par l'attraction que le minéral produit sur l'aiguille à l'une de ses extrémités, attraction qui la détermine à se mouvoir sur son pivot. Pour reconnaître la polarité, il faut présenter successivement, au même pôle de l'aiguille, les diverses parties du minéral magnétique et voir s'il y a répulsion au moins dans l'une de ces épreuves.

11. Toucher. — Parmi les caractères qui sont basés sur les impressions des sens et qu'on appelle souvent *organoleptiques*, celui qui se rapporte au toucher est peut-être le meilleur et le plus employé. La main promenée à la surface d'un minéral peut éprouver, en effet, diverses impressions.

L'*onctuosité* est souvent si prononcée dans certains minéraux que l'on croirait, lorsqu'on les presse, tenir un morceau de savon ou un corps graissé ou huilé. Telles sont surtout la stéatite (de στέαρ, suif), et la pagodite, minéraux dont la substance admet dans sa composition une quantité notable de magnésie.

Les minéraux *doux* au toucher sont beaucoup plus nombreux, et cette impression qu'ils produisent sur la main, soit par eux-mêmes, soit par leur poussière, tient souvent à un état accidentel et ne peut servir de base à un bon caractère.

L'*âpreté* est encore plus variable, car elle tient presque toujours à la structure accidentelle.

Entre les corps *doux* et les corps *âpres* on peut placer, comme intermédiaires, les minéraux *maigres* ou *arides* qui laissent une impression de *sécheresse* que l'on attribue à l'absorption par capillarité du peu d'humidité dont les doigts sont naturellement enduits par la transpiration insensible. Ces corps sont les mêmes, en général, qui offrent un autre caractère que l'on désigne par la dénomination de *happement à la langue* (silex nectique, hydrophane terreuse).

La main peut encore servir à percevoir des impressions de *chaud* et de *froid*. Presque tous les minéraux sont froids au toucher. Ceux, en très-petit nombre, qui produisent l'effet contraire appartiennent généralement à la division des organiques (lignite, succin). La seule circonstance dans laquelle cette épreuve puisse avoir quelque utilité est celle où il y aurait à distinguer de suite certains produits artificiels des minéraux ou des roches qu'ils sont destinés à imiter. Ainsi, en touchant tout simplement une colonne, on reconnaîtra immédiatement, sans même avoir besoin de la regarder, si la matière qui la constitue est le *marbre* ou le *stuc*, ce dernier étant chaud au toucher relativement au marbre. Ce moyen pourra également être employé pour distinguer la *jayet* (lignite compacte), des imitations en verre noir.

L'impression de *pesanteur* peut être considérée comme organoleptique, puisqu'elle consiste réellement en un effet sensible que la main est chargée d'apprécier. Werner divisait, sous ce rapport, les minéraux en cinq catégories, de la manière suivante :

DÉSIGNATIONS.	POIDS SPÉCIFIQUE.	EXEMPLES.
Très-légers.	inférieur à 1	Naphte, silex nectique.
Légers.	de 1 à 2	Succin, anthracite.
Médiocrement pesants.	2 à 4	Calcaire, quartz.
Pesants.	4 à 6	Barytine, pyrite.
Très-pesants. . . .	supérieur à 6	Argent, or, platine.

12. Odeur. — Parmi les odeurs qu'offre le règne minéral, il faut distinguer les *odeurs propres* qui dépendent de la nature même du corps, et les *odeurs empruntées* ou *accidentelles* qui sont dues, en général, à l'interposition de matières étrangères.

Un très-petit nombre de minéraux offrent immédiatement à l'organe de l'odorat une impression bien caractérisée. On peut citer cependant le pétrole, l'acide sulfureux, l'acide chlorhydrique. La plupart exigent, pour que leur odeur propre se développe, une action préalable qui consiste en une friction, une percussion, la chaleur et, dans quelques cas, l'insufflation de l'haleine. La chaleur est le moyen le

plus efficace ; elle rend manifeste d'une manière très-prononcée, par exemple, le soufre et l'arsenic dans les corps
minéralisés par ces deux éléments.

13. **Saveur.** — Cette propriété ne peut appartenir qu'aux
minéraux solubles et peut être employée pour les faire reconnaître immédiatement. C'est déjà un très-grand service
qu'elle est appelée à rendre ; mais là ne se borne pas son
utilité, et, avec un peu d'exercice et d'habitude, on peut
même la faire servir à distinguer, les uns des autres, les différents sels ou acides. Les principaux types sont les saveurs.

Acide	(acide sulfurique).	*Salée*	(sel marin).
Hépatique	(hydrogène sulfuré).	*Amère*	(epsomite).
Piquante	(salmiac).	*Caustique*	(natron).
Astringente	(alun).	*Fraiche*	(salpêtre).

En employant comme auxiliaire la chaleur, on parvient à
reculer les limites de ce caractère en communiquant à certains minéraux une saveur qu'ils n'avaient pas dans l'origine. Ainsi le calcaire, par l'action du chalumeau, se change
en chaux qui a la saveur caustique.

14. **Solubilité.** — Elle est intimement liée à la saveur et
sert dans les mêmes circonstances.

15. **Action des acides.** — L'acide nitrique étendu de son
volume d'eau est celui que l'on emploie habituellement en
minéralogie. Il sert principalement à faire reconnaître les
carbonates et surtout le calcaire. Une esquille de ce minéral
jetée dans un verre qui contient un peu d'acide s'y dissout avec une vive *effervescence* causée par le dégagement
du gaz carbonique. L'effervescence lente indique quelques
carbonates et particulièrement la dolomie. Certains minéraux
se dissolvent sans effervescence (apatite) ; d'autres laissent,
après l'action, une *gelée* au fond du verre (zéolites) ; mais ce
dernier effet ne se produit que par l'action d'un acide plus
concentré.

Dans certains cas, on emploie l'acide sulfurique, comme,

par exemple, pour reconnaître la fluorine ou d'autres fluo-
rures qui laissent dégager, dans cette circontance, de l'acide
fluor-hydrique facilement reconnaissable à la faculté qu'il
possède de dépolir le verre qu'on oppose à sa vapeur.

16. **Fusibilité.** — Quelques minéraux fondent à la simple
flamme d'une bougie ou d'une lampe (cryolite, soufre, stibine) ; mais, dans la plupart des cas, cette chaleur est insuffi-
sante, et il est nécessaire de lui donner un surcroît d'intensité et d'activité, ce que l'on fait très-simplement et
commodément au moyen du chalumeau. Ce petit instrument
consistait simplement, lorsqu'on commença à s'en servir en
minéralogie, en un tube métallique ayant la forme d'un cône
allongé et recourbé vers son sommet où se
trouvait une très-petite ouverture. Depuis, on
lui a fait subir diverses modifications. Nous
nous contenterons de faire connaître ici la disposition imaginée par Gahn, savant suédois,
auquel il faut attribuer les plus grands progrès
qu'ait fait l'art du chalumeau depuis son en-
fance jusqu'à nos jours.

Le chalumeau de Gahn, qui se trouve représenté figure 106, se compose de trois pièces,
savoir :

1° Un réservoir cylindrique que M. Beudant
conseille de faire en étain ;

2° Un tube conique dont la grande ouverture
sert d'embouchure et dont l'autre extrémité
s'adapte à frottement dans le réservoir au centre d'une de ses bases ;

Fig. 106.

3° Un petit tube légèrement conique qui se réunit également au réservoir, mais en un point de sa surface convexe, de manière à prendre une direction perpendiculaire.
L'extrémité libre de ce petit tube, qui est la plus étroite,
est pour ainsi dire coiffée par un ajutage en cuivre, ou
mieux en platine, percé d'un très-petit trou. C'est cette

dernière partie qui est destinée à agir sur la flamme. Le réservoir a pour but de condenser et d'intercepter l'humidité de l'haleine qui nuirait à l'effet si on la laissait mêlée à l'air des poumons ; il sert encore à régulariser et à égaliser la vitesse du courant.

Pour obtenir un courant et par conséquent un effet continu avec le chalumeau, condition nécessaire dans la plupart des expériences, il faut aussi souffler d'une manière continue. Pour y parvenir, il est indispensable de n'employer, pour pousser l'air dans le tube, que la force musculaire des joues sans y faire concourir la poitrine. A cet effet, on commence, au moyen du gonflement des joues, par s'approvisionner d'air, que l'on économise autant que possible, et que l'on remplace, au fur et à mesure de son écoulement, en respirant par le nez. Cette insufflation continue paraît difficile dans l'origine, mais on parvient à la pratiquer sans trop de peine après quelque temps d'exercice.

On peut se procurer une flamme convenable pour ces épreuves en prenant une lampe alimentée par l'huile, ou simplement une chandelle ou une bougie.

Fig. 107.

Si l'on applique derrière et tout près de la flamme la partie du chalumeau destinée à communiquer le vent, et qu'ensuite on souffle par l'embouchure, la flamme se courbera et l'on verra naître dans son intérieur un dard bleu. C'est à la pointe de ce dard que se développe la plus vive chaleur, et c'est là qu'il faut placer une mince esquille du corps dont on veut éprouver la fusibilité. Le support que l'on emploie ordinairement pour présenter le corps à la flamme est une pince élastique à bouts de platine. La figure 107 représente la disposition la plus simple et la plus économique. On peut employer aussi le charbon. Dans ce cas, on place la pièce d'essai dans une petite cavité préparée d'avance.

Le minéral exposé à cette source de chaleur peut se

fondre facilement ou difficilement, se fritter seulement sur
les bords, ou enfin rester intact. Dans ce dernier cas, on
dit qu'il est *infusible*. Le résultat de la fusion peut être un
verre transparent ou opaque (émail), incolore ou diversement coloré. La fusion peut être accompagnée de bouillon-
nement ou de boursouflement ; il peut y avoir aussi vola-
tilisation, sublimation, décrépitation, dispersion, etc.,
résultats et circonstances qu'il est essentiel de noter, et
qui doivent contribuer à la détermination ou entrer dans
la description du minéral.

L'emploi des fondants offre au minéralogiste un moyen
souvent très-efficace d'étendre le caractère qui se rattache
à la fusibilité. On appelle *fondants* certains corps qui ont la
propriété de déterminer ou au moins de faciliter la fusion
des minéraux avec lesquels on les mélange en fines particules. Le *borax* calciné est le principal de ces fondants, et
son usage le plus important n'est pas de rendre facilement
fusibles des corps plus ou moins réfractaires, mais bien
d'accuser, par les couleurs variées de la perle vitreuse qui
résulte de sa fusion, la nature des matières métalliques
qu'on y a préalablement introduites. C'est ainsi que quelques parcelles de minerai de cobalt, mêlées à du borax
réduit en poudre, donnent, après la fusion, un verre d'un
beau bleu. Dans la même circonstance, le manganèse serait indiqué par la couleur améthyste, le chrome par un
beau vert particulier, le protoxyde de fer par un vert sale
(vert de bouteille), etc.

MODES DE GISEMENT DES MINÉRAUX.

Les minéraux offrent, dans le sein de la terre, des manières d'être assez différentes eu égard à leur disposition et
à leur position au milieu des roches et aux circonstances
qui les environnent. C'est à cette partie intéressante de l'histoire naturelle du minéral que l'on donne le nom de *gisement*.

Il ne peut être question ici que des minéraux susceptibles d'intéresser par des caractères prononcés, et principalement des cristaux et des concrétions. En traitant des minéraux en masse, nous tomberions dans le domaine de la géognosie et nous dépasserions, par conséquent, les limites entre lesquelles nous avons dû nous maintenir dans cette partie de notre ouvrage.

Minéraux géognostiques essentiels. — Nous appelons ainsi les minéraux cristallisés ou concrétionnés qui jouent le rôle d'éléments essentiels dans certaines roches. Les minéraux de cette catégorie sont habituellement cristallisés d'une manière assez imparfaite. Cependant il est des cas où ils s'offrent, au contraire, avec des formes très-nettes. Tel est l'orthose dans la granite porphyroïde, le ryacolite dans le trachyte de même nom, le quartz dans le porphyre quartzifère, le mica dans quelques granites et pegmatites.

Des minéraux arrondis par concrétion ou par remplissage peuvent aussi être considérés comme géognostiques ; nous citerons le calcaire pisolitique ou oolitique, et les ganglions qui entrent comme éléments dans certaines roches.

Minéraux disséminés. — Ce nom s'applique à des cristaux ou concrétions qui se trouvent çà et là, et d'une manière accessoire ou accidentelle, au milieu de certaines roches, mais qui ne sont pas essentielles à leur existence. Ainsi la tourmaline se présente fréquemment, à l'état de cristaux disséminés, dans la pegmatite ; le grenat dans le gneiss et le micaschiste, la pinite dans certains porphyres quartzifères, la staurotide dans les schistes siluriens de la Bretagne, le mica et la couzeranite dans le calcaire métamorphique, la pyrite dans le schiste argileux, dans le gypse, etc.

Minéraux isolés. — La dissémination trop rare, à de grands intervalles, conduit à un état extrême qu'on peut appeler *isolement*.

Amas. — On distingue par ce nom des masses plus ou

moins considérables intercalées au milieu d'un terrain, dont elles interrompent momentanément les allures et l'homogénéité. Elles peuvent être irrégulières ou offrir grossièrement la forme d'une amande dont la grande section est fréquemment parallèle à la stratification. Il y a des amas qui sont le point de départ d'une foule de veines qui pénètrent, tout autour, au milieu de la roche encaissante en donnant naissance à une espèce de lacis (*stoock-werck*). Assez souvent les minéraux métalliques offrent cette disposition.

Les amas sont habituellement le siége d'accidents minéralogiques intéressants.

Petits amas disséminés. — En plaçant les minéraux disséminés ou isolés à la suite des minéraux géognostiques, nous avons supposé qu'ils étaient simplement implantés ou englobés au sein des roches, et qu'ils avaient été formés en même temps qu'elles et par les mêmes moyens. Nous allons parler maintenant des minéraux disséminés ou isolés sous forme de petits amas, qui ont une manière d'être spéciale et qui, généralement, doivent leur origine à des causes particulières. Tels sont les *rognons*, les *géodes*, les *amandes*, les *nids*, les *mouches*.

On appelle *géode* une cavité intérieure tapissée de cristaux, dont les pointes se dirigent habituellement vers la partie centrale (*druses*), ou revêtue de matières minérales concrétionnées. Elles peuvent exister immédiatement au sein de la roche, ou dans l'intérieur d'un rognon ou d'une amande (agate tapissée intérieurement d'améthyste).

Les *rognons* ont été décrits à l'article des configurations.

Les *amandes* ou *noyaux* ne sont autre chose que des rognons affectant la forme du fruit dont ils ont emprunté le nom, qui sont exemptes des parties rentrantes et des étranglements que l'on remarque souvent dans les rognons proprement dits.

Le nom de *nid* s'applique particulièrement à de petits

amas de minéraux peu consistants et même écailleux ou terreux.

Enfin, on donne assez habituellement le nom de *mouches* à de simples taches, souvent cristallines, éparses ou disséminées d'une manière plus ou moins égale, qui communiquent à la cassure une disposition *mouchetée* ou *tachetée*.

Filons. — Les filons sont des masses aplaties, terminées en coin à une profondeur presque toujours inconnue, qui traversent les terrains d'une manière indépendante. On considère généralement les filons comme des fentes déterminées par des actions souterraines violentes et remplies par des matières qui venaient, le plus souvent, de l'intérieur du globe.

La matière massive qui remplit essentiellement le filon est une roche (quartz, porphyre, calcaire). Lorsque cette roche est seule, elle n'offre aucun intérêt au minéralogiste, si ce n'est peut-être lorsqu'elle recèle des géodes tapissées de cristaux du minéral même qui constitue le filon (cristal de roche). Mais il en est tout autrement quand l'amas sert de *matrice* ou de *gangue* à des minéraux métalliques ou pierreux qui s'y trouvent répartis sous forme de *géodes*, de *veines*, de *mouches*, de *concrétions mamelonnées*.

Cette richesse en minéraux variés est particulièrement remarquable dans les filons métallifères dont l'intérieur doit être considéré comme un laboratoire où la nature s'est plu à manifester la variété et la puissance de ses moyens de production minéralogique. On y trouve des exemples de cristallisation par fusion et refroidissement, par solution dans les eaux thermales et par sublimation, et beaucoup de produits concrétionnés. Il a dû aussi s'y exercer une foule d'actions et de réactions moléculaires. On peut regarder ce mode de gisement comme étant le plus riche en espèces cristallisées ou concrétionnées. Les minéraux disséminés dans les filons se représentent souvent à l'état de mouches ou de veinules dans les parties voisines de la roche encaissante.

Veines. — Les veines ne sont que des filons en miniature. Elles résultent, dans la plupart des cas, d'un fendillement avec remplissage par une matière minérale qui peut
être de même nature que la roche fendillée (marbres veinés)
ou d'une nature différente. Dans ce dernier cas se trouvent, par exemple, des veines métalliques pénétrant une
gangue pierreuse. Les veines n'ont, en général, qu'une
faible épaisseur; elles peuvent se ramifier et se diviser en
un certain nombre de *veinules*

Gisement arénacé. — Un assez grand nombre de minéraux intéressants, dont les principaux sont remarquables
par une dureté ou une densité exceptionnelles, se trouvent
libres à la surface du sol au milieu de dépôts d'alluvions
anciennes ou modernes composées de sable, de gravier ou
de cailloux roulés. Tels sont l'or, le platine, le diamant, le
corindon, le spinelle... C'est à ce mode de gisement, qui
est réellement le plus habituel pour les espèces que nous
venons de citer, que nous appliquons l'épithète d'*arénacé*.
Il n'est pas douteux que cette manière de se présenter à
l'observateur ne soit adventive ou secondaire, et que les
minéraux dont il s'agit n'aient été autrefois engagés dans
des roches en place dont ils auraient été séparés par des
causes atmosphériques ou autres. Aussi les trouve-t-on
généralement, à l'état de grains ou de cristaux arrondis,
dans les dépôts meubles où ils ont été entraînés par les
eaux, et ce n'est que par l'effet d'une extrême dureté que
quelques-uns, comme le diamant et le saphir, ont pu conserver, dans ces circonstances, des formes cristallines à
peu près intactes.

DE LA CLASSIFICATION.

ESPÈCE ; MÉTHODES.

En histoire naturelle on désigne par le mot *espèce* le premier degré de tout arrangement méthodique, celui qui est immédiatement indiqué par la nature. L'espèce consiste en un groupe d'êtres semblables entre eux ayant chacun une existence séparée, qu'on appelle *individus*.

L'*espèce minérale* se compose des minéraux ayant les mêmes attributs et les mêmes caractères essentiels.

Elle se trouve particulièrement représentée et comme individualisée par le *type minéralogique*.

Elle diffère de l'espèce organique par plusieurs caractères et notamment par celui-ci, que les minéraux qui la composent et qui méritent à peine le nom d'*individus* peuvent s'offrir sous des aspects très-variés, tandis qu'en zoologie et en botanique tous les êtres individuels qui constituent ce groupe naturel sont à peu près identiques.

Les espèces groupées d'après leurs affinités de toutes sortes donnent naissance aux *genres* ou *familles* ; le groupement des genres constitue les *ordres*, et celui des ordres les *classes*.

L'ensemble de ces groupes de divers ordres échelonnés est ce qu'on appelle une *classification*. Lorsqu'elle est bien faite, les analogies qui lient les espèces, les genres, etc., et les différences qui les séparent, s'y trouvent en rapport avec la place qu'ils occupent, et on lui donne le nom de *méthode naturelle*. Une telle méthode, avec l'obligation où l'on est de suivre une disposition linéaire, ne saurait être obtenue, dans aucune branche de l'histoire naturelle, avec toutes les conditions de perfection désirables. Toutefois la botanique possède une méthode naturelle (celle de Jussieu) assez satisfaisante pour être généralement acceptée, avantage immense qui a beaucoup contribué aux progrès de cette science. La zoologie n'en est pas encore là, mais elle marche avec ardeur vers ce but, et il est permis d'espérer qu'elle pourra ou moins en approcher. En minéralogie, il n'y a rien de semblable.

La plupart des méthodes minéralogiques qui se sont produites en France dans ces derniers temps ont été faites sous l'influence de la chimie, et reposent sur un seul principe, le principe chimique, c'est-à-dire sur celui qui s'éloigne le plus des tendances de l'histoire naturelle. Aussi le tableau des minéraux rangés sous l'empire de ces idées absolues offre-t-il beaucoup plus de contrastes que d'analogies. On y voit, par exemple, un gaz à côté d'une pierre ou d'un métal, le diamant près de la houille, etc. Le défaut de consistance de ces méthodes et leur diversité (chaque professeur a la sienne) accusent d'ailleurs le peu de solidité, le peu de fixité des bases sur lesquelles on les a édifiées.

La classification d'*Haüy*, il est vrai, a été suivie généralement en France, du vivant de cet illustre maître ; mais il est évident que ce succès doit être attribué à l'autorité de ce grand nom, et tout le monde reconnaît aujourd'hui que la méthode d'Haüy est artificielle.

Quand on a passé en revue les classifications chimiques, et qu'on vient à jeter les yeux sur celle de *Werner*, point de départ de toutes les autres, on éprouve un sentiment de satisfaction, on sent que l'on entre dans le vrai.

Il faut convenir toutefois qu'en raison des progrès plus récents de la science, cette méthode laisse actuellement à désirer, eu égard surtout à la délimitation des espèces qui a été portée à un si haut degré de rigueur par Haüy et à l'état avancé de nos connaissances sur la composition chimique des minéraux.

C'est en cherchant à tenir compte de ces progrès que je suis arrivé à concevoir l'idée d'une classification méthodique dont je vais faire connaître ci-après les bases, et dans laquelle, tout en m'efforçant de me tenir au niveau de la science actuelle, je me suis conformé, le plus possible, à l'esprit éclectique qui caractérise l'œuvre de Werner.

CLASSIFICATION ÉCLECTIQUE OU WERNÉRIENNE.

Dans cette méthode, l'espèce se compose du *type minéralogique* caractérisé par les deux attributs, *la substance* et *la forme fondamentale*, et de tous les minéraux qui, ayant la même substance, se trouvent liés au type par des formes ou structures qui en dérivent, ou seulement par l'identité plus ou moins complète des propriétés essentielles, c'est-à-dire de la *densité*, de la *dureté* et même de la *fusibilité*.

L'espèce se divise en *sortes* et les sortes en *variétés*.

J'adopte pour les espèces des noms univoques, ainsi que le font actuellement à peu près tous les minéralogistes (1).

Dans le but de rendre cette méthode aussi naturelle que possible, on s'y est servi à peu près de tous les caractères changeant de point de vue, suivant la nature du minéral que l'on avait à placer dans la méthode, autant de fois que cela paraissait nécessaire. On a cherché aussi à lier, autant

(1) Le minéralogiste étudie en première ligne la mise en œuvre, par la nature, des substances. Il lui faut donc des noms pour la représenter; car les noms chimiques de la substance ne sauraient lui suffire. Cette convenance d'avoir des noms spéciaux pour les minéraux proprement dits devient, d'ailleurs, une nécessité absolue dans deux circonstances importantes, savoir : 1° quand la nature a fait deux ou trois minéraux différents avec la même substance (calcaire et aragonite, graphite et diamant, etc.); 2° quand la substance du minéral est complexe, comme dans les pierres proprement dites que les chimistes eux-mêmes sont obligés d'appeler *feldspath, mica, grenat*. D'ailleurs, les noms de la chimie ne peuvent avoir une fixité correspondant à celle des types de l'histoire naturelle, à cause de la variabilité et de l'imperfection des analyses.

que possible, les diverses parties qui la composent, savoir :
les espèces aux espèces, les genres aux genres, les familles
aux familles, les ordres aux ordres et les classes aux classes. Le lecteur trouvera à la fin de ce chapitre un tableau
où il pourra reconnaître, au premier coup d'œil, l'ordon-
nance de cette classification qu'il comprendra facilement
après avoir pris connaissance des explications suivantes.

Les minéraux en prenant ce nom dans son acception la
plus étendue, s'y trouvent d'abord divisés en deux grandes
catégories, savoir : les *minéraux inorganiques* ou les minéraux proprement dits ; 2º les *minéraux organiques* ; division introduite dans la science par Berzélius, qui n'a fait
que la transporter de la chimie dans la minéralogie, et qui
a été admise, avec quelques modifications, par Brongniart.
Les corps qui composent la deuxième de ces divisions
n'ayant pu naître que sous l'influence des forces vitales et
ne devant la place qu'ils occupent dans le règne minéral
qu'à la circonstance de leur enfouissement dans les couches
du globe, à peine s'ils sont des minéraux, et il était convenable de les reléguer dans un groupe à part, d'autant plus
qu'ils diffèrent des autres corps que la minéralogie considère
par un ensemble de propriétés physiques et chimiques très-
caractérisé.

Si l'on jette maintenant un coup d'œil sur les espèces qui
composent la première division, on sera d'abord porté a
former des *gaz* un groupe séparé. En effet, ces corps n'ont
presque aucune importance en minéralogie ; ils ont peu de
propriétés physiques particulières, et ils manquent, dans les
circonstances ordinaires, de l'attribut minéralogique le plus
fondamental, la forme. Il est évident ici que leur caractère
général le plus saillant est celui que l'on tire de leur état
gazeux, et l'intercalation des gaz au milieu des minéraux
pierreux et métalliques, dans les méthodes chimiques, est
une des choses qui choquent le plus.

D'après ces considérations, nous avons formé des gaz

permanents, et comme pour nous en débarrasser, une classe
spéciale qui occupe, dans notre méthode, le premier rang.

La liquidité à la température ordinaire et la propriété
d'avoir une saveur qui entraîne, pour les corps solides, la
solubilité, caractérisent notre deuxième classe, qui comprend
les *acides*, l'*eau*, et les *sels*, en prenant ces mots, *acides* et
sels, dans le sens physique ou vulgaire, ainsi que le faisaient
Werner et Mohs. Nous donnons à cette classe le nom d'*ha-*
lides, qui fait allusion, pour les sels, à leurs propriétés sali-
nes, et, pour les acides et l'eau, au rôle important qu'ils
jouent dans la composition des sels. Nous avons encore ici
l'avantage de grouper les minéraux les moins stables et les
moins importants après les gaz.

La troisième classe se compose des minéraux *pierreux* et
terreux. Ce n'est autre chose que la classe des terres et des
pierres de Werner, à laquelle je viens d'annexer le soufre.

La quatrième classe enfin comprend tous les minéraux
métalliques, les véritables *métaux*, sauf les sels qui se trouvent déjà employés, comme on l'a vu, dans notre deuxième
classe. C'est un inconvénient sans importance à cause du
petit nombre de ces corps, qui n'ont d'ailleurs qu'une existence éphémère et accidentelle. J'y ai rattaché l'arsenic et
le tellure qui formaient, avec le soufre, dans l'édition précédente, une classe particulière très-peu nombreuse sous
le nom de *minéralisateurs*, nom que j'ai conservé toutefois
comme qualificatif pour les espèces qui appartenaient à
cette catégorie.

Les minéraux inorganiques se trouvent donc distribués
dans cinq classes que je crois naturellement et nettement
caractérisées, à tel point qu'il doit suffire d'observer quelques propriétés immédiatement perceptibles par les sens
pour rapporter chaque minéral à la classe qui le concerne.

Il n'y a pas lieu de former des classes dans la division des
organiques qui sont très-peu nombreux.

Donnons maintenant une idée des divisions de ces classes.

La classe des gaz comprend deux sections, dont l'une se compose des gaz *non acides* et la seconde des gaz *acides*.

La deuxième classe se compose de deux ordres, savoir : les *halogènes* et les *sels*. L'eau se lie naturellement aux acides par la liquidité (la sassoline, qui est le seul acide solide, se trouve presque toujours à l'état de dissolution), par la composition chimique et par la propriété qu'elle a d'entrer essentiellement dans la substance de beaucoup de sels. Le nom d'*halogène* rappelle ce rôle de l'eau et plus particulièrement celui que jouent les acides, qui sont les principaux générateurs des sels.

Je ferai remarquer que nos deux premières classes se lient assez heureusement par le caractère d'acidité qui est commun aux gaz acides de la première et aux acides proprement dits de la seconde.

L'ordre des sels se divise en cinq genres caractérisés par l'acide, comme dans la méthode de Werner.

Deux ordres encore forment les divisions principales de la classe des pierres.

La distinction de ces deux ordres est établie sur des considérations chimiques qui se trouvent, dans ce cas, en rapport avec l'ensemble des propriétés minéralogiques.

Le premier ordre contient les minéraux pierreux analogues aux sels par la composition, et qui, par conséquent, résultent chimiquement, ou qui peuvent être considérés comme résultant de la combinaison bien définie d'un acide et d'une base ; nous y avons joint les hydrates. La dénomination d'*haloïde*, empruntée à Mohs, exprime assez heureusement cette analogie. L'ordre des haloïdes comprend sept genres, ayant chacun pour caractéristique un acide ou l'eau.

Le deuxième ordre se compose des minéraux pierreux ou terreux qui n'ont pas d'acide proprement dit dans leur composition ; celle-ci, d'ailleurs, n'est pas toujours parfaitement définie et présente beaucoup moins de fixité et de netteté que celle des pierres haloïdes. Le caractère chimique est

donc ici moins important, d'ailleurs il entraîne moins fréquemment les caractères minéralogiques. C'est pourquoi,
fidèle à la marche éclectique adoptée, nous avons placé ici
au deuxième rang le caractère chimique pour les subdivi-
sions de ce groupe nombreux, et nous l'avons divisé, non
plus en genres bien définis comme ceux du premier ordre,
mais en *familles* que nous avons cherché à rendre aussi naturelles que possible, en les basant sur différents caractères
habituels, comme la densité, la dureté, l'éclat, la texture.

Il ne faudrait pas croire toutefois que les analogies chimiques aient été négligées dans cette partie de la méthode;
nous nous sommes efforcé, au contraire, de les conserver.
Ainsi, en général, les minéraux d'une même catégorie offrent des formules composées d'éléments dont la qualité, si
ce n'est la quantité, est semblable. Le groupe des gemmes
est le seul pour lequel nous ayons été obligé de faire, à cet
égard, de véritables sacrifices.

Ces familles correspondent aux genres aujourd'hui trop
surannés de Werner, où d'ailleurs les haloïdes et les
pierres proprement dites se trouvent confondus. Nous avons
cherché à les placer dans l'ordre linéaire, malheureusement indispensable, de manière à ce qu'elles se liassent le
plus possible les unes aux autres. Je ferai encore observer que cette classe des pierres se rapproche beaucoup de
la précédente par les caractères chimiques, de telle manière que si l'on effaçait la barre qui sépare les deux classes, l'ordre des haloïdes paraîtrait être une suite de l'ordre
des sels. On peut remarquer d'ailleurs que le genre sulfate, qui commence l'ordre des haloïdes, présente en première ligne le gypse qui jouit encore d'une certaine solubilité par laquelle il touche de bien près aux sels.

A la suite des pierres nous avons placé comme une sorte
d'appendice, un groupe de minéraux, tous originaires des
régions boréales et particulièrement de la Scandinavie,
dans la composition desquels entrent, comme éléments es-

sentiels, l'*yttria*, la *thorine*, le *cérium*, le *lanthane*, le *didyme* et le *tantale*. Parmi ces principes élémentaires tout particuliers le plus fréquent est le *cérium*, qui se rapproche à peu près autant des métalloïdes que des véritables métaux. Aussi la plupart des minéraux de ce groupe que nous appelons *boréens* ont-ils des propriétés mixtes qui expliquent la place spéciale et intermédiaire que nous leur faisons occuper.

Dans les premières éditions de cet ouvrage, j'avais fait du soufre, de l'arsenic et de leurs combinaisons une classe particulière sous le nom de *minéralisateurs*. J'y avais rattaché le tellure et ses alliages. J'ai cru devoir supprimer dans cette nouvelle édition, ainsi que je l'avais fait dans mon *Cours de minéralogie* (2º éd.), cette classe qui ne comprenait qu'un très-petit nombre d'espèces que j'ai pu distribuer dans les classes antérieure et postérieure. La cassure vitreuse du soufre et sa faible densité indiquaient assez naturellement sa place à la suite des minéraux pierreux, tandis que l'arsenic et le tellure, qui ont des qualités métalliques incontestables, trouvaient la leur en tête des métaux au-dessus de l'antimoine, qui leur ressemble d'ailleurs par ses tendances minéralisatrices.

Le soufre et les corps métalliques de la classe supprimée, si remarquables par le rôle actif qu'ils jouent dans les combinaisons, se trouvent ainsi séparés; néanmoins ils restent très-voisins dans le tableau, puisqu'il n'existe entre eux que la famille des boréens, sorte de hors-d'œuvre qu'on aurait pu placer ailleurs.

La classe des métaux, à part le complément que nous venons d'indiquer, n'offre aucune innovation. C'est la quatrième de Werner ou celle des métaux autopsides d'Haüy, moins les sels, que nous plaçons à l'imitation de Werner, avec les sels non métalliques. Nous divisons cette classe, ainsi que l'avaient fait nos devanciers, en autant de genres qu'il y a de métaux minéralisés.

Le nombre de ces genres s'élève, dans notre méthode, à *vingt-trois*. L'ordre dans lequel ils se trouvent placés est basé sur un ensemble d'analogies physiques et chimiques. Néanmoins, la considération qui domine dans cet arrangement est le degré d'affinité des divers métaux pour l'oxygène. On remarquera, en effet, que la série commence par l'arsenic et le tellure, minéralisateurs puissants dont les combinaisons avec l'oxygène produisent des acides, auxquels succède l'antimoine, dont les oxydes jouent le rôle d'acides ; les dernières places étant, au contraire, occupées par les métaux les moins oxydables qui se trouvent être en même temps les plus précieux. Chaque genre comprend autant d'espèces qu'il y a de combinaisons dans lesquelles le métal dont il s'agit joue réellement le principal rôle. Lorsque le métal existe à l'état natif, il occupe le premier rang parmi les espèces.

Cette classe repose donc principalement sur des considérations chimiques. Mais ici la chimie indique réellement des rapports minéralogiques intéressants, car la présence, comme principe dominant, d'un métal dans un minéral, influe puissamment sur les propriétés de celui-ci ; d'où il résulte que les combinaisons dans lesquelles ce métal domine ont en général des caractères communs souvent remarquables. D'ailleurs, en agissant ainsi, nous satisfaisons un point de vue pratique qui n'est pas à dédaigner. En effet, chacun de nos genres n'est autre chose que la réunion ou l'ensemble des mines ou minerais du métal qui a servi à l'établir, et l'on voit de suite tout l'avantage que le mineur doit y trouver.

Notre division des organiques se laisse assez naturellement distribuer dans cinq petites familles. Nous plaçons en première ligne les *haloïdes* qui résultent de la combinaison d'une base minérale et d'un acide organique, et qui sont même susceptibles de cristalliser. Les *résines* devaient naturellement se trouver à la suite. Vient après la famille des *stéariens* que nous avons formée avec les corps gras fossiles qu'on désigne souvent par le nom de *suif minéral*; elle se lie assez bien avec la précédente et avec la suivante, qui est celle des *bitumes*. Enfin les *charbons* occupent la dernière place; ils se rattachent aux bitumes par les espèces bitumineuses, comme la houille.

Il me reste encore à montrer les principales espèces dans les cadres qui viennent d'être tracés. C'est-ce que je fais dans le tableau ci-après. M. Dufrénoy ayant apporté, dans son *Traité de minéralogie*, dont la dernière édition ne date que de quelques années, un soin particulier à la délimitation et à la description des espèces, je l'ai pris souvent pour guide dans cette partie de mon travail. J'ai fait suivre mes noms univoques des noms chimiques que ce savant minéralogiste avait cru devoir conserver.

TABLEAU

DES PRINCIPALES ESPÈCES RANGÉES D'APRÈS LA MÉTHODE ÉCLECTIQUE OU WERNÉRIENNE.

(Nombre : 350.)

PREMIÈRE DIVISION. — INORGANIQUES.

1ʳᵉ CLASSE. — GAZ.

a. Non acides.	*b.* Acides.
Azote.	Acide carbonique.
Air.	Acide chlorhydrique.
Hydrogène.	Acide sulfureux.
Grisou (*hydrogène carboné*).	
Hydrogène sulfuré.	

2e CLASSE. — HALIDES.

1er ORDRE. — HALOGÈNES.

* Acide sulfurique.
* Sassoline (*acide borique*).

* Eau.

2e ORDRE. — SELS.

1er Genre : **Chlorure**.

†Sel gemme (*chl. de sodium*).
Salmiac (*ammon. muriatée*).

2e Genre : **Nitrate**.

* Nitre (*potasse nitratée*).
· Nitratine (*soude nitratée*).

3e Genre : **Sulfate**.

a. Non métalliques.

* Epsomite (*magnésie sulfatée*).
* Exanthalose (*soude sulfatée*).
Thénardite (*s. sulf. anhydre*).
Glaubérite.
* Alunogène (*alumine sulfatée*).
* Alun (*alum. sulfatée alcaline*).

b. Métalliques.

* Mélanterie (*fer sulfaté vert*).
Néoplase (*fer sulfaté rouge*).
Coquimbite.
* Cyanose (*cuivre sulfaté*).
Gallitzinite (*zinc sulfaté*).
Rhodalose (*cobalt sulfaté*).

4e Genre : **Carbonate**.

* Natron (*soude carbonatée*).
* Urao (*soude sesqui-carbonatée*).
Gaylussite.

5e Genre : **Borate**.

* Borax (*soude boratée*).

3e CLASSE. — PIERRES.

1er ORDRE. — HALOÏDES.

1er Genre : **Sulfate**.

†Gypse (*chaux sulfatée*).
†Anhydrite (*ch. anhydro-sulfatée*).
* Barytine (*baryte sulfatée*).
* Célestine (*strontiane sulfatée*).
* Alunite (*al. sous-sulfatée alcal.*)
Webstérite (*al. sous-sulfatée*).

2e Genre : **Carbonate**.

†Calcaire (*chaux carbonatée*).
* Aragonite (*idem*).
†Dolomie (*ch. carb. magnésifère*).
· Giobertite (*magn. carbonatée*).

Withérite (*baryte carbonatée*).
Strontianite (*strontiane carb.*).
Baryto-calcite.

3e Genre : **Fluorure**.

* Fluorine (*chaux fluatée*).
Cryolite (*al. fluatée alcaline*).

4e Genre : **Phosphate**.

* Apatite (*chaux phosphatée*).
Wawellite (*alum. phosphatée*).
* Turquoise.
Klaprothine.

5° Genre : **Arséniate.**

Pharmacolite (*chaux arsén.*).

6° Genre : **Borate.**

* Boracite (*magnésie boratée*).

7° Genre : **Hydrate.**

· Brucite (*magnésie. hydratée*). ··
Diaspore (*alum. hydratée*).
Hydrargilite (*idem*).
Gybsite   (*idem*).

2° ORDRE. — PIERRES PROPREMENT DITES.

1re Famille. — **Gemmes.**

* Diamant.
* Corindon.
· Périclase.
* Spinelle et gahnite.
* Cymophane.
Phénakite.
Euclase.
· Emeraude.
* Topaze.
* Zircon.
* Péridot.
· Grenat.
* Idocrase.
· Tourmaline.
· Axinite.
* Cordiérite.

2° Famille. — **Quartzeux.**

† Quartz { *hyalin.*
{ *agate.*
{ *opale.*

3° Fam. — **Feldspathiques.**

† Feldspath } *orthose.*
} *ryacolite.*
} *albite et oligoclase.*
} *labrador.*

Anorthite.
Pétalite.
Triphane.
† Saussurite.
Indianite.

4° Famille. — **Cozéolites.**

· Néphéline.
· Amphigène.
· Sodalite.
Meïonite.

Sarcolite.
* Prehnite.
Datholite.
Haüyne
· Outremer.
Eudyalite.
Disclasite.
Cronstedtite.

5° Famille. — **Zéolites.**

· Stilbite.
· Heulandite.
Brewstérite.
Apophyllite.
* Mésotype.
Thomsonite.
· Laumonite.
Beaumontite.
Christianite.
* Harmotome.
· Hydrolite.
* Analcime.
* Chabasie.
Levyne.
Faujassite.
Gismondine.

6° Famille. — **Prismatiques.**

· Disthène.
† Andalousite et mâcle.
· Staurotide.
* Couzeranite et dipyre.
Mellilite.
* Epidote. { *Thallite.*
{ *Zoïzite.*
Achmite.
Liévrite.
* Wernérite.
· Gehlénite.
Karpholite.

7ᵉ Famille. — **Trappéens.**

Wollastonite.

†Amphibole { *trémolite.* / *actinote.* / *hornblende.* }

Anthophyllite.

Néphrite.

†Pyroxène { *diopside.* / *hédenbergite.* / *augite.* / *hypersthène.* }

Sismondine.

†Diallage.

Seybertite.

Condrodite.

8ᵉ Famille. — **Micacés.**

†Mica et lépidolite.

Margarite.

Ottrélite.

9ᵉ Famille. — **Talqueux.**

†Talc et stéatite.

Pagodite.

†Serpentine.

Villarsite.

10ᵉ Famille. — **Talcoïdes.**

Pyrophyllite.

Pennine.

†Chlorite.

Mauléonite.

Nacrite.

Lépidomelane.

Gilbertite.

Fahlunite.

Pinite.

Saponite (*pierre de savon*).

11ᵉ Famille. — **Terreux.**

Véronite (*terre de Vérone*).

Halloysite.

Pholérite.

Allophane.

Collyrite.

Scoulérite.

†Argile.

Bol.

Kaolin.

Magnésite.

12ᵉ Famille. — **Sulfureux.**

Soufre.

»

13ᵉ Famille. — **Boréens.**

Thorite (*thorine silicatée*).

Æschynite.

Yttrotantalite.

Fergusonite (*yttria tantalatée*).

Gadolinite.

Orthite.

Cérite (*cérium silicaté*).

Allanite.

Monasite.

Edwarsite (*cérium phosphaté*).

4ᵉ CLASSE. — MÉTAUX.

1° — Genre : **Arsenic.**

Arsenic natif.

Arsénite (*acide arsénieux*).

Orpiment (*arsenic sulf. jaune*).

Réalgar (*arsenic sulf. rouge*).

2° — Genre : **Tellure.**

Tellure natif.

Sylvane } tellure allié.

Mullerine }

3° — Genre : **Antimoine.**

Antimoine natif.
Stibine (*antimoine sulfuré*).
Zinkénite (*ant. sulf. plombifère*).
Berthiérite (*ant. sulf. ferrifère*).
Roméine (*antimon. de chaux*).
Kermès (*ant. oxydé sulfuré*).
Exitèle (*antimoine oxydé*).
Sénarmontite (*idem*).
Stibiconise (*acide antimonieux*).

4° — Genre : **Bismuth.**

Bismuth natif.
Bornine (*bismuth telluré*).
Bismuthine (*bism. sulfuré*).
Eulytine (*bismuth silicaté*).
Bismuth oxydé.

5° — Genre : **Etain.**

Cassitérite (*étain oxydé*).
Stannine (*étain sulfuré*).

6° — Genre : **Plomb.**

Galène (*plomb sulfuré*).
Boulangérite (*plomb sulfuré anti-monifère*).
Dufrénoysite (*pl. arsénio-sulf.*).
Bournonite.
Claustalie (*plomb sélénié*).
Céruse (*plomb carbonaté*).
Leadhillite (*plomb sulfato-tri-car-bonaté*).
Anglésite (*plomb sulfaté*).
Plomb azur (*pl. sulf. cuprifère*).
Pyromorphite (*plomb phosphaté*).
Mimétèse (*plomb arséniaté*).
Prixite (*pl. arséniaté hydraté*).
Elasmose (*plomb telluré*).
Matlockite (*plomb chloruré*).
Vanadinite (*plomb vanadiaté*).
Crocoïse (*plomb chromaté*).
Vauquelinite (*plomb chromé*).
Mélinose (*plomb molybdaté*).
Schéelitine (*plomb tungstaté*).
Moffrasite (*plomb antimonié*).
Plombgomme.
Minium (*plomb oxydé rouge*).

7° — Genre : **Zinc.**

Blende (*Zinc sulfuré*).
Smithsonite (*zinc carbonaté*).
Zinconise (*zinc hydro-carbonaté*).
Calamine (*zinc silicaté*).
Villémite (*zinc silic. anydre*).
Spartalite (*zinc oxydé rouge*).
Tyrolite (*zinc hydr. cuprifère*).

8° — Genre : **Fer.**

Fer natif et fer météorique.
Aimant (*fer oxydulé*).
Franklinite.
Oligiste (*fer oligiste*).
Martite (*fer oligiste octaèdre*).
Gœthite et lépidokrokite (*fer hy-droxydé*).
Limonite (*fer oxydé hydraté*).
Chamoisite (*silico-al. de fer*).
Isérine (*fer titané*).
Craitonite (*fer oxydulé titané*).
Ilménite (*fer oxydé titané*).
Tantalite.
Mispickel (*fer arsenical*).
Pyrite (*fer sulfuré jaune*).
Sperkise (*fer sulfuré blanc*).
Leberkise (*fer sulfuré magnétique*).
Sidérose (*fer carbonaté*).
Junckérite (*idem*).
Pittizite.
Vivianite (*fer phosphaté*).
Dufrénite (*fer phosphaté vert*).
Hétérosite (*fer phosphaté manga-nésifère*).
Triphylline (*idem*).
Pharmacosidérite (*fer arséniaté*).
Scorodite   (*idem*).
Arsénio-sidérite.

9° — Genre : **Manganèse.**

Hausmanite (*mangan. oxydé*).
Braunite   (*idem*).
Pyrolusite   (*idem*).
Acerdèse   (*idem*).
Ranciérite (*péroxyde hydraté*).
Psilomélane (*id. barytifère*).
Diallogite (*mangan. carbonaté*).
Rhodonite (*mangan. silic. rose*).

Hureaulite (*manganèse phosphaté ferrifère*).
Triplite (*idem*).
Alabandine (*manganèse sulfuré*).
Helvine.

10° — Genre : Titane.

* Rutile (*acide titanique*).
* Anatase (*idem*).
* Brookite (*idem*).
* Sphène (*titane silicéo-calcaire*).
Perowskite (*chaux titaniatée*).

11° — Genre : Molybdène.

* Molybdénite (*molybd. sulfuré*).
Molybdène oxydé (*ac. molybd.*).

12° — Genre : Tungstène.

* Wolfram (*schéelin ferruginé*).
* Schéelite (*schéelin calcaire*).
Tungstène oxydé (*ac. tungst.*).

13° — Genre : Urane.

* Pechurane (*urane oxydulé*).
Uraconise (*urane oxydé hydr.*).
Uranite (*urane phosphaté*).
Johannite (*urane sous-sulfaté*).

14° — Genre : Chrome.

Autunite (*chrome oxydé*).
* Sidérochrome (*fer chromé*).

15° — Genre : Nickel.

* Nickéline (*nickel arsenical*).
Breithauptite (*nickel antim.*).
Antimonickel (*nickel antimonié sulfuré*).
Disomose (*nickel arsénio-sulf.*).
Harkise (*nickel sulfuré*).
Nickel-ocre (*nickel arséniaté*).
Pimélite.

16° — Genre : Cobalt.

* Smaltine (*cobalt arsenical*).
* Cobaltine (*cobalt gris*).
Koboldine (*cobalt sulfuré*).
Erythrine (*cobalt arséniaté*).
Cobaltide (*cobalt oxydé noir*).

17° — Genre : Cuivre.

* Cuivre natif.
* Zigueline (*cuivre oxydulé*).
Mélaconise (*cuivre oxydé noir*).
* Chalkopyrite (*cuivre pyriteux*).
* Phillipsite.
* Chalkosine (*cuivre sulfuré*).
Berzéline (*cuivre sélénié*).
Domeykite (*cuivre arsenical*).
* Panabase (*cuivre gris*).
Tennantite (*cuiv. gris arsénifère*).
* Azurite (*cuivre carb. bleu*).
* Malachite (*cuivre carb. vert*).
Atacamite (*cuivre chloruré*).
Aphérèse (*cuivre phosphaté*).
Ypoleïme (*cuivre hydro-phosp.*).
Olivénite (*cuivre arséniaté*).
Erinite (*idem*).
Liroconite (*idem*).
Aphanèse (*idem*).
Euchroïte (*idem*).
Volborthite (*cuivre vanadié*).
Dioptase.
Chrysocole (*cuivre hydro-silic.*).

18° — Genre : Mercure.

* Mercure natif.
* Cinabre (*mercure sulfuré*).
Calomel (*mercure chloruré*).

19° — Genre : Argent.

* Argent natif.
Amalgame (*argent amalgamé*).
Arguérite (*idem*).
Discrase (*argent antimonial*).
Argent arsenical.
* Argyrose (*argent sulfuré*).
Psaturose (*argent sulfuré fragile*).
Delislite (*arg. gris antimonial*).
Stromeyérine (*argent sulfuré cuprifère*).
* Argyrithrose (*argent antimonié sulfuré*).
Proustite (*argent arsénié sulfuré*).
Naumannite (*argent séléniuré*).
* Kérargyre (*argent chloruré*).
Iodargyre (*argent ioduré*).
Bromargyre (*bromure d'argent*).

20° — Genre : **Or**.

* Or natif.
Or blanc (*or amalgamé*).

21° — Genre : **Platine**.

* Platine natif.

22° — Genre : **Iridium**.

Iridosmine (*iridium osmié*).
Irite.

23° — Genre : **Palladium**.

* Palladium natif.

.DEUXIÈME DIVISION. — ORGANIQUES.

1re Famille. — **Haloïdes**.

* Mellite (*mellate d'alumine*).
Humboldtite (*fer oxalaté*).

2e Famille. — **Résines**.

* Succin.
* Rétinasphale.
Copale fossile.

3e Famille. — **Stéarlens**.

* Schéererite.
Hartite.
Hatchétine.

4e Famille. — **Bitumes**.

* Naphte et pétrole.
* Asphalte et malthe.
* Elatérite.
Idriatine.
Dusodyle.

5e Famille. — **Charbons**.

† Graphite.
† Anthracite.
† Houille.
† Lignite.
† Tourbe.

DESCRIPTION

DES ESPÈCES IMPORTANTES.

Le nombre des espèces admises par les minéralogistes qui ont fait des traités complets dépasse 500. Notre tableau n'en contient que 350, qui comprennent à peu près toutes celles qui ont été décrites par Haüy. Les types spécifiques que nous avons négligés peuvent être regardés comme des raretés, en général, peu intéressantes, ou comme n'étant pas établis sur des bases assez certaines pour être définitivement admis.

Parmi les 350 espèces que nous avons réservées, il y a encore à distinguer celles qui n'ont qu'un intérêt scientifique et les espèces réellement importantes par le rôle qu'elles jouent dans la constitution des roches, par leur emploi dans les arts, enfin parce qu'elles ont servi de base pour l'établissement de certains principes et de certaines lois de la minéralogie. Ces dernières, dont le nombre est de 150, se trouvent désignées par le signe (*) dans la liste générale. On pourrait encore même établir une subdivision dans ces dernières espèces, et y distinguer les types qui entrent essentiellement dans la composition des roches. Nous les avons particulièrement indiquées au moyen d'une croix (†). Pour ces 150 espèces principales marquées de l'un ou l'autre de ces signes, nous donnerons des descriptions assez complètes, les autres seront traitées d'une manière beaucoup plus abrégée.

Nous suivrons, dans nos descriptions, l'ordre du tableau. Il n'y aura, à cet égard, qu'une seule exception qui portera sur les minéraux métalliques. N'ayant à prendre en considération qu'une partie des genres et ne devant étudier, dans ces genres, que des types principalement métallurgiques, nous avons pensé qu'il serait plus convenable et plus avantageux de grouper nos métaux d'une manière conforme à ce point de vue.

Pour toute synonymie, nous ajouterons au nom univoque de chaque espèce, le nom chimique d'Haüy lorsqu'il y aura lieu. Nous ferons connaître aussi, soit à la tête, soit dans le corps de la description, les dénominations anciennes et les noms vulgaires qui ont cours encore en France, dans la minéralogie. Les descriptions principales commenceront, en général, par l'indication des attributs et des caractères essentiels.

PREMIÈRE DIVISION. — INORGANIQUES.

PREMIÈRE CLASSE. — GAZ.

La propriété d'être gazeux à la température ordinaire caractérise immédiatement les corps qui composent cette classe. Ces corps n'offrent d'ailleurs rien de spécial au point de vue de l'histoire naturelle, si ce n'est peut-être leur gisement.

a. Non acides.

Azote. = Gaz impropre à la combustion et à la respiration qui forme un des deux éléments de l'air atmosphérique. — Il se dégage à l'état libre d'un grand nombre de sources termales et quelquefois des crevasses du sol dans les tremblements de terre et dans les phénomènes volcaniques.

Air. = Composé d'azote et d'oxygène. Ses propriétés et son gisement sont très-connus.

L'oxygène y entre pour 21 sur 100 ; mais ce dernier gaz ne se trouve jamais libre dans la nature, et, bien qu'il joue un rôle de premier ordre dans la composition chimique du globe, nous n'avons pas à nous en occuper ici.

Hydrogène. = Le plus léger de tous les gaz (il pèse treize fois moins que l'air) ; brûlant par le contact d'un corps enflammé avec une flamme bleue très-légère. — Il se dégage du cratère et des fissures des volcans en éruption et accompagne le grisou dans quelques circonstances.

Grisou. = On désigne en minéralogie par ce nom usité parmi les mineurs, l'hydrogène proto-carboné naturel, gaz inflammable dont la densité n'est guère que la moitié de celle de l'air et dont la présence dans certaines houillères est trop fréquemment la cause de détonations meurtrières.

C'est lui qui est le principal agent des éruptions boueuses (salses) et qui alimente ces sources de gaz qui une fois enflammées peuvent donner lieu aux fontaines ardentes (Italie, Bakou, Crimée) que l'on utilise assez souvent pour des usages industriels, et les feux éternels objet de culte et d'idolâtrie dans certaines contrées de l'Inde. — Dans les temps chauds ce gaz se produit incessamment au fond des marais par la décomposition des matières organiques et vient se dégager sous forme de bulles à la surface de l'eau.

Hydrogène sulfuré. = Facile à reconnaître à son odeur d'œufs pourris. — Brûle au contact de l'air avec une flamme blanche, en déposant du soufre. — Noircit les métaux et particulièrement l'argent. — Soluble dans l'eau. — Densité 1,20.

Il se manifeste surtout dans les solfatares où il donne naissance à de grands dépôts de soufre (Pouzzoles près de Naples). Il forme aussi quelques jets naturels dans des lieux non volcaniques et se dégage des eaux thermales dites sulfureuses.

b. Acides.

Acide carbonique. = Gaz lourd ; densité 1,5. — Il

éteint les corps en combustion et est absolument impropre
à la respiration ; aussi lui avait-on donné anciennement les
noms de gaz *méphitique* et de *moffette*. — L'eau en prend
à peu près son volume à la pression et à la température
ordinaires et acquiert une saveur aigrelette, et la propriété
de changer en une teinte vineuse la couleur bleue de tour-
nesol. — Sa présence dans l'eau ou dans un mélange gazeux peut être facilement accusée par le précipité blanc
qu'y produit l'eau de chaux.

Il se dégage abondamment des terrains volcaniques,
surtout de ceux qui ont une origine ancienne ; et il s'ac-
cumule souvent dans le fond des grottes ou des caves,
dans les contrées qui avoisinent les volcans. On le trouve
quelquefois aussi dans les anciennes galeries de mines.
Tout le monde a entendu parler de la fameuse grotte du lac
Agnano près de Naples, dite *grotte du chien*, où règne habituellement à la surface du sol seulement, une couche de
gaz carbonique qui asphyxie promptement un chien qui
s'y trouve plongé, tandis qu'elle n'exerce aucune action
délétère sur un homme debout dont la tête se trouve à un
niveau bien supérieur au milieu de l'air atmosphérique.

L'acide carbonique est abondamment dissout dans certaines eaux minérales, soit chaudes, soit froides, que l'on
connaît sous le nom d'eaux gazeuses (Vichy, Seltz, Spa).
Il communique à ces eaux la propriété de dissoudre le
calcaire et il s'en échappe en pétillant. — L'air en contient
constamment une petite proportion qu'on peut évaluer en
moyenne à 0,004 de son volume.

Acide chlorhydrique. = Cet acide, naturellement gazeux, bien reconnaissable d'ailleurs à son odeur piquante
et à son acidité très-prononcée, a tant d'affinité pour l'eau,
qu'au contact de l'air humide, il s'empare de la vapeur
aqueuse qu'il contient en produisant une fumée blanche.
— La moindre quantité d'acide chlorhydrique, soit libre
soit combiné dans un liquide, peut être mise en évidence

par une goutte de nitrate d'argent qui détermine la formation d'un précipité blanc de chlorure d'argent soluble dans l'ammoniaque.

Le gaz chlorhydrique s'échappe en abondance de la bouche de certains volcans, notamment du Vésuve, et agit fortement sur les roches qui constituent les cratères en produisant des chlorures. Il se trouve aussi en dissolution avec l'acide sulfurique dans les eaux qui découlent du flanc de plusieurs volcans (voyez *acide sulfurique*).

Acide sulfureux. = Gaz acide très-dense, D = 2,2, très-délétère, d'une odeur suffocante qui est celle du soufre brûlé, soluble dans l'eau, détruisant ou altérant les couleurs organiques. — Il se dégage des volcans et des crevasses et fissures qui existent dans les solfatares.

DEUXIÈME CLASSE. — HALIDES.

Minéraux solubles : ayant une saveur prononcée, excepté l'eau.

PREMIER ORDRE. — HALOGÈNES.

Cet ordre ne renferme que deux acides, ayant une saveur caractéristique, et l'eau.

Acide sulfurique. = Cet acide est facile à reconnaître à sa saveur franche et énergique et à la propriété qu'il possède de former avec le nitrate de baryte un précipité blanc. — A — 8° ou — 10°, il se congèle et cristallise en prisme hexagonaux pyramidés.

On prétend l'avoir observé à l'état libre, sous forme cristalline, dans certaines grottes volcaniques et dans quelques cavités où sourdent des eaux sulfureuses. Ce qu'il y a de certain, c'est qu'il existe en quantité notable, ordinairement avec l'acide chlorhydrique, dans les eaux émanées de plusieurs montagnes volcaniques , comme au mont Idienne à Java et au volcan de Puracé dans l'Amérique méridionale. Ce dernier gisement , le plus connu de tous , consiste en un ruisseau dont les eaux sont acides au point de mériter le nom de *Rio-Vinagre* qu'on lui donne dans le pays.

L'acide sulfurique naturel provient soit de la décomposition des pyrites, soit de l'action de l'oxygène sur les acides sulfureux et sulfhydrique et sur le soufre. Dans le premier cas il est ordinairement mélangé de sulfates acides d'alumine, de fer, etc., avec lesquels il a pu être confondu dans certaines circonstances.

Sassoline (*acide borique*). = Le nom de sassoline dérive de Sasso, l'une des localités de Toscane où l'acide borique existe en solution dans les eaux thermales , qui forment là de petits étangs adventifs (Lagonis). — On trouve aussi cette espèce en paillettes blanchâtres subnacrées dans le cratère du volcan de Vulcano , et cette circonstance lui donne un certain intérêt minéralogique. Ces paillettes , dont la saveur et la solubilité sont très-faibles , ont pour principal caractère de communiquer à l'alcool la propriété de brûler avec une flamme verte ; elles donnent beaucoup d'eau , environ 40 p. 100 , par là calcination et se fondent ensuite avec facilité en un verre incolore.

La sassoline des Lagonis a été apportée là par des vapeurs (fumarolles) provenant de l'intérieur du globe. L'extraction de cette substance et là fabrication du borax qui en est la conséquence , constituent , en Toscane , une industrie importante.

Eau. = L'eau ordinaire est trop connue pour que nous ayons à nous en occuper ici. Nous dirons seulement que les cristaux qu'elle forme dans certaines circonstances (glace, neige) , dérivent d'un prisme hexagonal régulier. M. Dufrénoy a observé pendant l'hiver de 1838 des cristaux très-nets de glace qui avaient cette forme. M. Cordier avait reconnu le même fait antérieurement dans les névés de la Maladetta. Tout le monde sait d'ailleurs que, par un temps calme et froid, la neige arrive à la surface de la terre sous la forme de petites paillettes hexagonales élégamment rayonnées et évidées.

DEUXIÈME ORDRE. — SELS.

Nous avons déjà dit que nous réservions le nom de *sel*, comme le faisaient Werner et Mohs, pour les corps qui s'appellent ainsi dans le langage ordinaire. Cet ordre est donc caractérisé par la saveur *salée*.

Parmi les sels, il en est qui ne se trouvent qu'accidentellement dans quelques eaux minérales ou à l'état de mélange avec d'autres sels plus importants au point de vue minéralogique. Ces derniers, qui se présentent habituellement à l'état solide avec des caractères plus ou moins cristallins, seront seuls l'objet d'articles particuliers. Nous ne parlerons des autres que d'une manière accessoire, quand ils se présenteront.

Sel marin (*soude muriatée ; sel commun*). = La substance de ce sel est le chlorure de sodium (1). — Sa saveur franchement salée suffirait pour le faire reconnaître. — Il est incolore ou légèrement gris à l'état de pureté, transparent et translucide : son aspect rappelle un minéral pierreux cristallisé ; de là le nom de *sel gemme* donné à celui qu'on extrait immédiatement à l'état solide du sein de la terre. — Clivage net et facile parallèlement aux faces d'un cube. — Densité, 2,25. — Raie le gypse. — Soluble dans l'eau qui en prend trois fois son poids à la température ordinaire.

(1) Analyse. { Chlore. 60,34
{ Sodium. 39,66

Le sel marin existe dans la nature en bancs stratifiés ou en amas cristallins produits par des éruptions thermales. Il est rarement en cristaux (cubes), mais bien en masses laminaires (clivables), lamellaires, grenues et même fibreuses, habituellement souillées par de l'argile et de l'oxyde de fer, qui leur communiquent des teintes grise, rouge, etc. Il est fréquemment en dissolution dans les eaux de source ou dans certains lacs, et c'est lui qui contribue, pour la plus forte partie, à la salure de la mer où il est accompagné des chlorures de calcium et de magnésium. — Le sel marin est activement exploité dans certaines contrées où il forme des dépôts considérables (Lorraine, Salzbourg, Suisse, Pologne) : on en extrait aussi une très-grande quantité des sources salées et des eaux de la mer. — Son usage comme condiment et pour la conservation des viandes est très-connu. Il constitue la matière première pour la fabrication de la soude artificielle et pour celle du chlore et de l'acide chlorhydrique. On l'emploie aussi en agriculture.

Sylvine (*chlorure de potassium*). = Ce sel, qui n'était connu naguère que dans quelques gîtes salifères, où il se trouvait mélangé en petite quantité avec le sel marin, a acquis, dans ces dernières années, une certaine importance par la découverte des gisements de Stassfurt (Thuringe), où il forme avec d'autres sels des mélanges, dont l'un, où il s'associe le chlorure de magnésium, a reçu le nom de *carnallite*. Ces mines le présentent aussi à l'état de pureté et même cristallisé en cubes qu'il serait difficile de distinguer, à la simple vue, de ceux du sel marin.

Nitre (*potasse nitratée*). = Sel anhydre que l'on reconnaît facilement à sa saveur fraîche et à la propriété qu'il possède de fuser sur les charbons incandescents.

Le nitre se trouve en efflorescences sur des roches calcaires, à la surface de certaines plaines (Podolie, Egypte, Perse) et sur les bords de la mer Caspienne. Il se forme d'ailleurs journellement, conjointement avec le nitrate de chaux, dans les caves, les écuries, d'où on l'extrait par la lixiviation et par le raffinage. Ce nitre impur des murailles est connu particulièrement sous le nom de *salpêtre*. — On sait que le nitre joue le premier rôle dans le mélange qui constitue la poudre de guerre.

Nitratine (*soude nitratée*). = Ce sel, qui ressemble beaucoup au nitre, en diffère par sa forme, qui est celle d'un rhomboèdre de 106° $^1/_2$, et par son infériorité à l'égard de la propriété de fuser qui s'oppose à son entrée dans la composition de la poudre.

Il est exploité en grand pour la fabrication de l'acide nitrique au Pérou et en Bolivie où il forme des amas alternant avec des dépôts de sel gemme et de chaux boratée.

Ce nitrate, connu dans le pays sous le nom de *caliche*, est loin d'être pur ; il contient 20 à 30 p. 100 de chlorure de sodium et 12 à 25 p. 100 de chlorure de potassium et de sulfate de soude.

Epsomite (*magnésie sulfatée ; sel d'Epsom*). = Sa substance est le sulfate de magnésie hydraté, et sa forme, un prisme presque carré. — Il est facile à reconnaître à sa saveur amère.

Il se trouve en veines à structure bacillaire ou fibreuse dans quelques dépôts salifères ou gypseux (Fitou dans les Corbières, Calatayud en Espagne), et en solution dans certaines sources auxquelles il communique des vertus purgatives (Epsom, Sedlitz).

Exanthalose (*soude sulfatée ; sel de Glauber*). = Nommé ainsi à cause de la propriété qu'il possède de devenir farineux, ou, comme on le dit, de s'*effleurir* à l'air. — C'est un sulfate de soude hydraté très-soluble et très-cristallisable. — Ses cristaux dérivent d'un prisme rhomboïdal unoblique. — Sa saveur est amère et en même temps salée. — Il est doué, comme le sel précédent, de vertus purgatives.

L'exanthalose forme des veines dans les terrains de gypse et de sel gemme. Assez récemment on en a découvert des masses considérables dans la vallée de l'Ebre, notamment aux environs de Lodosa où il est exploité pour la fabrication de la soude. Il en existe aussi des veines dans le gîte salifère de Villefranque (Basses-Pyrénées). Plusieurs lacs et certaines sources en contiennent en dissolution, et il forme quelquefois des efflorescences sur les roches volcaniques récentes de l'Etna et du Vésuve.

Alunogène (*alumine sulfatée*). = C'est un sulfate d'alumine hydraté qui se forme par efflorescence dans les schistes ou les argiles pyritifères où il est habituellement mélangé de sulfate de fer. Dans ce cas, sa saveur, naturellement acerbe, se rapproche de celle de l'encre (alun de plume, beurre de montagne) et il prend une teinte jaune plus ou moins prononcée. — Dans les schistes alumineux, il est en petites masses mamelonnées ou tuberculeuses, ou en veines fibreuses. On le trouve encore dans quelques solfatares. Il est quelquefois associé à l'alun et sert, dans tous les cas, à la fabrication de ce sel.

Alun (*alumine sulfatée alcaline*). = Ce sel, beaucoup plus rare que le précédent, existe tout formé dans certaines solfatares. On le trouve aussi, dit-on, en petites couches dans les sables des déserts de l'Egypte.

Natron et urao (*soude carbonatée*). = Ces sels ont une saveur âcre et urineuse et sont solubles, avec effervescence, dans l'acide nitrique.

Le *natron* est un carbonate de soude qui se trouve en efflorescences à la surface des grandes plaines, en Hongrie, en Egypte, en Arabie, et, en solution, en proportions variables, dans les eaux de certains lacs et dans beaucoup d'eaux minérales gazeuses (Vichy, Seltz).

L'*urao* ou *trona* est une autre espèce de carbonate de soude moins susceptible que la première de s'effleurir et que l'on exploite même dans certaines localités d'Egypte comme pierre de construction. Il se trouve souvent avec le premier sel dans les mêmes gisements.

On exploite ces sels pour la fabrication du savon et pour les verreries ; mais leur usage est devenu presque nul en Europe depuis qu'on sait fabriquer la soude artificielle avec le sel marin.

Borax (*soude boratée*). — Ce sel, dont la substance est un borate de soude, a une saveur douceâtre et fond au chalumeau avec boursouflement, en produisant, en définitive, un verre incolore.

On trouve le borax en solution dans les eaux de certains lacs de l'Inde et en croûtes cristallines, vers le bord de ces lacs. Il nous venait autrefois de ce pays ; mais on n'a plus besoin d'avoir recours à cette coûteuse importation depuis qu'on fabrique ce sel de toutes pièces, en Toscane, en combinant la soude avec l'acide borique naturel. Il est employé comme fondant par les bijoutiers et par les minéralogistes.

Nota. — Il existe encore, dans la nature, quelques sels métalliques qui sont à peu près exclusivement des sulfates. Ceux-ci ne sont autre chose qu'un résultat de réactions chimiques qui se passent dans le sein de la terre et particulièrement dans les galeries des mines et n'ont qu'une existence pour ainsi dire adventive. Les principaux de ces sels sont le *sulfate de fer* (mélantérie) et le *sulfate de cuivre* (cyanose), connus dans les arts sous les noms de *couperose verte* et de *couperose bleue*, matières qui servent de base à plusieurs couleurs très-employées en teinture, particulièrement le noir.

TROISIÈME CLASSE. — PIERRES.

Solides, insolubles et sans saveur. — Couleur propre, insignifiante. — Eclat non métallique. — Densité habituellement comprise entre 2,5 et 3,5, dépassant très-rarement 4.

PREMIER ORDRE. — HALOÏDES.

Les pierres qui font partie de cet ordre sont composées chimiquement d'un acide et d'une base, et sont assimilées aux sels par les chimistes. Elles se distinguent des pierres proprement dites par les réactions propres aux sels, par l'absence de la silice et généralement par une moindre dureté. Nous les divisons en genres caractérisés par l'acide.

Genre : Sulfate.

Inattaquables par les acides dans les circonstances ordinaires. — Prenant, au feu de réduction du chalumeau, une saveur hépatique par suite d'une décomposition partielle.

Gypse (*chaux sulfatée*). == Substance : sulfate de chaux hydraté (1). — Forme primitive : prisme rectangulaire unoblique dont la base est inclinée de 114° sur la hauteur. — Densité entre 2,3 et 2,4. — Dureté : 2 ; rayé par le calcaire et même par l'ongle. — C'est la seule pierre qui se dissolve dans l'eau en quantité un peu notable : La proportion est $1/465$ en poids à la température ordinaire. — Le gypse, à une température élevée, perd son eau de composition et se transforme en plâtre ; aussi le désigne-t-on vulgairement par le nom de *pierre à plâtre*. — Il se clive avec une telle facilité parallèlement aux pans latéraux du prisme primitif, qu'on peut détacher sans aucun effort, dans ce sens, des lames aussi minces qu'on le veut. Ces lames sont elles-mêmes susceptibles de se fêler en deux sens sous l'angle de 114° par une pression convenablement ménagée.

(1) Analyse par Bucholz.
Acide sulfurique. . . .	46
Chaux.	33
Eau.	21

Exposées à la flamme d'une bougie, elles s'exfolient et se réduisent en une poudre blanche (plâtre).

Le gypse a une grande tendance à cristalliser. On le trouve fréquemment en tables rhomboïdales biselées sur leurs bords (gypse trapézien. H.), quelquefois accolées deux à deux et pénétrées avec hémitropie (voyez page 63, figures 100 et 101). Souvent aussi cette espèce affecte la forme de lentilles simples ou géminées. Ces dernières donnent, par le clivage, des sections qui ressemblent à des fers de lance et se trouvent principalement à Montmartre, près Paris. — En masse, le gypse a presque toujours une texture cristalline, qui peut être fibreuse, laminaire, lamellaire, saccharoïde, compacte. Ces deux dernières variétés, quand elles offrent une belle teinte blanche, sont utilisées sous le nom d'*albâtre gypseux* ou d'*alabastrite*, pour la fabrication des objets d'ornement. Les morceaux laminaires offrent un éclat doux qu'on a comparé à celui de la lune; de là le nom de *sélénite* encore employé.

Le gypse est fréquemment mélangé d'argile, d'oxyde de fer, de calcaire, et prend, par suite, des teintes grise, jaunâtre, rougeâtre qui doivent être considérées comme accidentelles.

La nature nous l'offre en amas stratifiés, en nids, en veines dans plusieurs terrains de sédiment, notamment dans le trias où il accompagne le sel gemme et dans le terrain tertiaire. Il existe aussi, notamment dans les Pyrénées, en masses irrégulières dans le voisinage de certaines roches d'éruption. Le gypse de Montmartre, près Paris, qui dépend de la formation tertiaire, est calcarifère, et doit à ce mélange de produire, par la cuisson, un plâtre d'une qualité supérieure. Les variétés cristallisées ou fibreuses se trouvent principalement au sein d'argiles et de marnes de plusieurs époques. La substance du même minéral est aussi en dissolution dans les eaux dites *séléniteuses* qui la déposent quelquefois en cristaux.

Anhydrite (*chaux anhydro-sulfatée*). = On donne ce nom à un minéral cristallin qui accompagne souvent le gypse et le sel gemme, et qui ne diffère chimiquement du premier de ces deux minéraux que par l'absence de l'eau. — Sa forme primitive est un prisme rectangulaire droit. — Sa dureté et sa densité sont notablement supérieures à celles du gypse.

Barytine (*baryte sulfatée; spath pesant*). = Substance : sulfate de baryte (1). — Forme primitive : prisme orthorhombique de $101° 1/2$; clivage facile parallèlement aux faces du prisme. — Densité : 4,3 à 4,5 ; c'est la plus pesante des pierres haloïdes. — Dureté : 3,5 ; facilement rayée par le couteau. — Fusible au feu de réduction du chalumeau en un émail blanc ayant une saveur hépatique par un commencement de décomposition.

La barytine est ordinairement grisâtre, jaunâtre, blanchâtre ou d'un blanc de lait. Elle est fréquemment cristallisée, et c'est une des espèces qui offre le plus de formes secondaires. Les plus habituelles sont des prismes rhomboïdaux plus ou moins modifiés, des octaédres cunéiformes et des tables rectangulaires biselées sur leur périphérie (voyez page 56, *fig.* 83, 84, et 86). On la rencontre aussi très-souvent en masses laminaires.

Elle git principalement dans les filons plombifères, et forme seule aussi des filons dans des terrains de diverses époques, notamment dans l'arkose de l'Auvergne. Enfin, elle se trouve en concrétions réniformes souvent radiées dans certaines argiles (Bologne).

La variété laminaire d'un blanc de lait est utilisée pour la falsification de la céruse.

Célestine (*strontiane sulfatée*). = Ce minéral a les plus grands rapports avec le précédent ; cependant il est un

(1) Analyse. } Acide sulfurique 34,37
            { Baryte 65,63

peu moins lourd et l'angle de sa forme primitive est plus grand de 3 degrés.

Ses gisements sont, au contraire, très-différents, car il est rare de le rencontrer dans les filons. Il se trouve presque toujours dans les terrains de sédiment, associé accidentellement au gypse ou au sel gemme.

Les cristaux les plus remarquables viennent d'un terrain gypseux de Sicile où ils sont accompagnés de soufre. Ce sont principalement des prismes rhomboïdaux primitifs tronqués sur deux arêtes et terminés par des biseaux horizontaux accompagnés ou non de petites facettes (page 56, *fig.* 83). Ces cristaux sont généralement très-réguliers, presque incolores et transparents. On connaît encore de la célestine fibreuse notamment près de Toul, et les marnes gypsifères de Montmartre renferment des rognons verdâtres où la même espèce est mélangée de calcaire et d'argile. On les reconnaît à l'impression de pesanteur qu'ils font éprouver à la main. La célestine est habituellement blanche ou grisâtre ; mais les premières variétés connues offraient une légère teinte bleue qui avait suggéré à Werner le nom de cette espèce.

Alunite (*alumine sous-sulfatée alcaline ; pierre d'alun*). = On désigne par ce nom une pierre dans laquelle tous les matériaux de l'alun se trouvent réunis et qui devient en partie soluble et réductible immédiatement en alun par une calcination ménagée. — Dans les cellules qu'offre souvent cette pierre on trouve de petits rhomboèdres de 93°, assez durs pour rayer le calcaire. — On connaît aussi de l'alunite en masses concrétionnées à structure obscurément fibreuse.

L'alunite gît dans les terrains trachytiques et dans certaines solfatares, comme à la Tolfa, qui fournit la matière de l'alun si connu dans le commerce sous le nom d'*alun de Rome*.

Genre : **Carbonate.**

Espèces facilement reconnaissables à la propriété qu'elles ont de faire effervescence, soit à froid, soit à chaud, avec l'acide nitrique.

Calcaire (*chaux carbonatée*) (1). = Substance : carbonate de chaux. — Forme primitive : rhomboèdre de 105° ; facilement clivable, par le simple choc du marteau, en trois sens parallèles aux faces de ce rhomboèdre (page 12, *fig.* 1). — Densité : 2,7. — Dureté : 3 ; facilement rayé par le couteau. — Réfraction double à un très-haut degré. Il suffit de poser un rhomboèdre de clivage transparent sur une ligne noire pour voir deux images de cette ligne. — Au chalumeau, le calcaire se gonfle et se réduit, sans fusion, en chaux vive reconnaissable à sa saveur caustique. — Soluble avec une vive effervescence dans l'acide nitrique normal.

Ce minéral doit être regardé comme le plus classique de tous, à l'égard surtout des formes variées sous lesquelles il se présente.

Le calcaire cristallisé, limpide dans le spath d'Islande, est légèrement blanchâtre ou jaunâtre dans le spath calcaire ordinaire (2). Les cristaux, bien qu'ils soient très-nombreux, peuvent être rapportés à trois genres seulement de formes simples ; savoir : le rhomboèdre (page 49, *fig.* 63), le scalénoèdre (page 50, *fig.* 67) et le prisme hexagonal. Ces polyèdres, variés par les angles et combinés de diverses ma-

---

(1) Plusieurs minéralogistes ont adopté le nom de *calcite* pour cette espèce minéralogique, réservant celui de *calcaire* pour la même matière considérée comme roche.

Analyse du spath d'Islande.	Acide carbonique. .	43,71
	Chaux.	56,29
		100,00

(2) On donne ce nom à toutes les variétés cristallines et particulièrement aux masses laminaires ou clivables.

nières, suffisent pour donner presque tous les cristaux composés. Les formes les plus fréquentes sont : un rhomboèdre très-obtus, appelé *équiaxe*, seul ou combiné avec le prisme hexagonal ; un rhomboèdre assez aigu (*inverse*) ; et le scalénoèdre *métastatique* (page 50, *fig.* 67). La figure 68 (page 51) représente un cristal (*analogique*, H.) composé de ces trois formes simples. Il est remarquable que le rhomboèdre primitif ne se rencontre presque jamais qu'à l'état de combinaison, comme, par exemple, dans la figure 66, où il forme la terminaison du métastatique. Les cristaux se trouvent, le plus souvent, dans les cavités géodiques des calcaires communs et des filons.

Cette espèce offre toutes les variétés de structure que nous avons appelées cristallines : bacillaire, aciculaire, fibreuse, laminaire, lamellaire, saccharoïde, grenue et la structure compacte. On y trouve aussi toutes les configurations et les structures concrétionnées, stalactites, rognons, grumeaux, oolites et pisolites. C'est sa substance que l'on fait précipiter sur ces divers objets et sur des moules, pour obtenir ces incrustations artificielles dont il a été question dans nos généralités.

Le calcaire, même sans perdre l'état cristallin, est susceptible de se combiner avec de petites proportions de carbonate de magnésie, de fer, de manganèse. Des mélanges plus ou moins grossiers constituent des calcaires communs qui peuvent être siliceux, marneux, ferrugineux, bitumineux, arénifères, et qui ne sont alors intéressants qu'au point de vue géognostique.

Le calcaire commun est un des principaux éléments des terrains sédimentaires de toutes les époques. Il y a aussi, notamment dans le Jura, des couches entières composées d'oolites. Le calcaire compacte joue réellement un rôle dans la composition des terrains de cette sorte et surtout dans les étages supérieurs où les variétés les plus fines sont exploitées comme pierres lithographiques. Les calcaires qui contiennent une grande quantité d'argile ont la propriété de se désagréger ou de se déliter sous l'influence de l'air humide et des variations de la température, et sont utilisées, sous le nom de *marnes*, en agriculture. La plupart des calcaires communs sont exploités comme pierres de construction et fournissent, par la calcination, de la chaux grasse, maigre, ou hydraulique. Cette dernière s'obtient avec des variétés plus ou moins mélangées. La *craie* n'est autre chose qu'un calcaire terreux presque pur, matière première du blanc d'Espagne.

Les masses cristallines, lamellaires, saccharoïdes, grenues constituent les principaux marbres.

On appelle *marbre* d'une manière générale, dans les arts, toute matière minérale naturelle, d'une dureté suffisante, susceptible de prendre un assez beau poli pour être employée dans la décoration architecturale ou l'ameublement. Il y a des marbres de plusieurs espèces (granite, porphyre, serpentine, anhydrite); mais les seuls qui soient fréquemment et habituellement employés (marbres proprement dits), sont les marbres calcaires. Ces marbres sont très-variés.

En première ligne il faut placer les marbres *salins* ou *statuaires*, qui ne sont autre chose que des calcaires très-cristallins, blancs, grenus ou saccharoïdes (Carrare sur la côte de Gênes, Saint-Béat dans les Pyrénées, Paros en Grèce). Il y a aussi des marbres presque compactes, unicolores, comme le *jaune de Sienne*, le marbre *noir* de Belgique; d'autres offrent des veines de diverses couleurs sur fond uniforme, comme le *portor* dont les veines jaunes sur noir produisent le plus bel effet; d'autres encore offrent des taches concrétionnées blanchâtres sur un fond rouge, comme l'*incarnat* du Languedoc. Parmi les marbres mélangés nous signalerons les calcaires amygdalins entrelacés par des feuillets schisteux, qu'on appelle *griotte* (Aude, Pyrénées) lorsqu'ils sont rouges, et marbre de *Campan* quand le schiste mélangé est vert (vallée de Campan). On

peut distinguer encore des marbres *brèches*, qui sont composés de pièces calcaires de couleurs variées ressoudées
par un ciment de même substance (brèche de Médous près
Bagnères, brèche fleurie). Les *brocatelles* sont des brèches
à petits éléments de forme indéterminée, dont le type est
la brocatelle jaune d'Espagne. Nous croyons pouvoir annexer aux brèches les marbres noirs veinés de blanc, qu'on
désigne par les noms de *grand antique* et de *petit antique*.
Ces marbres ne sont, en effet, que des calcaires noirs fen-
dillés par des secousses souterraines et consolidés sur place
par des infiltrations de spath calcaire. On pourrait leur rapporter encore le marbre de *Sarrancolin* bréchoïde à grandes veines ou taches d'un rouge de sang (vallée d'Aure
dans les Pyrénées). — Il y a enfin des marbres qui sont
particulièrement remarquables par les débris organiques
qu'ils empâtent d'une manière plus ou moins uniforme.
Dans cette catégorie se trouve le marbre noir à encrines
ou *petit granite* qu'on exploite près de Mons et qui est si
employé à Paris. Ceux de ces marbres où les coquilles
sont très accumulées de manière à occuper presque toute
la surface des tranches, sont désignés particulièrement
par le nom de *lumachelle*. — Les stalactites ou stalagmites
en masse à disposition zonaire dont le tissu est fin et dont
les couleurs, presque toujours pâles, sont néanmoins assez
agréables, forment la matière de l'*albâtre* calcaire, le véritable albâtre des anciens.

Aragonite. = Cette espèce emprunte un assez grand
intérêt à la particularité d'offrir un cas d'isomérie prononcé,
le premier qui ait été reconnu. En effet, avec une substance identique à celle du calcaire, elle a une forme et
des propriétés essentielles différentes. — Forme primitive :
prisme ortho-rhombique de 116°. — Densité : 2,93. — Dureté : 3,75.

On voit que la densité et la dureté sont supérieures à celles
du calcaire. De plus l'aragonite offre une cassure vitreuse

qui contraste avec le clivage si facile de l'autre espèce.

Presque toujours les cristaux sont des groupes. Les plus fréquents sont composés de cristaux élémentaires prismatiques et simulent, dans leur ensemble, des prismes à six et à sept pans. Ces derniers offrent des angles rentrants très-obtus. Ces cristaux complexes, dont les faces latérales sont souvent aussi lisses que celles des cristaux simples, gisent au milieu de certaines argiles de part et d'autre et au pied des Pyrénées. L'Auvergne offre de belles variétés bacillaires et aciculaires qui remplissent des cavités dans des roches basaltiques. Enfin l'aragonite en cristaux aciculaires se trouve dans certains filons ferrugineux où l'on rencontre aussi une variété concrétionnée coralloïde blanche appelée *flos ferri*.

La carbonate de chaux se dépose encore sous nos yeux sous la forme d'aragonite dans le parcours des eaux de Vichy, lorsqu'elles ont encore une haute température. En général cette espèce semble avoir été formée par des eaux calcarifères douées d'une thermalité prononcée.

Il est probable que c'est à ce type qu'il faut rapporter une variété d'albâtre calcaire que sa translucidité et la finesse de sa pâte ont fait distinguer par le nom d'*albâtre oriental* (onyx de l'Algérie).

Dolomie (*chaux carbonatée magnésifère.* = La dolomie, ainsi appelée en l'honneur de Dolomieu, qui, le premier, attira l'attention sur la variété saccharoïde du Saint-Gothard, a été considérée par Haüy comme une sorte magné-sifère du calcaire ; mais aujourd'hui on y voit une espèce particulière qui est très-voisine toutefois de celle que nous venons de nommer. — Substance : double carbonate de chaux et de magnésie (1). — Forme primitive : rhomboè-

(1) Analyse (Berthier).	Acide carbonique.. . . .	46,60
	Chaux.	30,00
	Magnésie..	21,00

dre de 106° 5'. — Densité : 2,85 à 2,9. — Dureté : entre 3 et 4. — Ses couleurs sont généralement très-faibles. Les variétés cristallines ont un certain éclat, tenant du nacré ou du perlé, qui aide à les faire reconnaître. — La dolomie a été appelée *chaux carbonatée lente*, parce qu'elle se dissout dans l'acide nitrique avec une effervescence lente et tranquille, caractère excellent pour la faire distinguer du calcaire.

Tandis que le calcaire se refuse, pour ainsi dire, à montrer à l'extérieur sa forme primitive, la dolomie, au contraire, l'offre presque exclusivement, et ses variétés amorphes, qui sont presque toujours cristallines, saccharoïdes, grenues, compactes, paraissent n'être autre chose que des agrégats de petits rhomboèdres primitifs tout formés. Les cristaux rhomboédriques de la dolomie sont habituellement courbés ou contournés et ont en général un éclat perlé.

Cette espèce forme des dépôts restreints dans plusieurs formations où elle est associée au calcaire. La variété saccharoïde du Saint-Gothard, remarquable par les minéraux variés qui s'y trouvent disséminés en cristaux, est intercalée dans les schistes talqueux. Il y a aussi parmi les blocs de la Somma rejetés par l'ancien Vésuve une dolomie cristalline qui renferme aussi plusieurs minéraux silicatés. C'est dans les filons principalement que l'on rencontre les tapis cristallins que les anciens minéralogistes appelaient *spath perlé*, et dont la plupart sont formés par la réunion de petits rhomboèdres contournés de dolomie ordinairement ferrifère ou manganésifère.

Globertite (*magnésie carbonatée*). = Ce minéral, qui, dans son état de pureté, ne contient que du carbonate de magnésie, existe sous forme de rhomboèdre primitif de 107° 25' dans certains schistes talqueux du Tyrol. — Une couleur légèrement brunâtre lui est assez habituelle. — Il offre à peu près la densité et la dureté de la dolomie ; mais il se dissout dans l'acide nitrique avec une effervescence plus prononcée. — Elle existe à l'état compacte dans l'île d'Eubée et en rognons subterreux blancs à Baldissero, près de Turin. Celle-ci est toujours plus ou moins mélangée de magnésite.

Genre : **Fluorure.**

Fluorine (*chaux fluatée, spath fluor*). = Substance : fluorure de calcium (1). — Forme primitive : octaèdre régulier; clivage facile parallèlement aux faces de ce solide. — Densité : 3,1 à 3,2. — Dureté : 4, rayée par le couteau. — Fusible au chalumeau en une perle blanche. — Fréquemment phosphorescente sur une pelle échauffée. — Sa poussière, traitée par l'acide sulfurique concentré, laisse dégager des vapeurs d'acide fluorhydrique qui corrodent le verre.

La fluorine est presque toujours cristallisée. C'est une des plus belles espèces minérales par le volume et la netteté de ses cristaux et par la variété et la beauté de ses couleurs accidentelles (le violet, le vert, le jaune de vin). Sa forme habituelle est le cube, ordinairement simple, mais quelquefois bordé (page 43, *fig.* 42). Elle se montre aussi sous la forme de l'octaèdre régulier et de l'hexa-tétraèdre (page 43, *fig.* 43). Il en existe des variétés concrétionnées et d'autres à texture compacte.

Cette espèce gît essentiellement dans les filons. Les plus beaux cristaux nous viennent des mines de Gerdsdorf en Saxe. Les filons du Derbyshire en offrent une variété largement concrétionnée, à texture vitreuse et en même temps fendillée ou étonnée, où l'on remarque des zones d'un violet très-agréable. Elle a été utilisée pour la confection de petits vases, de socles, de coupes, etc...

(1) Analyse. { Fluor. 48,05
{ Calcium. 51,87

- Genre : **Phosphate.**

Apatite (*chaux phosphatée*). = Substance : phosphate de chaux, plus 10 p. 100 de fluo-chlorure de calcium. — Forme primitive : prisme hexagonal régulier. — Densité : 3,1 à 3,2. — Dureté : 5 ; rayée difficilement par le couteau. C'est le plus dur des haloïdes à base calcaire. — Soluble sans effervescence dans l'acide nitrique. — Presque infusible au chalumeau.

L'apatite est presque toujours cristallisée. Elle n'est jamais colorée d'une manière bien vive : les teintes ordinaires sont le vert d'eau clair, le vert et le violet, quelquefois le blanc et le brun. Elle affecte fréquemment la forme d'un prisme hexagonal simple ou légèrement modifié. — Les cristaux de Murcie, qu'on a nommés *spargelstein* à cause de leur couleur vert d'asperge, sont terminés par des pyramides (page 15, *fig.* 3).

L'apatite proprement dite ou cristalline forme des filons dans les terrains anciens, notamment dans la province de Cacerès (Estramadure), où elle traverse le granite. Mais ses cristaux se trouvent plus habituellement dans les filons métallifères, notamment dans ceux qui offrent le minerai d'étain. On en a découvert assez récemment de magnifiques, ayant jusqu'à 30 centimètres de longueur, dans certains calcaires du Canada. — Le spargelstein appartient particulièrement au terrain volcanique.

Phosphorite. — On donne ce nom à des phosphates calcaires, souvent impurs, lithoïdes, subterreux concrétionnés, qui jouissent fréquemment d'une phosphorescence prononcée. Dans ce dernier cas est la variété lithoïde de Logrosan (Estramadure) et la terre de Marmarosh (Hongrie). Ces phosphorites sont recherchées et exploitées pour les besoins de l'agriculture. Nous citerons particulièrement celle du Quercy, assez récemment découverte, qui forme de riches dépôts concrétionnés au sein d'un calcaire tertiaire, où elle a été amenée par des eaux et des vapeurs thermales. Il faut également signaler la phosphorite impure qui se trouve en nodules disséminés dans le grès vert du bassin de Paris, et notamment dans celui de la perte du Rhône, où elle a remplacé la substance des coquilles fossiles qui abondent dans cette localité.

Turquoise. = Minéral d'un bleu céleste caractéristique dû à une petite proportion de cuivre. — Sa densité est entre 2,8 et 3. — Plus dure que l'apatite. — C'est chimiquement un hydro-phosphate d'alumine contenant 4 à 5 p. 100 d'oxyde de cuivre et d'oxyde de fer.

Elle se trouve en Perse, sous forme de petits rognons, dans des veines d'argile ferrugineuse, au milieu d'un schiste.

La turquoise est très-estimée en joaillerie. On la taille en *cabochon*, forme comparable à celle d'une goutte de suif, courbe en dessus, plane en dessous. Entourée de petits diamants, cette pierre produit un effet des plus agréables.

Il ne faut pas la confondre avec des matières de même couleur qui ne sont autre chose que des fragments de dents de mastodontes fossiles (Simorre dans le Gers) naturellement colorés par du phosphate de fer, et qui sont néanmoins employées sous le nom de turquoise de nouvelle roche.

Genre : **Borate**.

Boracite (*magnésie boratée*). = Cette espèce, dont la substance est un borate de magnésie, ne se trouve qu'en petits cristaux isolés au milieu du gypse, à Lunebourg (Brunswick) et à Segebert (Holstein). Ces cristaux sont des cubes très-nets, de couleur grisâtre ou incolores, modifiés sur les arêtes et sur les angles ; mais ces dernières

modifications sont constamment dissymétriques par hémiédrie (voyez page 33, *fig.* 32), circonstance qui est en rapport avec la propriété que possède la boracite d'offrir au
moins huit pôles pyro-électriques, situés aux extrémités
des diagonales du cube. Nous avons fait voir (page 35) que
que ce cube devait être considéré comme étant constitué
par des molécules tétraédriques, et que, en général, les formes de la boracite dérivaient tout naturellement du tétraèdre régulier.

DEUXIÈME ORDRE. — PIERRES PROPREMENT DITES.

Les pierres qui constituent cet ordre sont caractérisées
chimiquement par l'absence d'un acide proprement dit
dans leur composition. Leur minéralisateur est la silice. Il
n'y a à cet égard que cinq exceptions, qui sont offertes par
la famille des gemmes. — Généralement, à part les zéolites
et les cozéolites, les minéraux de cet ordre sont inattaquables par les acides ordinaires et ont une dureté supérieure
à celle des pierres haloïdes.

1re Famille. — Gemmes.

Le nom de *gemmes* indique que les minéraux qui composent cette famille sont les pierres les plus parfaites et les plus fines, celles que l'on
estime le plus en joaillerie. Leur éclat est généralement vif et leurs
couleurs accidentellement variées et agréables. On les trouve presque
exclusivement en cristaux le plus souvent isolés. — La dureté des gemmes, comprise entre 6 et 10, est supérieure à celle des autres pierres :
elle leur permet de rayer facilement le verre : la plupart même raient le
quartz. — La fusibilité est nulle pour toutes les espèces, sauf pour le
grenat, l'idocrase et l'axinite. — Les cinq premières espèces forment une
section caractérisée par l'absence de la silice, qui est le minéralisateur
par excellence pour toutes les autres pierres proprement dites. Il est
bien remarquable que dans ce petit groupe exceptionnel, dont la composition d'ailleurs est des plus simples, se trouvent les trois pierres les
plus précieuses : le diamant, le corindon, le spinelle.

a. Non silicatées.

Raient fortement le quartz; gisement principalement arénacé.

Diamant. = Cette espèce, la plus parfaite des gemmes, est la seule pierre qui soit composée d'une substance simple; cette substance est le carbone pur. — Forme primitive : octaèdre régulier; clivage net parallèlement aux faces de ce solide. — Densité : 3,52 à 3,55. — Dureté : 10; raie tous les minéraux, n'est rayé par aucun. — Infusible et à peu près inattaquable au feu du chalumeau : brûle complétement dans un courant d'oxygène, en se transformant en acide carbonique. — Le diamant, lorsqu'il a été clivé et taillé ou poli, jouit d'un éclat très-vif et en même temps gras, très-agréable et caractéristique, qu'on a appelé *adamantin*; il réfracte très-fortement la lumière. — Limpide dans son état le plus ordinaire, il est susceptible de prendre accidentellement des teintes vert d'eau, rose, jaune et même noire, très-rarement bleue.

Il est presque constamment en cristaux isolés, à faces légèrement bombées, qui dérivent d'un octaèdre régulier et qui ont ce solide pour forme dominante. La figure 48, page 45, représente une des formes composées les plus habituelles; il existe aussi des solides à quarante-huit faces. Ces cristaux se trouvent adventivement dans les alluvions anciennes et jamais dans les gisements charbonneux. C'est de l'Inde et du Brésil que viennent les plus beaux individus. — Jusqu'à ces derniers temps on ne connaissait le diamant qu'à l'état cristallisé; mais on a rencontré récemment cette gemme en petites masses arrondies, à texture compacte, grises ou brunes à l'extérieur, et qui ont, du reste, toutes les propriétés physiques que nous avons signalées dans les cristaux.

Le diamant constitue la gemme la plus précieuse et la

plus recherchée. On le taille en *brillant* et en *rose*. La taille
en brillant, qui ne se donne qu'aux diamants ayant une
certaine épaisseur et destinés à être montés à jour, favorise
singulièrement l'éclat et les jeux de lumière. Elle consiste
à produire, au-dessus de la pierre, une large face ou table
qu'on entoure de facettes inclinées en divers sens. La partie
inférieure, dans ce mode de taille, se compose de longues
facettes convergeant en pointe à l'extrémité. La taille en
rose a été imaginée pour des pierres peu épaisses ou bombées seulement d'un côté. Elle produit au-dessus une saillie facettée et laisse le dessous plat engagé dans la mon-
ture.

Le diamant n'est jamais d'un volume considérable. Le
plus gros que l'on puisse citer est celui du rajah de Matan
à Bornéo : il pèse 360 karats ou 61 grammes 50. Il vaut
plus de douze millions. Celui qui appartient à la couronne
de France, et qu'on nomme le *Régent*, ne pèse que 136 karats ; mais il est remarquable par sa belle forme et par sa
parfaite limpidité. Sa valeur est d'environ cinq millions.
Nous signalerons encore le *Koh-i-noor* ou *montagne de lumière*, diamant de l'Inde, de 186 karats, qu'a fait connaître
l'exposition universelle de Londres, et l'*Etoile du Nord*,
originaire du Brésil, pierre cristallisée, pesant 254 karats
ou 52 grammes, mais qui a dû être réduite, par la taille, à
122 karats. Celui-ci figurait à l'exposition universelle de
Paris en 1855.

Corindon. = On peut distinguer, dans cette pierre, trois
sortes qui sont : la *télésie*, l'*harmophane* et l'*émeri*, qui ont
à peu près les mêmes propriétés fondamentales. — Substance : alumine pure. — Forme primitive : rhomboèdre de
86°. — Densité : 4. — Dureté ; 9, la plus grande après
celle du diamant. — Infusible au chalumeau.

Télésie. — A cette sorte se rapportent toutes les pierres
précieuses dites *orientales* et auxquelles on donne d'ailleurs
différents noms suivant leurs couleurs, qui sont le bleu

(saphir), le rose (rubis oriental), le jaune (topaze orientale), etc... — La forme la plus habituelle est un dodécaèdre bi-pyramidal (di-hexaèdre plus ou moins aigu, souvent fusiforme par oblitération. — Ces cristaux précieux se trouvent, comme le diamant, dans les terrains d'alluvion formés aux dépens de roches anciennes ; ils sont presque toujours arrondis sur leurs arêtes (Pégu à Ceylan ; ruisseau d'Expailly, près le Puy en Velay).

Harmophane. — Ce nom indique que le corindon auquel il se rapporte est lamelleux et clivable. Cette sorte offre, en effet, trois clivages égaux et assez faciles qui conduisent au rhomboèdre primitif. — Ses teintes les plus fréquentes sont le gris verdâtre, le brun et même le rose ; elles ne sont jamais vives et agréables comme celles de la télésie. Cette pierre, d'ailleurs, n'offre qu'un très-faible degré de transparence.

La forme habituelle de l'harmophane est un prisme hexagonal rugueux à la surface. Celui de la Chine offre des reflets bronzés sur la base du prisme et des stries parallèles aux arêtes basiques. Il gît dans le micaschiste (Thibet, Chine, Suède), dans le granite et dans certaines dolomies (Saint-Gothard).

Emeri ou **Emeril.** — Cette sorte, habituellement ferrifère et colorée en gris, en brun et en rougeâtre, se trouve disséminée en petites masses grenues dans le micaschiste (Naxos, Ephèse en Asie Mineure, Inde).

L'émeri est employé, à cause de sa grande dureté, à user et à polir les glaces, les métaux, les pierres fines.

Périclase. = Ce minéral est remarquable par sa composition, qui n'admet, comme principe essentiel, que la magnésie. — Il se trouve dans les dolomies de la Somma, au Vésuve, en petits cristaux verts octaèdres. Ces cristaux sont clivables sur leurs angles, circonstance qui a suggéré le nom donné à l'espèce.

Spinelle. = Substance : aluminate de magnésie. — Forme

primitive : octaèdre régulier. Densité : 3, 5. — Dureté : 8.
— Infusible au chalumeau.

Ce minéral comprend plusieurs sortes ou variétés, distinctes par la couleur, le gisement et par de légères différences de composition.

Elles sont presque toujours cristallisées en octaèdres simples ou hémitropes. On leur a donné les noms suivants : *spinelle* (rose), *candite* et *pléonaste* (noirés), *ceylanite* (verte), *rubis balai* (rouge vinaigre). — La plus remarquable et la plus estimée en joaillerie est le *rubis spinelle* qui est d'un beau rose ponceau. Elle se rencontre, comme le diamant et la télésie, dans les sables d'alluvion qui résultent du lavage des terrains anciens.

Cymophane. = Gemme d'un vert très-tendre assez estimée, à laquelle on donne dans le commerce le nom de *chrysolite orientale*, composée d'alumine et de glucine. Sa dureté 8,5 lui permet de rayer fortement le quartz. — On la trouve en cristaux émoussés dans les terrains d'alluvion de Ceylan et du Brésil.

b. Gemmes silicatées.

Emeraude. = Substance : silicate d'alumine et de glucine. — Forme primitive : prisme hexagonal régulier. — Densité : 2,7. — Dureté : 7,5 à 8. — Difficilement fusible au chalumeau. — La couleur habituelle de cette espèce est le vert; il y en a pourtant de presque incolores, et l'île d'Elbe en fournit qui offrent des teintes rosées.

L'émeraude peut être divisée, eu égard à la couleur, en deux variétés principales : l'*émeraude* proprement dite qui est d'un beau vert, et le *béryl* qui offre des teintes verdâtres plus ou moins claires. On appelle particulièrement *aigue-marine* les cristaux dont la couleur est intermédiaire entre le vert clair et le bleu. L'une et l'autre variétés se présentent habituellement en cristaux prismatiques simples (page 47, *fig.* 56), et, dans certains cas, sous des formes composées dans lesquelles le prisme domine toujours avec ses bases (page 48, *fig.* 58, et page 49, *fig.* 62).

Le béryl se trouve principalement dans la pegmatite ou dans le granite à gros éléments où il forme quelquefois, comme dans le Limousin, des prismes d'un volume très-considérable, mais d'un aspect lithoïde. La Sibérie fournit de beaux canons de béryl vitreux. Les plus belles aigues-marines viennent de la province de Minas-Géraës, au Brésil.

L'émeraude d'un beau vert est beaucoup plus rare que le béryl : elle acquiert une grande valeur lorsque à une riche couleur elle joint l'absence de tout défaut. Les plus belles émeraudes se trouvent près de Bogota (Nouvelle-Grenade) où elles gisent au sein d'un calcaire noir secondaire. On en a exploité aussi jadis dans la haute Egypte. Là elles paraissent avoir pour matrice un schiste micacé. On attribue cette dernière provenance à l'émeraude qui orne la tiare du souverain pontife, et qui a la forme d'un cylindre court et arrondi à l'une des extrémités, de 27 millimètres de longueur sur 34 de diamètre.

Topaze. = Substance : fluosilicate d'alumine. — Forme primitive : prisme ortho-rhombique de 124° 20′. — Clivage facile parallèlement à la base. — Densité : 3,5. — Dureté : 8. — Infusible.

La topaze se présente toujours en cristaux prismatiques plus ou moins modifiés, surtout à la base qui peut être remplacée par un biseau ou par une pointe. Ces cristaux sont ordinairement nets et faciles à reconnaître. — Sa couleur la plus habituelle est le jaune; mais cette couleur n'est pas essentielle et il existe des topazes d'un bleu céleste clair et d'autres qui sont incolores et limpides. — Les cristaux offrent un aspect différent suivant qu'ils proviennent de Saxe, de Sibérie ou du Brésil; de là trois variétés assez distinctes. Les topazes de Saxe sont, en général,

terminées par une petite base et entourées de facettes obliques, et leur couleur est le jaune paille. Celles de Sibérie
sont incolores ou légèrement bleuâtres et se terminent,
le plus souvent, en biseaux. Celles du Brésil ont une couleur
jaune orangé ou jaune de vin et sont en prismes allongés
pyramidés.

On a rapporté à la topaze un minéral lithoïde blanchâtre,
en masses bacillaires opaques, qui a identiquement la
même composition et, jusqu'à un certain point, les mêmes
caractères essentiels : c'est la *pycnite*.

La topaze appartient, en général, comme le béryl, aux
roches granitiques et surtout à la pegmatite. Toutefois
celle du Brésil, la seule qui jouisse de quelque estime en
joaillerie, se trouve dans une chlorite schisteuse d'où elle
a souvent été entraînée par les eaux dans les dépôts d'alluvion les plus voisins. La pycnite gît à Altenberg en Saxe
dans les filons stannifères.

Zircon. = Substance : silicate de zircone. — Forme primitive ; le prisme carré. — Densité : 4,5 à 4,68, la plus
pesante des gemmes. — Dureté : 7,5, raie le quartz. — Infusible. — Jouissant, à un haut degré, de la double réfraction. Éclat en même temps vif et gras, caractéristique. —
Sa couleur est tantôt le rouge brunâtre (*hyacinthe* de Werner), tantôt le jaune brunâtre ou grisâtre (*zircon*).

Ce minéral est toujours en cristaux isolés qui ont la
forme d'un prisme carré ou octogonal épointé d'une manière directe (page 53, *fig.* 73) ou alterne (*fig.* 75). Ces cristaux sont disséminés au milieu des roches granitiques riches en feldspath et dans certaines syénites (Norwège).
L'hyacinthe se trouve plutôt dans les roches volcaniques.
— Le mode de gisement le plus habituel est encore le mode
arénacé ou alluvial. On en trouve beaucoup, notamment
dans le ruisseau d'Expailly, près le Puy en Velay, qui
proviennent de roches volcaniques et particulièrement du
basalte qui constitue le sol fondamental de cette contrée.

— La variété qu'on appelle *hyacinthe* est la plus employée en joaillerie, mais elle n'y est considérée que comme une pierre d'un ordre secondaire. Le zircon incolore (*jargon*) a beaucoup de rapport avec le diamant et quelquefois a été donné comme tel.   :

Péridot. = Substance : silicate de magnésie et de fer (protoxyde). — Forme primitive : prisme rectangulaire droit. — Densité : 3,3 à 3,4. — Dureté : 6,5 ; raie difficilement le verre. — Infusible. — Eclat vitreux. — Couleur verte.

L'espèce *péridot* d'Haüy peut être divisée en deux sortes : le *chrysolite* (Werner) qui est toujours cristallisée et dont le vert est assez agréable. Depuis longtemps elle est employée par les joailliers, qui ne lui accordent pas une grande estime, si du moins on s'en rapporte à ce dicton : « Qui a deux péridots en a trop. »

La seconde sorte (*olivine*, Werner) est, ainsi que l'indique ce dernier nom, d'un vert d'olive clair ; elle se présente toujours en masses granulaires. Elle forme des nœuds dans les basaltes de tous les pays et dans les cavités de certains fers météoriques signalés par Pallas ; d'après M. Damour, elle entre pour une grande part dans la composition de la roche pyrénéenne appelée *lherzolite*.

La chrysolite a un mode de gisement alluvial et provient de l'Orient. On en a trouvé à la Somma et dans le ruisseau d'Expailly ; celles-ci ont évidemment une origine volcanique.

Grenat. = Cette espèce, presque toujours cristallisée en dodécaèdres rhomboïdaux (page 44, *fig.* 45) ou en trapézoèdres (page 44, *fig.* 46), offre des couleurs variées qui correspondent à des variations dans la nature et dans la quantité des bases qui entrent dans sa composition. De là différentes sortes à chacune desquelles correspond une couleur particulière. Voici les caractères généraux de l'espèce :

Substance composée de deux silicates de bases différentes; l'une des bases ayant trois atomes d'oxygène (alumine, péroxyde de fer) et l'autre base, un seul atome (chaux, magnésie, protoxyde de fer). — Densité : 3,6 à 4,2. — Dureté : de 7 à 8; la plupart des grenats raient le quartz. — Fusibles.

Il y a des grenats incolores, notamment au pic d'Ereslitz près Barèges, et dans l'Oural; mais la plupart sont colorés. Les principales sortes établies sur ce caractère sont : le *grossulaire* (vert), l'*almandin* (rouge), le *mélanite* (noir). — Ce dernier se trouve principalement dans les roches volcaniques (Vésuve), où il affecte constamment la forme de dodécaèdres souvent émarginés. Il y en a cependant dans le calcaire de transition des Pyrénées (*pyrénéite*). Ceux-ci, de même forme que les premiers, ont un volume beaucoup moindre. La dureté du grenat mélanite est inférieure à celle des autres sortes, et sa densité un peu supérieure. — L'*almandin* est la sorte la plus commune et son mode de gisement est la dissémination dans les gneiss, les micaschistes et stéaschistes de tous les pays. Il y en a de très-gros dans le Tyrol.

Une variété d'un beau rouge violacé (*syrien*) est recherchée en joaillerie; il en est de même d'une autre variété d'un éclat vif et d'une couleur rouge orangé clair du Tyrol qu'on appelle *vermeil*. On emploie aussi un joli grenat, en grains arrondis, d'un rouge vif (*pyrope*) qui vient de Bohême.

Généralement ces grenats sont en cristaux isolés dont la forme est presque toujours le dodécaèdre rhomboïdal ou le trapézoèdre; mais il y a aussi des variétés compactes, notamment celle dont l'éclat résineux a suggéré le nom de *colophonite*.

Idocrase. = Minéral peu employé comme gemme, ressemblant beaucoup au grenat dont il a presque la composition. — Ses cristaux portent tous l'empreinte d'un prisme carré. Ils sont en général très-nets, quel que soit le nombre de facettes dont les bords sont chargés, et souvent d'un beau volume. — La couleur habituelle est le vert d'herbe (Piémont) ou le vert de poireau (Sibérie, Pyrénées). — Une variété brune qui se trouve dans les roches métamorphiques de la Somma a été employée en joaillerie sous le nom de *vésuvienne*. Les autres affectent comme gisement les schistes talqueux et micacés et les calcaires métamorphiques (pic d'Arbizon dans les Pyrénées).

Tourmaline. = Substance : silicate d'alumine de fer et d'un alcali, avec 2 à 5 p. 100 de bore. — Forme primitive : pyramide triangulaire obtuse à base équilatérale. — Densité : 3. — Dureté : 8. — En général fusible avec boursouflement. — Eclat vitreux ; dichroïte dans ses variétés translucides. — Eminemment électrique par la chaleur.

La tourmaline pourrait former deux ou trois sortes, mais il n'en est qu'une qui soit assez importante pour être comprise dans notre description. C'est celle que quelques auteurs appellent *schorlique*, parce qu'elle constituait, dans l'ancienne minéralogie, un des principaux types du *schorl*. — Elle affecte habituellement la forme d'un prisme à six on à neuf pans, à section triangulaire et à dissymétrie terminale (page 52, *fig*. 70). On la trouve aussi en masses à structure bacillaire ou aciculaire. — La couleur de cette sorte est constamment le noir, auquel cas elle est à peu près opaque, ou le brun très-foncé. — Elle se montre très-fréquemment dans les filons de quartz, dans la pegmatite et dans le schiste micacé. — Les autres tourmalines sont vertes, bleues ou roses. Cette dernière résiste au feu du chalumeau. C'est la seule qui soit un peu estimée en joaillerie.

Axinite. = Minéral vitreux, borifère comme la tourmaline, d'un brun violâtre, remarquable par ses cristaux qui ont pour forme dominante un prisme bi-oblique aplati d'avant en arrière et tranchant sur les bords (page 60, *fig*. 94), d'où le nom d'*axinite*. — Densité : 3,27. — Dureté : 6,5.

Les plus beaux cristaux d'axinite, qui ont une teinte d'un brun de girofle assez caractéristique, viennent de l'Oisans (Isère) et du pic d'Ereslitz près Barèges (Pyrénées). Une variété massive d'une teinte violacée très-agréable se trouve empâtée dans le calcaire métamorphique du pic d'Arbizon (Hautes-Pyrénées), où elle accompagne l'idocrase et le grenat.

Cordiérite (*dichroïte*). = Minéral vitreux de couleur bleue, dont les cristaux dérivent d'un prisme hexagonal. Elle est constituée chimiquement par un silicate d'alumine uni à un silicate de magnésie et de fer. — Sa densité est comprise entre 2,55 et 2,6, et sa dureté est 7. — Elle est bleue dans le sens de l'axe du prisme et d'un gris jaunâtre lorsqu'on la fait traverser par la lumière perpendiculairement à cette direction ; d'où le nom de *dichroïte* adopté par plusieurs auteurs.

Certaines variétés d'un beau bleu qui viennent de Ceylan sont employées par les joailliers sous le nom de *saphir d'eau.*

On trouve principalement la cordiérite à Bodenmaïs en Bavière et au Groënland, dans le micaschiste. Il en existe aussi dans les roches trachytiques du cap de Gate (Espagne). Celle-ci avait reçu primitivement le nom d'*iolite.*

2ᵉ Famille. — Quartzeux.

Cette famille ne contient réellement que le quartz, si l'on veut considérer cette espèce aussi largement que le faisait Haüy. En se plaçant à ce point de vue, il faut y distinguer trois sortes au moins, savoir : le *quartz hyalin,* l'*agate,* l'*opale,* qui sont liées entre elles par une substance commune, la silice, par l'infusibilité et par des densités et des duretés très-voisines. — La première est la seule qui offre des formes régulières ; les autres ont une grande tendance à se concrétionner, et ne sont susceptibles, par conséquent, que de configurations arrondies ou mamelonnées.

Quartz. = **Quartz hyalin.** — Substance : silice pure. —

Forme primitive : rhomboèdre de 94°. — Densité : 2,65. — Dureté : 7; raie le verre et presque tous les minéraux; fait feu au briquet. —Eclat vitreux. — Sa cassure est analogue à celle du verre ou du cristal artificiel, dont il se distingue par son infusibilité et par sa dureté; il ne manifeste aucune tendance au clivage.

Dans son état le plus parfait, le quartz hyalin est incolore, limpide et affecte des formes cristallines très-nettes qui sont habituellement des prismes hexagonaux pyramidés portant ou non des facettes plagièdres (page 48, *fig.* 59 et page 52, *fig.* 69) ou des di-hexaèdres qu'il faut considérer comme des di-rhomboèdres (*fig.* 60). — Le quartz hyalin est, en général, incolore (*cristal de roche*); mais, dans certaines circonstances, il prend diverses teintes très-agréables sans perdre sa transparence, comme le violet (*améthyste*), le jaune, le brun de fumée, par des atomes de matières étrangères, et, dans cet état, il fournit à la joaillerie des pierres qui ne sont jamais d'un grand prix, mais qui ne laissent pas que de produire un certain effet. — Des mélanges plus considérables et plus grossiers peuvent aussi le colorer en altérant beaucoup sa transparence (quartz *hématoïde*, quartz *chlorité*). — Le quartz *hématoïde* (hyacinthe de Compostelle) est rouge par un mélange d'oxyde de fer, et il est remarquable que cette cause d'impureté, loin de nuire à la forme des cristaux, semble y avoir apporté un degré de perfection assez rare dans le quartz ordinaire. En effet, ces cristaux consistent en des prismes bi-pyramidés de petites dimensions, mais dont les faces sont parfaitement proportionnées. — Il faut citer à part la pierre qu'on appelle *œil-de-chat*, qui n'est autre chose, dans le plus grand nombre des cas, qu'un quartz hyalin devenu chatoyant par l'incorporation de filaments très-fins d'amiante.

Le quartz *commun*, qui forme des filons dans les terrains anciens de tous les pays, n'est qu'un quartz hyalin dont la transparence a été altérée par la précipitation du dépôt et

qui est quelquefois souillé de matières étrangères. Il a ordinairement une translucidité laiteuse et imparfaite. C'est
dans les roches de cette nature que se trouvent habituellement les géodes qui renferment le cristal de roche.

Ce même quartz est la gangue la plus habituelle des filons
métallifères et notamment de ceux qui contiennent l'or, et
constitue un des éléments essentiels de la plupart des roches granitoïdes. A l'état de grains plus ou moins roulés,
il forme la base de presque tous les sables et des grès qui
ne sont que des sables agrégés.

Certains dépôts sédimentaires (calcaires, argiles) contiennent des amas ou rognons siliceux tapissés intérieurement de petits cristaux très-limpides. L'améthyste forme
des géodes dans les agates, et la variété hématoïde gît au
sein des dépôts argilo-gypseux métamorphiques situés de
part et d'autre et au pied des Pyrénées.

Agate. — Cette sorte a pour caractère essentiel de n'être
jamais cristallisée, mais de tendre toujours vers des configurations concrétionnées. — Elle n'a jamais l'éclat vitreux, et sa transparence est presque toujours imparfaite
et nuageuse. Il est probable qu'elle est composée de molécules chaotiques, tandis que le quartz hyalin le serait par
des molécules cristallines.

L'*agate* proprement dite, dont tout le monde connaît la
pâte fine et la translucidité, peut être incolore ou à peu
près (*calcédoine*), ou colorée uniformément en jaune (*sar-
doine*), rouge-incarnat (*cornaline*), vert-pomme (*chryso-
prase*)..... Le plus souvent elle offre des dispositions de
couleurs variées. Les principales de ces dispositions sont
celles qu'on désigne par les noms de rubanée, concentrique (*onyx*), arborisée, pointillée. La variété qu'on nomme
héliotrope offre un fond vert foncé avec des taches couleur
de sang.

Ces variétés versicolores, très-répandues dans le commerce, auxquelles le vulgaire applique exclusivement le

nom d'*agate*, se trouvent en rognons géodiques au sein de
plusieurs roches amygdaloïdes. A Oberstein, dans le duché de Deux-Ponts, il en existe un gisement très-connu,
et le polissage et la taille de ces pierres forment une industrie importante de ce pays. Souvent ces rognons offrent
à l'intérieur des tapis cristallins de quartz hyalin et d'améthyste. Dans ce cas, il faut admettre que ces molécules
chaotiques, après s'être déposées, telles quelles, concen-
triquement pour former la géode, ont trouvé ensuite, dans
cette cavité elle-même, des circonstances de tranquillité ou
autres qui leur ont permis de s'agréger tranquillement
suivant les lois de la cristallisation et de passer à l'état de
molécules intégrantes ou cristallines. — Tout le monde
connaît l'emploi que l'on fait de l'agate comme pierre fine
dans la joaillerie et dans l'ornementation. On en fait aussi
des *camées*, des pierres gravées, etc..... Les camées s'obtiennent avec la variété à deux zones, diversement colorées, qu'on appelle *onyx*. L'une des couches sert de fond
et l'autre prend seule la forme désirée entre les mains de
l'artiste. Les agates les plus communes sont utilisées dans
les arts pour faire des mortiers, des chappes, etc.

Le *silex* ne diffère de l'agate que par une pâte moins
fine et par une translucidité plus imparfaite ; sa cassure
est conchoïde. Il se divise facilement, par la percussion,
en fragments tranchants sur les bords, qui font feu au
briquet d'une manière très-marquée (pierre à fusil, pierre
à briquet) — Ses couleurs habituelles, ordinairement ternes, sont le noir, le gris foncé, le blond. — Le silex affecte
ordinairement la forme de rognons souvent tuberculeux,
de bandes ou de veines, qui gisent dans la craie et dans
quelques autres calcaires. — On distingue le silex *pyro-
maque* du silex *corné* (*hornstein*) ; celui-ci est plus grossier, moins translucide encore que le premier, et se montre quelquefois dans les filons. — Le silex *molaire* ou
meulière a une pâte grossière sans translucidité prononcée,

et souvent est criblé de cavités qui le rendent propre à faire des meules de moulin. Il est en blocs détachés et forme même des bancs épais au milieu d'argiles ferrugineuses appartenant au terrain tertiaire (La Ferté-sous-Jouarre, Bergerac et Domme en Périgord).

Jaspe. L'agate et le silex, par un mélange intime avec des matières fines argilo-ferrugineuses, prennent, avec une compacité presque absolue, des couleurs variées plus ou moins agréables. Dans cet état ils constituent le *jaspe* qui est employé comme pierre d'ornement. Les plus beaux jaspes viennent d'Italie. — Une variété, noire, qu'on trouve au milieu des schistes argilo-siliceux de la période de transition, porte le nom de *lydienne.* Elle est utilisée comme pierre de touche. — On rapporte au jaspe le *caillou d'Egypte,* qui ne serait, d'après M. Itier, qu'une concrétion de l'époque quaternaire.

Opale. — L'agate et le jaspe offrent quelquefois un éclat résineux. Dans ce cas ils contiennent toujours une certaine quantité d'eau de composition. Ils deviennent alors plus ou moins fragiles et perdent un peu de leur dureté. On les appelle *quartz résinite* ou *pechstein* (pierre de poix). — L'*opale* proprement dite n'est qu'un quartz de cette espèce dont la pâte est très-fine et presque incolore. Celle qui laisse sortir de son intérieur des lueurs richement colorées est très-recherchée et fort estimée en joaillerie. On la taille en cabochon. Elle nous vient principalement de Hongrie où elle forme des veines dans des tufs trachytiques.

3° Famille. — **Feldspathiques.**

Cette famille se compose d'un grand type qui est le feldspath, auquel viennent se rattacher quelques autres minéraux très-voisins dont le principal est la saussurite.

Feldspath. = Depuis longtemps on donne ce nom allemand, qui veut dire *spath* des *champs*, à un minéral pierreux ordinairement blanc avec des nuances de gris ou d'incarnat, lamelleux ou compacte, d'un éclat moyennement vif, souvent un peu nacré, quelquefois vitreux, plus ordinairement mat jusqu'à un certain degré, qui se laisse difficilement entamer par la pointe du couteau et qui fond avec plus ou moins de difficulté à la flamme activée par le chalumeau, en émail ou en verre presque toujours blanc. Ce minéral a une grande tendance à la cristallisation. Voici le tableau de ses attributs et de ses caractères essentiels. — Substance : silicate d'alumine, plus un silicate à base alcaline (potasse, soude, chaux). — Forme primitive : prisme oblique à base parallélogramme (voyez page 60, *fig.* 94, ou il faut faire abstraction des troncatures) dont les angles peuvent varier entre les limites suivantes,

$$\text{P sur M, } 90^\circ \text{ à } 93 \, ^1/_2 - \text{P sur T, } 111 \text{ à } 112 \, ^1/_2$$
$$- \text{ M sur T, } 118 \text{ à } 120^\circ.$$

Densité : 2,5 à 2,7. — Dureté : 6.

Considéré géognostiquement, le feldspath a une extrême importance puisqu'il constitue le principal élément des roches massives, soit plutoniques, soit volcaniques.

Ce minéral a été regardé par Haüy et par ses devanciers comme ne formant qu'un seul type. On est porté maintenant, au contraire, à y voir un groupe d'espèces assez nombreuses. Mais plusieurs de ces espèces proposées ne sont basées que sur des interprétations d'analyses que les caractères minéralogiques ou géognostiques ne viennent pas suffisamment appuyer. Nous croyons toutefois qu'il est nécessaire de reconnaître, dans le feldspath, quatre types principaux, que l'on appellera, si l'on veut, espèces, mais que nous ne considérerons ici qu'à titre de sortes et qui paraissent jouer des rôles séparés et très-importants en géognosie. Voici leurs noms : *orthose, ryacolite, albite, labrador.*

Orthose. — C'est le feldspath par excellence. Il est caractérisé par la propriété de posséder deux clivages à *angles droits* nets et assez faciles, parallèles aux faces P et M de la forme primitive. — Il est ordinairement lamelleux avec un éclat un peu mat. Il existe tontefois une variété vitreuse presque transparente qu'on appelle *adulaire* parce qu'elle se trouve principalement au Saint-Gothard (*Adula*). — Le poids spécifique de l'orthose est 2,56. — Sa substance est un silicate d'alumine et de potasse. — Ses cristaux sont, le plus souvent, des prismes à quatre ou six pans souvent aplatis, parallèlement aux faces *h*, terminés par des biseaux avec ou sans addition de facettes accessoires (voyez page 59, *fig*. 92). Dans les granites porphyroïdes, ces cristaux, en général nets et développés, sont habituellement accolés deux à deux avec retournement et pénétration. Les auteurs les font dépendre du cinquième système, parce qu'il est possible de les rapporter à trois axes dont l'un est perpendiculaire aux deux autres.

L'orthose est un des éléments essentiels du granite, de la pegmatite et de la plupart des roches granitoïdes. Il se trouve dans ces roches en grains lamelleux. Il existe aussi en masses laminaires, lamellaires, grenues et même compactes. Certaines masses d'orthose, notamment celles qui se développent souvent dans le sein des pegmatites, subissent une décomposition partielle, perdent presque toute leur potasse et se transforment en une matière terreuse blanche qui n'est autre chose que le *kaolin* (terre à porcelaine).

Ryacolite (*feldspath vitreux*). — Il ne diffère minéralogiquement de l'orthose que par son éclat constamment vitreux, et par une texture fendillée ou étonnée. — Chimiquement c'est un silicate d'alumine et de potasse sodique.

Son caractère distinctif le plus saillant est tout géognostique. Il ne se présente jamais dans les roches granitiques et joue, par compensation, le rôle principal dans les produits volcaniques les plus anciens, ceux qu'on appelle *tra-*

chytes. Les trachytes porphyroïdes en offrent des cristaux d'une grande netteté de forme, souvent mâclés, qui sont presque identique à ceux de l'orthose dans le granite porphyroïde. L'épaisseur de ces cristaux, dans la plupart des cas, est faible et leur couleur habituelle est le gris très-clair.

Albite. — L'albite, à laquelle nous réunissons l'*oligoclase* que plusieurs auteurs regardent comme une espèce particulière, se distingue principalement de l'orthose par la nature de l'alcali dominant dans sa substance ; celle-ci consiste en un silicate d'alumine et de soude. — Une différence correspondante existe dans la forme primive et dans les clivages principaux. Les clivages de l'albite, qui s'obtiennent d'ailleurs avec plus de difficulté, au lieu d'être rectangulaires, forment, ainsi que les faces P et M de la forme primitive, un angle légèrement obtus ayant pour valeur 93° $1/2$. Cette circonstance se manifeste par un angle rentrant, dans les mâcles analogues à celle représentée *fig.* 102, page 64, qui est très-commune. Dans l'orthose, où la base est perpendiculaire au plan de jonction, cet effet ne pourrait avoir lieu ; car, après le retournement, la base inférieure du deuxième cristal se trouverait'dans le même plan que la base supérieure du premier.—La densité de l'albite est un peu plus forte que celle de l'orthose ; le chiffre qui la représente est 2,64.—Cette sorte de feldspath offre souvent une couleur blanche (de là le nom d'*albite*) ; mais, plus fréquemment encore, elle affecte des teintes de gris, de rouge et de verdâtre. — On la trouve en cristaux souvent mâclés, quelquefois limpides (Barèges, Oisans en Dauphiné), ou en masses grenues et compactes, ou même lamelleuses. — L'albite se montre ordinairement dans les diorites associée à l'amphibole : elle existe aussi dans certains granites à l'état plus ou moins compacte.

Labrador. — Ce minéral, dont le nom a été emprunté à celui de la région où des missionnaires ont distingué, pour la première fois, sa variété chatoyante, est à l'albite ce

qu'est le ryacolite à l'orthose. Il se sépare de l'albite principalement par sa composition, dans laquelle il entre nécessairement de la chaux. Sa désignation chimique serait :
silicate d'alumine et de chaux sodique. — Il n'y a dans ce
feldspath qu'un seul clivage facile et brillant : c'est celui
qui est parallèle à la base de la forme primitive ; celle-ci
d'ailleurs est très-voisine de celle de l'albite et doit être
rapportée au système bi-oblique.

Cette sorte de feldspath se trouve en cristaux plats et en
masses lamelleuses, ordinairement éclatantes, dans les roches qui vont être signalées. La variété chatoyante (pierre
du Labrador) que nous avons citée plus haut est remarquable par les beaux reflets colorés qu'elle offre sous certaines incidences.

Le labrador a autant de sympathie pour le pyroxène que
l'albite pour l'amphibole. Aussi entre-t-il comme principe
essentiel dans beaucoup de roches volcaniques anciennes
et modernes, et notamment dans les basaltes. Il forme
aussi un des éléments du mélaphyre et de l'hypérite.

Pétrosilex. — On désigne par ce nom un feldspath compacte ordinairement riche en silice, à cassure esquilleuse,
qu'il serait souvent difficile de rapporter particulièrement
à l'une des espèces ou sortes dont nous venons de parler.
Il se distingue du silex par sa fusibilité. — Nous signalerons particulièrement un prétosilex hydraté dont l'éclat est
résineux, qu'on appelle *rétinite* ou *pechstein fusible* et qu'il
ne faut pas confondre avec le quartz résinite auquel on
donne quelquefois aussi le nom de *pechstein.*

Saussurite (feldspath tenace. H.). = Ce minéral faisait
partie de l'ancien groupe des jades qui comprenait des pierres assez différentes, réunies par une compacité et une
ténacité remarquables. Le nom de *saussurite*, que lui ont
donné les minéralogistes, rappelle qu'on en doit la connaissance à de Saussure, qui l'a signalé dans les cailloux
d'euphotide des environs de Genève. C'est une matière

blanchâtre souvent nuancée de vert ou de violâtre, compacte, tenace, plus dure que le feldspath proprement dit et d'une densité de 3,34. L'analyse y indique un double silicate d'alumine et de chaux avec un peu de magnésie.

Cette pierre, qui offre une assez grande analogie chimique avec le labrador, a, comme cette espèce, une préférence d'association pour un minéral pyroxénique, le diallage, avec lequel elle constitue l'euphotide.

4ᵉ Famille. — Cozéolites.

Cette famille forme une transition toute naturelle entre les feldspathiques et les zéolites. Une composition toute semblable les rapproche des premiers, tandis que la plupart des caractères extérieurs, le gisement et la propriété de faire gelée avec les acides, les assimilent aux zéolites. Elles diffèrent d'ailleurs, pour la plupart, de ces dernières pierres par l'absence de l'eau de composition. — Il est remarquable que les principales espèces de ce groupe appartiennent à cette série nombreuse et spéciale de minéraux probablement produits par métamorphisme au sein des dolomies de la Somma autour du Vésuve. Nous ne parlerons ici que des espèces dont la connaissance est indispensable.

Amphigène (*leucite*). = Substance : silicate d'alumine et de potasse. — Forme primitive : trapézoèdre (leucitoèdre). — Densité : 2,48. = Dureté : 6, raie difficilement le verre. — Sa couleur est le gris clair ou le blanc sale, d'où le nom de *leucite* qui lui avait été donné par Werner. — Éclat vitreux. — Infusible.

L'amphigène se trouve constamment en cristaux dont la forme est ce trapézoèdre particulier qu'on appelle *leucitoèdre* (voyez page 44, *fig.* 46). Ces cristaux, qui offrent ordinairement une régularité parfaite, sont disséminés dans les laves de plusieurs pays, notamment de l'ancien Vésuve. L'amphigène entre aussi comme partie constituante dans la substance de ces roches.

Sodalite. = Ce minéral ne diffère chimiquement de l'amphigène que par la nature de l'alcali, qui est ici la soude et non la potasse. — Il cristallise en dodécaèdres rhomboïdaux. — Nous ne le signalons que parce qu'il entre, d'après M. Dufrénoy, dans la composition des laves modernes du Vésuve. Il en existe dans l'Oural une belle variété d'un beau bleu de saphir qu'on appelle *cancrinite*.

Prehnite. = Nous associons aux cozéolites, cette espèce dont la substance est un silicate d'alumine et de chaux avec environ 4 1/2 p. 100 d'eau. — Forme primitive : prisme rhombique droit de 100°. — Cassure vitreuse. — Densité : 2,92. — Dureté : 6,5. — Fusible au chalumeau avec boursouflement.

Ce minéral est habituellement d'un vert pomme clair passant au blanchâtre ou au jaunâtre. Il se présente en lamelles hexagonales ou octogonales ou en tables qui se groupent souvent en éventail (*flabelliformes*). Il y a aussi des variétés concrétionnées.

Ces dernières se trouvent en petites masses ou en veines à texture fibreuse dans les amygdaloïdes (Oberstein) ou dans les filons. Les cristaux viennent principalement de l'Oisans et des Pyrénées (pic d'Ereslitz), où ils affectent la forme de tables hexagonales d'un vert très-pâle.

On appelle particulièrement *koupholite* une sorte des environs de Barèges presque incolore, en lames infiniment minces, groupées de manière à former des masses très-cellulaires et même spongieuses, d'une grande légèreté.

Outremer (*lapis-lazuli*). = Cette pierre est remarquable surtout par la belle couleur bleue qu'on en retire pour la peinture. — Sa texture est finement grenue ou compacte. — Elle est fusible et soluble en gelée dans les acides. — Sa substance est un silicate d'alumine et de soude avec 3 p. 100 de soufre, et il paraît que c'est à la présence de ce dernier corps qu'il faut attribuer la couleur exceptionnelle qui caractérise l'espèce.

L'outremer est une pierre d'ornement rare et recherchée

qui nous vient de la Perse et de la Sibérie. Elle est souvent
associée à un calcaire cristallin qui forme des veines ou des
filons dans le terrain primordial. De petits cristaux de pyrite
s'y trouvent habituellement incorporés.

5e Famille. — **Zéolites**.

Cette famille, dont on trouve l'indication dans les ouvrages des anciens minéralogistes, réunit les convenances chimiques à celles de la
minéralogie proprement dite. Les minéraux qui la composent, presque
toujours cristallisés, sont généralement vitreux ou d'un blanc mat. —
Leur densité s'élève peu au-dessus de 2. — Il en est très-peu qui soient
assez durs pour rayer le verre. — Leur composition est assez analogue
à celle des cozéolites et des feldspathiques. Presque toujours elle offre
un silicate d'alumine, plus un silicate alcalin ou alcalino-terreux, avec
une forte proportion d'eau. — Ils sont tous plus ou moins fusibles et
attaquables par les acides qui les réduisent en gelée. — Le gisement de
ces pierres est analogue à celui des cozéolites. Elles se trouvent habituellement en géodes disséminées au sein des roches volcaniques ou des
amygdaloïdes et quelquefois dans les filons. Elles doivent évidemment
leur existence à des actions thermales (1). — La grande analogie des
espèces zéolitiques nous dispensera de décrire particulièrement chacune
d'elles; nous nous contenterons de signaler les principaux caractères distinctifs des plus importantes.

Stilbite. = Cette espèce est facile à reconnaître à sa structure laminaire et à son éclat nacré. C'est la *zéolite lamelleuse*
des anciens minéralogistes ; elle offre, en effet, un clivage
très-facile parallèlement à deux faces du prisme rectangulaire droit qui est sa forme primitive. — Sa couleur habituelle est le blanc nacré. La plupart des cristaux rouges
de chair qu'on rapportait à la stilbite paraissent dépendre
d'une espèce très-voisine (*heulandite*). — La substance al-

(1) M. Daubrée en a signalé plusieurs espèces, dont la formation date des temps historiques, dans l'établissement thermal
de Plombières et ailleurs.

caline qui entre dans sa composition est essentiellement la chaux.

La stilbite et la heulandite se trouvent principalement dans les roches volcaniques, dans les amygdaloïdes et dans les filons métallifères. Ces minéraux sont évidemment thermogènes.

Mésotype. = C'est la *zéolite rayonnante* de l'ancienne minéralogie. Elle se présente, en effet, habituellement sous forme de prismes, de baguettes ou, enfin, d'aiguilles réunies en faisceaux radiés. Dans les géodes basaltiques (Auvergne, Islande) on rencontre de ces cristaux fasciculés dont les extrémités sont libres et montrent nettement la forme de prismes droits presque carrés, terminés par une pyramide obtuse. — Sa substance est principalement constituée par un silicate d'alumine et de soude avec 9 à 10 p. 100 d'eau.

Cette espèce comprend la *scolésite* et la *natrolite* de plusieurs auteurs. Cette dernière est habituellement en globules radiés d'une couleur jaune assez agréable.

Harmotome. = Cette zéolite est remarquable sous un double rapport : d'abord par la tendance qu'ont ses cristaux à se croiser parallèlement à l'axe, et ensuite par sa composition, dans laquelle la base à un atome d'oxygène est la baryte. — La forme primitive de cette espèce est un prisme rectangulaire droit, et sa forme habituelle résulte du croisement de deux prismes ou de l'accollement avec pénétration de quatre prismes de ce genre terminés par une pyramide indirecte.

L'harmotome offre les modes de gisements ordinaires des zéolites, sauf les terrains volcaniques. A Andréasberg, au Hartz, d'où viennent la plupart des morceaux des collections, elle gît dans un filon plombifère.

Analcime. = cette espèce dérive du cube pour ses formes cristallines parmi lesquelles nous citerons le trapézoèdre. — Elle est hyaline à un haut degré ou d'un blanc mat passant quelquefois au rouge de chair.—Sa dureté, qui lui permet de rayer le verre, est remarquablement supérieure à celle des autres espèces de la même famille et vient légitimer le nom de *zéolite dure* qu'on lui donnait autrefois. — Son gisement est celui que nous avons assigné d'une manière générale à toutes les zéolites.

6ᵉ Famille. — Prismatiques.

Les minéraux de cette famille se présentent sous la forme de prismes appartenant aux troisième et quatrième systèmes. — La plupart ont une couleur assez caractérisée qui les fait distinguer, au premier aspect, d'autres minéraux qui cristallisent en prismes, des zéolites par exemple. Ils sont d'ailleurs insolubles dans les acides et ne contiennent pas ou contiennent très-peu d'eau de composition. — Leur substance est encore le silicate d'alumine seul ou combiné avec un silicate de chaux, de magnésie, de soude, de potasse. — La densité est entre 2,7 et 3,5. — Tous raient le verre.

Disthène (*sappare ; cyanite*). = Substance : silicate d'alumine pur. — Forme primitive : prisme bi-oblique (angle des faces latérales : 106°). — Densité : 3,5 à 3,6. = Dureté : 6, — Eclat vitreux. — Infusible.

Ls disthène est habituellement en cristaux prismatiques plats et allongés et offrant un clivage net et facile parallèlement à l'une des faces latérales. Il accompagne la staurotide au Saint-Gothard dans le schiste talqueux. Dans ce gisement il est ordinairement d'un bleu céleste clair, d'où le nom de *cyanite* qu'on lui donnait autrefois ; mais cette couleur n'est pas propre à l'espèce ; il y a des cristaux incolores ou légèrement jaunâtres et de petites masses radiées d'un gris clair. — Le nom de *disthène* (deux forces, deux vertus), créé par Haüy, vient de la double espèce d'électricité que ce minéral peut prendre par le frottement. — Ce rôle double que le disthène joue à l'égard de l'électricité, semble se reproduire pour sa dureté ; car tandis

que ses arêtes et ses angles raient le verre, les faces latérales du prisme se laissent rayer par l'acier. — L'infusibilité de ce minéral avait déterminé de Saussure à s'en
servir comme support pour les corps qu'il voulait essayer
au chalumeau.

Andalousite et mâcle (*feldspath apyre*). = Substance :
silicate d'alumine. — Forme primitive : prisme ortho-rhombique presque carré (angle : 91° ½). — Densité : 3,1. —
Dureté : 7,5 ; elle raie le quartz. — Infusible.

L'andalousite est presque toujours cristallisée en prismes
primitifs, ordinairement assez gros, dans les roches granitoïdes et dans les schistes cristallins. Sa couleur est le
blanc, le gris ou le rouge de chair (Forez, Tyrol, vallée du
Lys dans les Pyrénées).

On rapporte à l'andalousite le curieux minéral qui porte
tout particulièrement le nom de *mâcle* et qui est si remarquable par la grande tendance qu'il manifeste à s'incorporer, avec une disposition régulière et pour ainsi dire cristallographique, des parties de la roche qui le renferme.
Cette singulière propriété est surtout très-saillante dans
les cristaux qu'on trouve dans certains schistes argileux
de Bretagne. La section transversale de ces cristaux, surtout lorsqu'elle a été polie, offre des lignes noires parallèles aux bords de la base, des diagonales de même couleur
et de petits rhombes également noirs au
centre ou aux angles, qui tranchent sur
le fond blanchâtre de la pierre. La figure
ci-contre représente cette dernière disposition désignée par Haüy par le nom de

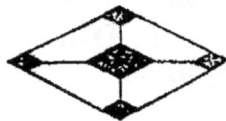

Fig. 108.

pentarhombique. Il y a aussi des mâcles de ce genre, mais
un peu différentes pour la disposition, dans les schistes
carburés alumineux des Pyrénées.

Les mâcles résultent évidemment d'une action métamorphique. Elles sont très-fréquentes dans les schistes cristallins qui avoisinent les massifs granitiques ; mais alors elles

n'offrent, en général, qu'un développement incomplet et ne forment même que des nœuds qui se font facilement distinguer par un bossellement et par une couleur plus sombre que celle de la masse, et qui pourraient, dans beaucoup de cas, être rapportés à la staurotide (Alpes, Pyrénées).

Staurotide (*pierre de croix, croisette*). = Substance : silicate d'alumine et de fer. — Forme primitive : prisme ortho-rhombique de 130°. — Densité : entre 3,3 et 3,7. — Dureté : 7. — Presque infusible.

On distingue deux variétés de staurotide. L'une se trouve en prismes allongés disséminés dans un schiste talqueux du Saint-Gothard ou elle accompagne le disthène. Celle-ci est d'un brun rougeâtre assez agréable, et son éclat et sa cassure rappellent le grenat. On l'appelle particulièrement *grenatite*. — La seconde est brune et ordinairement assez impure et grossière ; elle gît en abondance au milieu d'un schiste argileux de Bretagne. Elle est en prismes rhomboïdaux tronqués sur les arêtes aiguës. Ces cristaux sont habituellement croisés deux à deux sous des angles de 90° et quelquefois de 60° (voyez page 64, *fig.* 104). C'est elle aussi probablement qui se trouve sous forme de nœuds dans certains schistes plus ou moins cristallins auxquels on donne, peut-être trop exclusivement, le nom de *schistes mâclifères*.

Epidote. = Le type de cette espèce est la *thallite* ou *pistacite*, caractérisée par une belle couleur verte qu'elle doit au protoxyde de fer. — Substance : silicate d'alumine, silicate de fer et de chaux. — Forme primitive : prisme droit à base parallélogramme dont les faces latérales font un angle de 115° 1/2. — Densité : 3,2 à 3;45. — Dureté : 6,5 ; raie le verre avec facilité. — Eclat vitreux ordinairement vif. — Difficilement fusible avec boursouflement.

La thallite type se trouve dans l'Oisans en Dauphiné où elle a pour gangue le quartz. Ce sont des prismes allongés, striés dans le sens longitudinal, d'un beau vert pistache et d'un très-vif éclat. Celle des filons ferrugineux d'Arendal en Norwége (arendalite) est en gros cristaux d'un vert plus sombre. Enfin, dans les Pyrénées, le même minéral offre la configuration bacillaire avec des teintes intermédiaires entre le gris et le vert.

Zoïsite. — C'est une sorte d'épidote qui diffère de la thallite par sa couleur gris clair et par sa faible teneur en oxyde de fer, relativement à la chaux. Elle possède des clivages qui n'existent pas dans l'épidote verte.

Wernérite et paranthine. = Substance : silicate d'alumine et silicate de chaux. — Forme primitive : prisme carré. — Densité 2,6 à 2,7. — Dureté, 5,5. — Eclat terne, ordinairement un peu gras. — Difficilement fusible.

La wernérite se présente sous la forme de prismes carrés, pyramidés, quelquefois assez volumineux. Ces cristaux sont en général, allongés et passent à la configuration bacillaire (*scapolite*). Les couleurs habituelles sont le blanc grisâtre ou olivâtre et plusieurs teintes de vert ordinairement ternes ; il y a aussi des wernérites d'un rouge de brique. Certaines variétés sont sujettes à se décomposer et prennent une apparence nacrée ou mate et même terreuse en perdant de leur dureté; Haüy les désignait particulièrement par le nom de *paranthine.*

La wernérite se trouve en cristaux disséminés dans les roches amphiboliques ou feldspathiques, et dans certains calcaires cristallins.

Couzeranite ou dipyre. = Minéral très-voisin de la wernérite et qui jusqu'à présent n'a été rencontré que dans les Pyrénées (1). Il se présente habituellement sous la forme de petits prismes carrés ou octogonaux allongés, disséminés dans des calcaires métamorphiques. — L'ana-

(1) D'après M. Coquand, elle se trouverait aussi dans certains calcaires marmoréens des montagnes de la Campiglièse(Toscane).

lyse y indique un silicate d'alumine combiné avec un silicate de chaux et de soude. — Il raie à peine le verre et fond facilement en un émail blanc bulleux. — Densité : 2,65 à 2,75.

7e Famille. — **Trappéens**.

Le nom que nous donnons à cette famille est puisé dans cette considération, que les minéraux qui en font partie forment l'élément principal, ou au moins caractéristique, des roches vertes ou noires que nous appelons *trappéennes*. Ils ont, en effet, une prédilection marquée pour ces deux couleurs. — Leur structure est lamelleuse avec une tendance vers la texture fibreuse. La plupart des espèces sont aussi très-enclines à la disposition rayonnée. — Leurs formes cristallines ont entre elles beaucoup d'analogie et dépendent du système unoblique. — La densité des minéraux trappéens dépasse 3 et leur dureté est rarement assez considérable pour leur permettre de résister à la pointe du couteau. — Ils se lient encore par leur composition, qui résulte, en général, de la combinaison de deux silicates dont les bases ne renferment qu'un atome d'oxygène.

Amphibole. = Haüy a réuni sous cette dénomination qui rappelle les analogies extérieures de cette pierre avec d'autres minéraux, plusieurs schorls de l'ancienne minéralogie qui ne se distinguent les uns des autres que par des différences d'une faible valeur. Les caractères généraux de cette grande espèce sont les suivants :

Substance : silicate de chaux, silicate de magnésie et de fer. — Forme primitive : prisme rhomboïdal unoblique (angle des faces : 124° $\frac{1}{2}$) ; clivage brillant et facile parallèlement aux faces de ce prisme. — Densité supérieure à 3. — Dureté peu considérable ; rayée facilement par le couteau. — Assez facilement fusible en émail diversement coloré.

On doit distinguer, dans cette espèce, trois sortes à peu près aussi importantes que celles en lesquelles se divise le feldspath et qui se distinguent à première vue par leur couleur, savoir : la *trémolite* qui est blanche, l'*actinote* (verte), l'*hornblende* (noire).

Trémolite. — Blanche ou blanc grisâtre ; éclat subnacré. — Texture lamello-fibreuse prononcée. — Densité : 2.93. — Elle gît particulièrement dans la dolomie du mont Trémola au Saint-Gothard, où elle affecte la forme de prismes allongés et aplatis. On trouve encore la trémolite en petites masses aciculaires ou fibreuses radiées. — Sa substance se compose d'un silicate de chaux et d'un silicate de magnésie.

L'*amiante* n'est autre chose qu'une trémolite filamenteuse et soyeuse.

Actinote. — Ce nom qui veut dire *rayonné*, correspond au mot *rayonnante* de l'ancienne minéralogie. Le minéral qui le porte est caractérisé par une couleur verte qu'il doit au protoxyde de fer. — Il est vitreux, un peu plus dur et un peu plus dense que le précédent, et fond en un émail vert.

L'actinote a, pour ainsi dire, l'habitude de se présenter sous la forme d'aiguilles vitreuses formant des masses rayonnées. Toutefois, dans la stéatite du Tyrol, elle est en prismes rhomboïdaux allongés distincts.

Hornblende. — La couleur noire ou verte très-foncée suffit pour faire immédiatement reconnaître cette sorte. — Les clivages égaux que nous avons indiqués plus haut d'une manière générale, y sont plus faciles et plus brillants que dans la trémolite et dans l'actinote. — Sa densité est entre 3,1 et 3,4. — Elle fond facilement au feu du chalumeau en émail noir. — Outre les éléments de l'actinote, l'analyse y indique une forte proportion d'alumine.

L'hornblende n'a pas, comme l'actinote, une disposition marquée à la structure rayonnée. C'est la seule sorte qui se présente en cristaux complets. Ce sont des prismes médiocrement allongés, souvent même assez courts, à six ou huit pans, terminés par un biseau oblique combiné avec un résidu de la base et souvent avec des facettes secondaires. C'est principalement dans les roches volcaniques (cap de Gates en Espagne, Bohême) que l'on trouve les cristaux les plus nets. Ce minéral se présente aussi en masses lamelleuses et compactes.

. La trémolite ne joue aucun rôle géognostique. Les roches amphiboliques se rapportent toutes à l'actinote et surtout à l'horblende. Seules, ces deux sortes d'amphibole constituent les amphibolites massives ou schisteuses. Associées à l'albite ou à l'orthose, elles donnent naissance aux diorites, syénites et aux roches compactes d'apparence homogène qu'on nomme grunstein et aphanite.

Néphrite. = Les pierres qui portent ce nom formaient, naguère, avec la saussurite, le groupe des jades fondé sur la compacité, la ténacité et la densité et, croyait-on, sur une analogie de composition qui tendait à les rapprocher du labrador ; mais des analyses récentes ont prouvé que ces pierres différaient de la saussurite et, à plus forte raison, du feldspath proprement dit par l'absence de l'alumine comme élément essentiel et qu'elles se rapprochaient au contraire de l'amphibole, et particulièrement de la trémolite.

La néphrite, le jade par excellence, peut être divisée en deux sortes : le *yù* des Chinois ou jade oriental et le jade *ascien* que M. Damour a proposé d'appeler *jadéite*. Ce dernier offre habituellement une couleur verte. Le nom d'*ascien* qu'on lui donnait vient de cette circonstance qu'il constitue assez souvent la matière de certaines haches polies des temps préhistoriques.

Le jade oriental, *yù* des Chinois, est celui qui se rapproche le plus, chimiquement, de la trémolite, dont il diffère toutefois par une densité et une dureté très-supérieures. Cette belle matière ne nous est d'ailleurs connue que par les objets de fantaisie, de formes variées, qui nous viennent de la Chine. Elle est très-remarquable par un éclat gras ou cireux qu'elle offre sur ses surfaces polies, par une certaine translucidité, par la finesse de sa pâte et par sa ténacité, que l'on attribue à une texture serrée qui résulterait de l'enchevêtrement de fibres excessivement fines, invisibles à l'œil nu.

Pyroxène. = Cette espèce, l'une des plus belles créations d'Haüy, réunit, d'une manière très-heureuse, beaucoup de minéraux considérés autrefois comme des espèces distinctes. Elle offre avec l'amphibole une analogie marquée. La composition chimique est presque la même et il y a une grande similitude entre les deux types sous le rapport des propriétés essentielles et des couleurs. Le caractère distinctif consiste dans l'angle des faces du prisme primitif. Cet angle est ici de 87° au lieu de 124° $\frac{1}{2}$ que nous avons ci-dessus assigné à l'amphibole. Le rôle géognostique est aussi très-différent, et tandis que l'amphibole, principalement l'hornblende, est un élément essentiel des roches trappéennes d'origine plutonique, le pyroxène augite, qui correspond à l'hornblende, appartient presque exclusivement aux produits des volcans.

On distingue, dans l'espèce pyroxène, trois sortes qui correspondent à celles que nous avons admises pour l'amphibole et qui sont caractérisées par les mêmes couleurs. Ce sont le *diopside*, l'*hédenbergite* et l'*augite*, auxquelles nous joindrons une quatrième sorte, l'*hypersthène*, qui offre quelques caractères particuliers.

Diopside. — La couleur verte très-claire ou nulle et la transparence de cette sorte est son principal caractère distinctif. Elle correspond à la trémolite et n'a, comme elle, qu'une importance purement minéralogique. Elle s'en distingue, au premier aspect, par son éclat vitreux et par sa demi-transparence.

Hédenbergite. — Celle-ci est d'un vert plus ou moins foncé à cause de la grande proportion de protoxyde de fer qu'elle renferme. — Le feu du chalumeau la convertit en un émail vert ou noirâtre. — Elle se présente en cristaux prismatiques ou en masses lamelleuses ou compactes. On n'y remarque pas, comme dans l'actinote, une grande tendance à la structure rayonnée.

Augite. — L'augite se sépare nettement des premières sortes par sa couleur noire prononcée, par son opacité et par la forme habituelle et presque constante de ses cristaux, qui est un prisme très-court hexagonal ou octogonal terminé par un biseau unoblique (voyez page 59, *fig.* 93). Des cristaux bien nets de cette forme se rencontrent abondamment au sein des produits volcaniques, ou isolés dans le voisinage de certains volcans anciens ou modernes (Auvergne, Vésuve, environs de Rome). — La densité moyenne de l'augite est 3,35. — Le résultat de sa fusion au chalumeau est un verre noir et brillant. — Sa substance se compose d'un silicate de chaux et d'un silicate de fer et de magnésie, avec 4 à 6 p. 100 d'alumine.

L'augite joue un rôle considérable en géognosie. C'est lui qui constitue l'élément coloré de presque toutes les roches volcaniques (basaltes, laves) et même de certains trapps et mélaphyres.

Hypersthène. — Minéral noir, rouge, cuivreux ou verdâtre, lamelleux et d'un éclat métalloïde prononcé. — Outre le clivage facile, qui est la cause de sa structure lamelleuse, on y découvre d'autres clivages dont deux forment l'angle de 87° propre au pyroxène. L'hypersthène a d'ailleurs la même composition que ce dernier minéral et doit lui être rapporté comme une sorte particulière. — Ses relations géologiques indiquent une certaine sympathie, qu'il partage avec le pyroxène proprement dit, pour le feldspath labrador.

Diallage (*bronzite et schillerspath*). = Cette pierre, que nous conservons encore ici comme espèce, offre une grande analogie avec le pyroxène. Cependant elle s'en distingue par son infusibilité et par un éclat bronzé caractéristique, qui, d'un autre côté, la rapproche de l'hypersthène.

Elle ressemble d'ailleurs à ce dernier minéral par un clivage facile qui donne au diallage une structure lamelleuse. — Ses couleurs sont le brun verdâtre, le vert olive, le vert grisâtre.

Nous associons à cette espèce le minéral vert émeraude (*smaragdite*), qui constitue, avec la saussurite, la belle roche qu'on appelle *verde di Corsica*.

Le diallage se trouve en petites lames ou en masses lamelleuses dans la serpentine. C'est lui qui, avec le jade de Saussure (saussurite), forme l'euphotide, roche d'éruption fréquente de part et d'autre des Alpes pennines.

8ᵉ Famille. — **Micacés.**

Le mica est le type et, en même temps, le seul minéral important de cette famille qu'il serait inutile de caractériser d'une manière générale.

Mica (de *micare*, briller). = Ce minéral, qui est une véritable pierre, malgré son aspect métalloïde et son état lamelliforme, est ordinairement en lamelles minces, planes et brillantes, à couleurs variées (le brun bronzé, le noir, le blanc argentin, le jaune d'or, le vert). — Il est doux au toucher sans être onctueux. — Sa dureté est un peu supérieure à celle du gypse. — Ses lamelles offrent assez souvent la forme d'un hexagone régulier ou d'un rhombe de 120°. Elles jouissent d'une flexibilité élastique, propriété qui se remarque surtout dans les grandes lames foliacées qu'on a appelées *verre de Moscovie* à cause de l'usage qu'on en fait dans quelques contrées du Nord. — La substance du mica, bien que variable, peut néanmoins être considérée, en général, comme un silicate d'alumine, de fer et de potasse. Dans certains micas, il entre de la magnésie, et tous contiennent une petite quantité de fluor.

Le mica jaune d'or a été souvent pris pour de l'or natif par des personnes trop enclines à s'en rapporter à l'appa-

rence. Ce faux or n'est pas cependant tout à fait sans valeur, car il fournit une poudre brillante pour sécher l'écriture.

Le mica constitue l'élément le moins massif, mais le
plus apparent, des roches granitiques. Les grandes lames
se trouvent principalement dans la pegmatite. Il joue le
principal rôle dans la composition du gneiss et du micaschiste. On le trouve accidentellement dans les sables, les
grès et dans certains calcaires métamorphiques.

On a appelé *lépidolite* une sorte de mica écailleux massif
dont la couleur habituelle est violâtre ou vert clair. Elle
contient de la lithine.

9e Famille. — Talqueux.

Une onctuosité très-marquée, une très-faible dureté et une substance
toute spéciale qui est constamment un silicate de magnésie hydraté,
caractérisent parfaitement cette famille dont le type est le *talc*. — Nous
décrirons seulement deux espèces, le *talc* et la *serpentine*, qui n'en forment qu'une seule dans la méthode Haüy où elles se trouvent associées
même à des espèces de la famille suivante. — Ces minéraux sont infusibles au chalumeau.

Talc. = Nous distinguerons, dans cette espèce, deux
sortes, savoir : le *talc foliacé* et la *stéatite*.

Talc foliacé. — Ce minéral, dont la substance contient
en moyenne 3 à 5 p. 100 d'eau, a une structure foliacée,
ou se présente, ainsi que le mica, en lamelles ou en écailles
très-minces. — Son type principal, qu'on trouve dans la
vallée de Zillerthal en Tyrol, a pour couleur le blanc mêlé
d'un vert très-agréable, avec une sorte de translucidité et
un éclat sub-nacré très-doux. Les feuilles minces qu'on
enlève des masses de ce minéral n'ont pas la rigidité ni la
planitude des lames de mica, et lorsqu'elles ont été fléchies,
elles ne reviennent pas à leur état primitif. — Ces feuilles
sont susceptibles de donner, par une pression ménagée,

des félures qui se croisent sous l'angle de 120°.—Ce minéral est, en même temps, un type d'onctuosité et de faible dureté. Il occupe l'extrémité inférieure de l'échelle de Mohs et se laisse rayer par l'ongle très-facilement.

Stéatite (στέαρ), suif. — On pourrait regarder cette sorte comme un talc massif. Elle semble, en effet, passer au talc type par la variété blanche, écailleuse qu'on appelle *craie de Briançon,* et qui est si savonneuse que les cordonniers se servent de sa poussière pour faire glisser les bottes. — Sa cassure est en général sub-esquilleuse, passant à la terreuse. — Sa couleur habituelle est le blanc sale ou teinté de gris, de jaune, de vert ou de rouge. — Son onctuosité est telle que, lorsqu'on la presse dans la main, on croirait tenir un morceau de savon. — Elle se laisse facilement tailler ou couper au couteau.

Le talc et la stéatite forment un élément essentiel des stéaschistes, ou talschistes.

Pagodite (agalmatolite). — Le nom de cette pierre lui vient de ce qu'elle nous arrive le plus souvent de la Chine sous la forme de *pagodes,* de *magots,* etc. Nous l'avions d'abord rangée parmi les talcoïdes à cause de certaines analyses qui accusaient pour sa substance un silicate d'alumine hydraté ; mais des analyses plus récentes indiquent une composition presque identique à celle de la stéatite au moins pour une partie des échantillons traités par les chimistes, et nous autorisent à la placer ici à la suite de ce minéral dont elle a tous les caractères physiques. En effet, elle est compacte, très-onctueuse et tendre au point de se laisser tailler et sculpter avec une grande facilité. — Sa couleur habituelle est le blanc légèrement teinté de gris, de rose ou de jaune. — Elle résiste comme les talcs au feu du chalumeau.

Serpentine. = La serpentine, compacte, comme la stéatite, est moins onctueuse et en général moins tendre. — Elle renferme 12 à 13 p. 100 d'eau, c'est-à-dire environ

trois fois autant que le talc, et admet une certaine proportion de protoxyde de fer. — Ses couleurs sont aussi
plus caractérisées : la plus habituelle est le vert. Certaines
serpentines n'ont qu'une seule couleur ; mais la plupart
offrent des taches ou des veines d'une nuance particulière
sur un fond uniforme, et c'est cette disposition, qu'on a
comparé à celle qu'offre la peau d'un serpent, qui a suggéré le nom de serpentine. — Elle renferme ordinairement
des lamelles bronzées de diallage et souvent des octaèdres
d'aimant.

On appelle *serpentine noble* une variété d'un beau vert
très-homogène, à cassure esquilleuse ou cireuse et translucide sur les bords. On en fait divers objets de fantaisie ou
d'ornement.

La serpentine commune est assez tendre pour être tra-
vaillée au tour. On peut la façonner en vases de diverses
formes et en poêles qui supportent très-bien l'action du
feu. Il ne faut pas la confondre avec la *pierre ollaire* qu'on
exploite au bord du lac de Côme, au pied des Alpes pié-
montaises, et qui est excellente pour le même usage. Celle-ci
n'est pas, à proprement dire, un minéral simple, mais
bien un mélange dont nous dirons un mot en traitant des
roches.

Le minéral que nous étudions constitue une roche éruptive qui traverse les terrains stratifiés sous forme de culots
et s'épanche souvent à la surface du sol, en donnant naissance à des protubérances plus ou moins arrondies. Cette
manière d'être est fréquente dans certaines parties de la
Saxe et dans les Alpes liguriennes. On la retrouve, en
France, dans le Limousin et dans les départements du
Tarn et de l'Aveyron.

10ᵉ Famille. — **Talcoïdes**.

Les espèces qui composent ce groupe sont tendres, onctueuses ou au
moins douces, à peu près infusibles, et se confondraient avec les tal-

queux s'il n'entrait dans leur composition un silicate d'alumine étranger à la famille précédente. Les principales espèces sont la *chlorite* et la *pinite*.

Chlorite (de χλωρός; vert). = Cette espèce, qui offre beaucoup d'analogie avec certains talcs, se présente le plus ordinairement sous la forme de nids ou d'amas composés de petites écailles vertes, tendres, onctueuses. — Sa substance consiste en un silicate d'alumine associé à un silicate de fer et de magnésie, avec 10 à 12 p. 100 d'eau. — On trouve quelquefois la chlorite, en plusieurs parties des Alpes, sous la forme de lamelles hexagonales empilées qu'Haüy considérait comme un talc cristallisé. Dans la vallée d'Ala en Piémont elle est associée au pyroxène diopside et au grenat vermeil.

On a fait une espèce, sous le nom de *pennine*, d'une chlorite d'un vert très-foncé qui cristallise en rhomboèdres aigus basés dichroïtes, et qu'on trouve aussi en masses lamellaires (Alpes pennines).

La chlorite écailleuse constitue une roche schisteuse assez abondante dans les Alpes italiennes et en Corse. Elle accompagne fréquemment le cristal de roche dans les géodes qui lui servent de matrices et remplace souvent le talc dans la protogyne.

On a souvent donné le nom de chlorite à des grains verts qui forment un des éléments de certaines roches, principalement du grès vert et de la craie inférieure. Ces grains, dont la composition assez variable se rapproche cependant de celle de la véritable chlorite, ont reçu de Al. Brongniart le nom particulier de *glauconie*.

M. Delesse a associé à la chlorite un minéral en lamelles ou écailles blanches qui se trouve dans certaines localités des Pyrénées, notamment près Mauléon (Basses-Pyrénées) et dont nous avons fait une espèce sous le nom de *mauléonite* (Cours de minéralogie).

Pinite. = Minéral tendre au point de se laisser facilement rayer par le couteau, d'un éclat terne et terreux, toujours cristallisé en prismes qui deviennent cylindroïdes par la multiplicité et l'oblitération des faces. — Ces cristaux, qui dérivent d'un prisme hexaèdre régulier, sont disséminés au milieu des roches granitiques ou porphyriques (Auvergne, Tyrol, Saxe). — Les couleurs sont le gris cendré, le gris rougeâtre et le vert. — La composition de cette espèce est assez complexe: Les parties essentielles paraissent être le silicate d'alumine fondamental et un silicate de potasse et de magnésie.

11° Famille. — **Terreux.**

Nous rassemblons ici des matières minérales qui ne se présentent qu'à l'état amorphe et terreux, dans lesquelles il n'y a plus rien de précis ni de constant, et qni ne sont réellement susceptibles que d'un intérêt chimique ou industriel. Nous en avons tenu compte dans notre classification, pour ne rien laisser à l'écart de ce qui se rapporte à l'histoire naturelle des minéraux. — Ces corps sont plus ou moins terreux, plus ou moins tendres, difficilement fusibles, et presque tous ont pour base de leur substance un silicate d'alumine hydraté. — Les caractères à peu près négatifs que nous venons de citer permettent de distinguer immédiatement les corps qui se rapportent à cette famille.

Véronite (*terre de Vérone*). = Nous commençons par la terre de Vérone, qui se rapproche de la chlorite par sa belle couleur verte. La composition de cette terre s'éloigne, par l'absence de l'alumine, de celle des minéraux terreux et de la chlorite elle-même; elle consiste en un silicate hydraté de protoxyde de fer et de potasse. — On la trouve dans certaines roches amygdaloïdes, où elle accompagne souvent les zéolites. — Son emploi dans la peinture et pour la composition des stucs colorés la fait rechercher.

Halloysite. = La substance de cette espèce, ou plutôt de ce groupe, peut varier entre certaines limites. C'est un silicate riche en alumine, contenant 24 à 25 p. 100 d'eau, assez fusible, onctueux au toucher et soluble dans les acides.

Les variétés les plus pures sont d'un blanc laiteux, compactes et offrent une certaine translucidité sur les bords; elles happent à la langue d'une manière marquée. — En général, l'halloysite est terreuse et souvent colorée en vert, en rose ou brun, par un mélange d'oxyde métallique.—Elle se trouve habituellement dans les gîtes métallifères.

L'*allophane*, la *lenzinite* et la *collyrite* paraissent devoir être rapportées à l'espèce que nous venons de décrire.

Argile. = On désigne par ce nom des matières terreuses, fines, douces et homogènes, blanches ou grisâtres dans l'état de pureté, qui jouissent plus ou moins de la propriété de faire pâte avec l'eau et d'acquérir alors une certaine plasticité. — La partie essentielle de leur substance est un silicate d'alumine hydraté; mais elles admettent, dans leur composition, des matières secondaires ou accessoires assez variées, dont les plus fréquentes sont le carbonate de chaux, et l'oxyde de fer. Ce dernier, souvent associé à l'oxyde de manganèse, leur communique des teintes et des bariolures jaunes, vertes, rouges, violettes. — L'argile la plus pure résiste à un feu violent et prend la qualification de *réfractaire.* — Les argiles communes fondent plus ou moins au feu de forge. — Toutes éprouvent un retrait.

On peut distinguer, dans les argiles, plusieurs sortes, eu égard à leur plasticité, leur retrait au feu, leurs usages. Les principales sont l'argile *plastique* et l'argile *smectique.*

L'argile *plastique* est ainsi nommée à cause de sa grande plasticité; c'est la terre à potier ou à faïencier par excellence.

L'argile *smectique*, ou terre à foulon, est fine, homogène, onctueuse, moins plastique que la précédente. Sa grande affinité pour les matières grasses, jointe à son onctuosité, la rendent très-propre à dégraisser les étoffes de laine.

On appelle *lithomarge* une sorte d'argile qui remplit des nids ou des fentes dans les roches anciennes.

L'*ocre* et la *sanguine*, dont l'emploi comme matière colorante est si connu, sont des argiles très-fines, riches en péroxyde de fer. L'une est colorée en jaune par la limonite, l'autre en rouge par l'oligiste.

La *marne* résulte d'un mélange intime d'argile et de calcaire en proportions à peu près égales. Elle jouit de la propriété de se déliter par l'action de l'air humide. On sait tout le parti qu'on en tire en agriculture pour l'amendement et pour l'ameublissement des terres.

Les argiles et les marnes constituent un des principaux éléments des terrains secondaires et tertiaires.

Kaolin. = C'est une terre blanche qui résulte de la désagrégation et de la décomposition du feldspath dans certaines roches granitiques, et particulièrement dans la pegmatite à grands éléments. Par cette altération le minéral que nous venons de nommer perd son alcali, et se trouve transformé en un silicate hydraté d'alumine.

Le kaolin forme la base de la pâte de porcelaine. Il en existe des mines très-riches en Saxe, et, en France, dans le Limousin et dans les Basses-Pyrénées.

Magnésite. = C'est une terre blanche, quelquefois teintée de gris ou de rose, sèche, happant à la langue, presque infusible, faisant difficilement pâte avec l'eau. — Sa substance est un silicate de magnésie hydraté.

Cette terre forme des lits ou des veines dans les marnes et les argiles tertiaires (Coulommiers près Paris, Salinelle dans le Gard) ; on en trouve aussi quelquefois en veines dans la serpentine, comme à Baldissero en Piémont, où elle accompagne la giobertite terreuse.

La fameuse terre à pipes, connue sous le nom d'*écume de mer*, n'est autre chose qu'une variété blanche et fine de magnésite. Elle vient de la Crimée et de l'Anatolie.

12ᵉ Famille. — **Sulfureux**.

Ayant renoncé à la classe des minéralisateurs qui figurait dans la classification exposée dans les éditions précédentes, nous avons été dans la
nécessité de rattacher le soufre à la classe des pierres, et de créer pour
lui seul une famille particulière à raison de sa nature simple et de sa
combustibilité qui ne permettaient pas de le comprendre dans aucun des
ordres précédents.

Soufre. = Minéral éminemment combustible dont la
substance est simple. — Forme primitive ; octaèdre rhomboïdal aigu. — Densité : 2,07. Dureté : 2,5. — Très-
fragile. — Couleur : jaune citron caractéristique. — Cassure vitreuse éclatante. — Prenant, par le frottement, une
électricité négative très-intense. — Fond facilement à la
simple chaleur d'une bougie allumée et brûle à l'air avec
une flamme bleue en produisant du gaz acide sulfureux,
dont l'odeur piquante et suffocante fournit un excellent
caractère organoleptique.

La forme la plus habituelle du soufre cristallisé est l'octaèdre primitif souvent cunéiforme, ou le même octaèdre
tronqué au sommet terminé par une petite base. Celle-ci
est ordinairement bordée elle-même par des facettes qui,
étant prolongées, produiraient un nouvel octaèdre direct
plus déprimé que le primitif. Les plus beaux cristaux viennent de Conilla en Espagne et de Sicile. Ce minéral peut
encore se trouver en incrustations cristallines, en stalactites et à l'état compacte ou pulvérulent. Le soufre compacte est souvent souillé d'argile et prend, dans ce cas,
une teinte grisâtre, brunâtre ou rougeâtre.

Le soufre se trouve principalement dans le terrain tertiaire, où il est presque toujours associé au gypse et au
sel gemme. En Sicile et en Islande il forme de riches amas
qui sont activement exploités. On le rencontre encore dans
les lieux où sourdent des eaux sulfureuses et particulière-

ment à Bagnères-de-Luchon, où il forme de belles incrustations cristallines à la surface des murs des galeries. Il résulte là, très-probablement, de la décomposition de l'hydrogène sulfuré qui se dégage incessamment de l'eau thermale. Il se forme encore dans les volcans et les solfatares, peut-être par la voie qui vient d'être signalée. La solfatare de Pouzzolles près de Naples fournit une grande quantité de soufre au commerce.

Le soufre est principalement employé pour la fabrication de l'acide sulfurique qui joue un si grand rôle dans l'industrie. Ce même minéral entre essentiellement dans la composition de la poudre à canon, et l'acide sulfureux qui se dégage du soufre en combustion fournit un moyen précieux de blanchiment pour certains tissus, surtout pour les tissus de paille. On se sert encore de cette pierre combustible pour d'autres usages, notamment pour la fabrication des allumettes.

APPENDICE AUX PIERRES.

13ᵉ Famille. — Boréens.

Nous avons placé dans notre méthode, comme appendice aux pierres, au voisinage des métaux, un groupe de minéraux tous originaires des régions boréales et particulièrement de la Scandinavie, dans la composition desquels entrent comme caractérisques des substances rares récemment découvertes, savoir : l'yttria, la thorine, le cérium, le lanthane, le didyme. Le principe le plus fréquent est le cérium, qui se rapproche au moins autant de nos métalloïdes que des métaux. Aussi la plupart de ces minéraux ont-ils des propriétés mixtes qui légitiment la place toute spéciale que nous leur avons donnée. — Les espèces de cette famille sont liées entre elles par des analogies physiques incontestables. — Elles ont, en général, une couleur noire ou brune avec un éclat vitro-résineux, et sont presque infusibles. — Leur densité se maintient vers la limite qui sépare, sous ce rapport, les métaux des pierres. — Ces métaux sont très-rares et sans application, et nous ne croyons pas devoir en décrire aucun dans cet ouvrage tout élémentaire.

QUATRIÈME CLASSE. — MÉTAUX.

Les minéraux métalliques se distinguent de ceux appartenant aux autres classes par leur densité, qui dépasse le plus souvent celle des pierres les plus lourdes, par un éclat caractéristique en général très-brillant et par des couleurs propres habituelles.

Chaque métal, dans notre classification, donne lieu à la formation d'un genre qui comprend le métal natif, s'il y a lieu, et ses diverses combinaisons naturelles. Parmi ces minéraux, dont la réunion constitue le genre, nous n'étudierons que ceux qui jouent le rôle de minerais et quelques autres ayant une certaine importance sous d'autres rapports. — Nous avons déjà dit que nous procéderions, dans cette étude, par catégories établies principalement au point de vue industriel ou métallurgique. — En tête de chacun des genres dont se composent nos catégories industrielles, nous esquisserons la caractéristique du métal qui aura servi à l'établir, et nous terminerons par un article spécial où le lecteur trouvera l'indication du gisement, du traitement des minerais et celle des principaux usages du métal.

MÉTAUX MINÉRALISATEURS.

Nous groupons ici l'arsenic et le tellure qui naguère faisaient partie de notre classe, aujourd'hui supprimée, des minéralisateurs.

Arsenic. = Minéral simple gris, brillant dans sa cassure fraîche; mais devenant promptement noir à l'air par l'effet d'un peu d'oxyde qui se forme à la surface. — Forme pri-

mitive : rhomboèdre de 85°. — Sa densité, qui est très-peu
au-dessous de 6, tend à le rapprocher des métaux ainsi
que son éclat; mais toutes ses relations doivent le faire
considérer comme un minéralisateur voisin du phosphore
et du soufre. — Il est très-volatil et se sublime par l'action
d'une chaleur modérée. Il suffit de la simple flamme d'une
bougie pour en faire dégager une fumée blanche, épaisse,
d'une odeur alliacée très-intense, qui n'est autre chose que
de l'acide arsénieux.

On le trouve en masses lamellaires ou testacées, rarement bacillaires, dans les filons riches en arséniures, principalement dans ceux qui renferment la cobaltine, la nic-
keline, le cuivre gris.

Ces mêmes filons présentent quelquefois aussi de l'*arsénite*
ou acide arsénieux, sous la forme d'une poudre blanche qui
est un résultat de la décomposition de certains arséniures.
On sait que cette poudre, connue du vulgaire sous le nom
d'*arsenic*, est un violent poison dont l'usage criminel est
malheureusement trop répandu. On s'en sert comme mort
aux rats.

Réalgar et orpiment. = Ce sont des sulfures d'arsenic
dont l'un est rouge en masse et orangé lorsqu'il a été réduit en poudre, et le second jaune doré. — Ils sont tendres
et fragiles, et leur densité est environ 3,5. — Ils brûlent
facilement et laissent alors dégager une odeur alliacée très-
forte.

Ces minéraux se trouvent dans certains filons; les plus
beaux échantillons viennent de Hongrie et de Transylvanie. Ils se présentent en petites lames cristallines, clivables,
ou en cristaux qui dérivent d'un prisme rhomboïdal qui
est un oblique pour le réalgar et droit pour l'orpiment. Ce
dernier se présente rarement en cristaux, mais bien en
petites masses lamelleuses et striées. Le réalgar existe,
en outre, dans la dolomie au Saint-Gothard et parmi les
produits sublimés de quelques volcans (Vésuve, Etna).

L'*orpin rouge* et l'*orpin jaune* des peintres ne sont autre chose que du réalgar et de l'orpiment préparés par une voie artificielle.

Tellure. — Le tellure est un métal d'un gris clair, tendre et fragile, à texture lamelleuse, fusible au rouge sombre, soluble dans l'acide azotique.

On le trouve à l'état natif; mais il est ordinairement allié à d'autres métaux (l'or, l'argent, le plomb, le bismuth) pour constituer plusieurs espèces rares, en quelque sorte localisées en certains gîtes de la Transylvanie, et qui n'ont pas assez d'importance pour être décrites dans ces éléments.

MÉTAUX USUELS (*grands métaux*).

Cette catégorie se compose des métaux dont l'emploi direct est très-fréquent. — Ils sont tous plus ou moins ductiles et malléables. — Il y en a six, savoir : le *fer*, le *cuivre*, le *plomb*, l'*étain*, le *zinc* et le *mercure*.

Fer.

Le fer est gris avec une légère teinte bleuâtre, inaltérable, ductile, très-tenace, très-éclatant quand il est poli, magnétique à un très-haut degré. — Sa densité est 7,7 et sa dureté environ 5. — Exposé à l'air humide, il se ternit et se rouille. — Il résiste, sans se fondre, à l'action du plus violent feu de forge; mais il s'y ramollit et devient susceptible alors, sous le marteau du forgeron, de prendre toutes les formes qu'on peut désirer. — L'acide nitrique normal l'attaque avec vivacité.

Les minéraux qui se rapportent au fer sont nombreux. La plupart sont magnétiques immédiatement ou sont susceptibles de le devenir par l'action de la chaleur. — Avec le borax ils produisent, à la flamme intérieure du chalumeau, un verre ayant la couleur du verre de bouteille.

Fer natif et météorique. = En voyant avec quelle abondance le fer s'offre à nous pour les usages de la vie et son emploi si fréquent dans les arts, on pourrait croire que la nature doit le présenter en grandes masses à l'état métallique. Cette opinion serait diamétralement opposée à la vérité, puisque les gisements, d'ailleurs très-rares et très-restreints, de fer natif qui ont été signalés dans l'écorce terrestre, permettent la supposition que ce métal s'y trouve accidentellement et par suite d'une décomposition de minerais oxydés.

La même incertitude n'existe pas à l'égard des masses de fer signalées à la surface du globe en beaucoup de points, et notamment en Sibérie, au Mexique, dans l'Amérique méridionale, et même en France dans le département du Var. Ici le fer a été rencontré en blocs souvent très-volumineux. On en a cité qui pesaient jusqu'à 2,000 kilog., et il est maintenant hors de doute que ces blocs sont tombés du ciel. La propriété que possède ce fer météorique d'être constamment allié au nickel en proportion souvent considérable est extrêmement curieuse et tout à fait caractéristique, car on ne la rencontre jamais dans les minerais terrestres. — Le fer météorique est souvent caverneux ; tel est celui qu'on nomme fer de Pallas, le premier qui ait été connu et dont on doit la découverte à cet illustre voyageur ; les cellules, dont quelques-unes semblent avoir été formées sous l'influence de la cristallisation, y sont remplies par une matière vitreuse, jaunâtre, qu'on rapporte au péridot. — Il y a aussi du fer météorique massif ; celui-ci offre des indices évidents d'une cristallisation qui tendait à produire des octaèdres réguliers. — Le métal de l'une ou de l'autre variété est susceptible d'être immédiatement forgé et transformé en outils, en armes, etc..., comme le fer ordinaire de l'industrie. M. Boussingault rapporte que le gouvernement de la Colombie fit faire, avec le métal d'un bloc trouvé à Santa-Rosa, une épée qui fut offerte à Bolivar, le libérateur de ce pays.

La masse que nous avons signalée dans le département

du Var a été découverte par M. Brard, à Caille, dans l'arrondissement de Grasse, et a été cédée, par ce minéralogiste, au Muséum d'histoire naturelle de Paris. Son poids est de 625 kil.; elle contient 6,2 p. 100 de nickel.

Le fer métallique allié au nickel (que nous appelons *géoxène*) et même au chrome existe aussi en petits grains disséminés dans les pierres qui tombent assez fréquemment de l'atmosphère, et c'est, en grande partie, à cette circonstance qu'il faut attribuer la vertu magnétique très-prononcée dont jouissent la plupart de ces pierres.

Aimant ou **magnétite** (*fer oxydulé*). = Ce dernier nom avait été donné par Haüy au minéral que nous allons décrire, parce que c'est celui des oxydes naturels qui renferme le moins d'oxygène; mais c'est réellement un oxyde intermédiaire que l'on peut considérer comme composé de protoxyde et de péroxyde. Il renferme, p. 100, 72 de fer. — Sa forme primitive est un octaèdre régulier. — Densité : 5. — Dureté : 5,5. — Couleur : gris de fer foncé; poussière noire. — Éclat métallique. — Fortement magnétique; quelquefois doué du magnétisme polaire, d'où les noms d'*aimant* et de *magnétite* qui ont été donné à l'espèce. — Il est infusible au chalumeau.

L'aimant se trouve fréquemment cristallisé en octaèdres et quelquefois en dodécaèdres rhomboïdaux (p. 43, *fig.* 41, et p. 44, *fig.* 45) disséminés dans les roches talqueuses ou talcoïdes, telles que la serpentine et la chlorite (Alpes pennines, Savoie, etc.). Il existe aussi en masses grenues intercalées dans des micaschistes et des roches amphiboliques (Suède, Oural), ou dans des calcaires et des schistes secondaires (île d'Elbe). — Certaines variétés massives ordinairement ternes et même un peu terreuses ont la propriété d'attirer d'un côté l'aiguille aimantée et de la repousser de l'autre et constituent les aimants naturels. — On trouve encore l'aimant en petits octaèdres et en grains dans les sables qui sont dus à la destruction de certaines

roches schisteuses ou volcaniques. On peut facilement
opérer le triage de cet aimant aréneux par le moyen du
barreau aimanté. — Ces cristaux ou grains sont fréquemment titanifères. Ceux qui sont riches en titane ont été
appelés *nigrine*.

Oligiste. = La substance de cette espèce est une sesquioxyde de fer contenant, p. 100, 69 de métal pur. — Forme
primitive : un rhomboèdre de 86°,10. — Densité : 5,24. —
Dureté : 5,5. — Sa couleur est grise ou rougeâtre ; sa
poussière est constamment rouge. — Eclat métallique très-
vif dans les principales variétés. — Au feu du chalumeau
ce minerai ne fond pas, mais il perd une partie de son
oxygène et devient magnétique.

L'oligiste offre plusieurs sortes assez distinctes.

Celui qui jouit pleinement de l'éclat métallique est en
cristaux, en masses cristallines ou en plaquettes brillantes
(*fer spéculaire*). Les cristaux les plus fréquents nous viennent de l'île d'Elbe où ils affectent, le plus souvent, des
formes composées de plusieurs rhomboèdres combinés ou
non avec un scalénoèdre. On en trouve aussi à Framont
dans les Vosges, en Saxe... Le fer spéculaire existe en
lames à contours réguliers dans les fentes des trachytes
au mont Dore (Auvergne); le même minéral se trouve
assez souvent en lamelles disséminées au sein des roches
volcaniques anciennes ou modernes (Puy-de-Dôme, Vésuve).

L'oligiste *écailleux* ou *micacé* gît accessoirement dans
beaucoup de mines de fer. Il offre un assemblage de petites
écailles brillantes qui se séparent et se dispersent par une
légère friction.

L'oligiste *rouge* peut être métalloïde ou terreux. Sa couleur est un mélange de gris et de rouge : il en existe d'un
rouge vif qui passe à la *sanguine* en s'incorporant de l'argile.

L'oligiste *concrétionné* est en rognons ou stalactites à

texture finement fibreuse, dont la couleur est le gris mêlé de rouge. Il est connu principalement sous le nom d'*hématite rouge*. Ou l'emploie pour faire des brunissoirs destinés à polir l'or.

L'oligiste accompagne l'aimant dans la plupart de ses gîtes exploités (Suède, île d'Elbe) et s'en approprie souvent en assez grande quantité pour prendre une vertu magnétique qui ne lui est pas inhérente. On le trouve aussi avec la limonite. Il contribue à remplir des cavités dans des terrains anciens ou secondaires et y forme même quelquefois des couches (La Voulte, Semur), et doit être considéré comme ayant une origine thermale.

Limonite (*fer oxydé hydraté*). = Le nom de *limonite* a été donné à cette espèce parce que sa substance est un sesquioxyde hydraté, comme celle des minerais limoneux qui se déposent dans certains marais. La quantité d'eau est de 14 à 15 p. 100 dans la plupart des cas, et celle du métal atteint normalement 58 à 60. — La forme de ce minéral est encore inconnue, car tous les cristaux qu'on trouve fréquemment ne sont que des formes empruntées (épigénies) à d'autres minéraux, particulièrement à la pyrite, et n'appartiennent pas en propre au minéral que nous décrivons. — Sa densité varie entre 3,3 et 3,4. — Sa dureté est variable suivant les sortes que l'on considère, mais jamais elle ne s'élève au-dessus de 4. — Sa couleur est le brun ou le brun terreux passant au jaunâtre; sa poussière est toujours jaune. — Au chalumeau, il devient noir, se scorifie et prend la vertu magnétique.

On peut distinguer trois sortes principales : 1º la limonite *en masse*, qui peut être ou non concrétionnée, 2º la limonite *oolitique*; 3º la limonite *terreuse*.

C'est à la première sorte surtout que se rapportent les caractères du type. La variété la plus intéressante est l'*hématite brune*, qui se présente sous la forme de stalactites, de rognons, de masses mamelonnées à cassure finement. fibreuse et rayonnée. — Elle est souvent noire et brillante à la surface et brune sans éclat à la cassure. — Elle remplit, conjointement avec l'oligiste et la sidérose, des cavités souterraines où elle a été amenée par des eaux thermales abondantes (Vicdessos dans l'Ariége).

La sorte en grains ronds, oolitiques ou pisolitiques, se trouve incorporée dans certaines couches sédimentaires argileuses ou calcaires, ou existe à l'état libre au milieu d'un limon ferrugineux dans des cavités naturelles en forme de boyaux, d'entonnoirs, de cavernes. — Elle constitue un minerai très-employé et qui alimente seul les nombreuses forges de la Haute-Marne, de la Côte-d'Or, de la Haute-Saône, etc. — C'est à cette sorte qu'il convient de rapporter les sphères ou amandes géodiques formées par des couches concentriques d'une limonite impure et qui contiennent souvent un noyau mobile d'argile ferrugineuse (*ætite* ou pierre d'aigle).

La troisième sorte est ordinairement très-argileuse. — Elle est tendre et sans consistance. — Sa couleur est le brun passant au jaune. — Elle forme des dépôts superficiels qui occupent souvent une grande étendue et qui appartiennent à des terrains quelquefois très-modernes (Cher, Dordogne). — Certaines variétés fines, mais très-argileuses, offrent une belle couleur jaune, et sont exploitées comme matière colorante (ocre), notamment à Pourrain, dans l'Yonne.

Nous distinguerons la variété de limonite qu'on trouve dans les marais et les tourbières et dont l'origine limoneuse a suggéré le nom de l'espèce. — La couleur brun foncé et l'éclat résineux de certaines de ces limonites doivent être attribués à la présence d'une petite quantité d'acide phosphorique. — Cette variété est très-fréquente en Prusse et en Pologne où elle forme la matière première d'une fonte fusible, fine et très-propre au moulage des petits objets.

Sidérose (*fer carbonaté*; *fer spathique*). $=$ La substance de ce minéral est le carbonate de fer; lorsqu'il est pur, il contient 45 p. 100 de fer, mais il est habituellement mélangé de carbonate de chaux et souvent de carbonates de magnésie et de manganèse. — Sa forme primitive est un rhomboèdre obtus de 107°; il offre des clivages égaux et très-faciles parallèlement aux faces de ce solide. — Dans l'état normal, il serait à peu près incolore, mais presque tous les échantillons offrent la couleur blonde par un commencement de décomposition; la poussière est grisâtre. — Densité : 3,8. — Dureté : 3,5. — Soluble dans l'acide nitrique avec une effervescence très-lente à froid. — Au chalumeau, la sidérose noircit et devient magnétique.

Ces caractères s'appliquent principalement à la sidérose lamelleuse qu'on appelle *fer spathique*. Celle-ci se présente fréquemment cristallisée sous la forme primitive ou en rhomboèdre obtus analogue à l'équiaxe du calcaire. On la trouve aussi en groupements lenticulaires et en masses lamelleuses.

Ce minéral forme quelquefois, à lui seul, des filons dans des terrains plus ou moins anciens; mais, le plus souvent, il accompagne les autres minerais de fer. Il a une tendance marquée à passer à l'état de limonite; il devient brun et même noirâtre lorsque cette transformation est assez avancée.

Il existe une autre sorte de sidérose (*lithoïde*), massive ou concrétionnée, mais toujours à l'état compacte et habituellement mélangée d'argile. On la trouve le plus souvent dans le gorre des houillères où elle forme des cordons ou des bandes. Sa couleur est le gris foncé, le rougeâtre, le noirâtre. Elle constitue le minerai courant des forges anglaises.

Pyrite (*fer sulfuré jaune*). $=$ Ce minéral, dont la substance est un bi-sulfure de fer, est d'un jaune de laiton très-brillant et dur au point de faire feu au briquet. — Densité : 5. — Au chalumeau, il exhale une odeur sulfureuse et passe à l'état de péroxyde rouge par l'intermédiaire d'un sulfure noir attirable à l'aimant.

C'est peut-être le minéral métallique qui fournit les cristaux les plus nets et les plus variés. Ses formes dérivent de l'hexa-dièdre ou dodécaèdre pentagonal. Dans les plus fréquentes dominent le cube, l'hexa-dièdre et l'octaèdre régulier (*fig.* 39, 41, 53, 55). Ces cristaux ont une grande tendance à passer à l'état de limonite brune et présentent ainsi un exemple d'épigénie des plus remarquables. On les trouve principalement dans les filons métallifères, et, à l'état disséminé, dans diverses roches où leur séparation de la gangue, le plus souvent absolue, est un des faits les plus difficiles à expliquer. Nous citerons, parmi ces roches, le calcaire et le gypse cristallins et surtout les schistes argileux, notamment l'ardoise, qui est assez fréquemment couverte de cubes pyriteux dont la couleur et l'éclat tranchent sur le fond noir de la roche.

La pyrite était employée comme pierre à fusil avant qu'on sût se servir du silex. On peut en tirer du soufre par la distillation.

Sperkise ou **marcassite**, (*fer sulfuré blanc*). = On donne ce nom à une autre pyrite identique à la précédente sous le rapport chimique, mais qui en diffère minéralogiquement par sa couleur, qui est le blanc jaunâtre un peu verdâtre, et surtout par ses formes cristallines qui se rapportent au système ortho-rhombique et ont l'habitude de se grouper de manière à former des mâcles crêtées ou péritômes.

— C'est ainsi qu'elle existe dans les filons, mais elle y est assez rare. Sa manière d'être la plus habituelle est de se trouver dans la craie ou dans certaines assises argileuses, sous forme de rognons cristallins à structure rayonnée; ou de s'y disséminer en particules impalpables. Dans cet état, elle est très-sujette à la décomposition et passe alors au sulfate de fer, et lorsque cette transformation se fait au sein des argiles ou des schistes argileux qui en sont intimement pénétrés, elle donne lieu à la formation d'un sulfate d'alumine ferrifère. On active cette combinaison, pour les fabriques d'alun, par l'action de l'air et de l'humidité (1).

Le brillant métallique que prend quelquefois la sperkise cristallisée l'a fait utiliser en joaillerie sous le nom de *marcassite* que plusieurs minéralogistes emploient pour désigner l'espèce.

Leberkise (*fer sulfuré magnétique*).==C'est un sulfure particulier dont la couleur est bronzée, légèrement rougeâtre, et qui se distingue facilement d'ailleurs des précédents par la propriété d'agir immédiatement sur l'aiguille aimantée.

Cette espèce, moins commune que la pyrite et la sperkise, gît principalement dans les filons métallifères. On la trouve encore en petites masses dans des schistes anciens. Elle existe aussi disséminée en petits grains dans les aérolites.

Mispickel (*fer arsenical*). == Minéral gris clair, composé de fer et d'arsenic et dont la forme est un prisme orthorhombique de 111°. — Densité : 6,12. — Dureté : 5,5 ; fait feu au briquet en donnant une odeur alliacée. — Fusible au chalumeau avec émission de vapeurs arsenicales très-abondantes. — Soluble dans l'acide nitrique en laissant un résidu blanchâtre.

Le mispickel est fréquemment cristallisé. Ses cristaux les plus habituels sont le prisme primitif. On le trouve aussi en petits amas dont la texture est finement grenue. — Il accompagne fréquemment les minerais d'étain et ceux de cuivre.

---

(1) Ces schistes ou argiles effleuris donnent, par la lixiviation, une dissolution de sulfate d'alumine et de sulfate de fer. Une addition de potasse y détermine la formation de l'alun, que l'on sépare ensuite par la cristallisation. Les eaux mères, riches en sulfate de fer, fournissent ce dernier sel cristallisé ; c'est la *couperose verte*.

Gisement ; traitement ; usages. — Les principaux minerais du fer sont les oxydes et le carbonate, qui se
laissent facilement reconnaître et distinguer par plusieurs
caractères, et surtout par la couleur de leur poussière.

L'oxydule ou aimant et l'oligiste existent en amas intercalés dans des roches, souvent schisteuses, anciennes
ou secondaires, ordinairement cristallines par métamorphisme. C'est dans des roches amphiboliques qu'existent
les mines d'aimant de Suède, de l'Oural et des Etats-Unis,
mines qui fournissent au commerce le meilleur fer pour
la fabrication de l'acier. A l'île d'Elbe, le même minerai
et l'oligiste sont intercalés dans des calcaires et des schistes
secondaires. Ce dernier mode de gisement est également
celui des riches mines de l'Ardèche (La Voulte) et de la
mine de Semur (Côte-d'Or) où le fer oligiste se trouve
en couches dans l'infra-lias. — La limonite compacte et
concrétionnée (hématite) forme des amas de remplissage
dans des cavités des terrains secondaires où elle a été
apportée par voie thermale conjointement avec l'oligiste
(Vicdessos dans l'Ariége). — Le minerai de fer en grains
et la limonite pisolitique forment des couches ou remplissent des cavités et des boyaux dans les mêmes terrains
(Franche-Comté , Bourgogne). Enfin , la sorte terreuse
forme des dépôts superficiels qui recouvrent habituellement des plateaux. — Le fer spathique gît dans les filons
où il accompagne souvent les autres minerais. — Quant
à la sidérose lithoïde, c'est généralement au milieu du
gorre des houillères qu'elle se trouve. L'Angleterre est
très-riche en minerais de ce genre, et la présence de cette
sidérose dans les mines mêmes qui fournissent en même
temps le combustible et le principe réducteur, est une
des causes de la prospérité industrielle de ce royaume.

Les minerais de fer, qui sont presque toujours des
oxydes, comme on vient de le voir, se réduisent par le
charbon à une haute température. Dans le procédé catalan,

très-usité jadis dans les Pyrénées, on retirait directement le fer pur de ces minerais ; mais le mode de traitement le plus général, qui se fait par les hauts fourneaux, convertit ces oxydes d'abord en une combinaison de fer, de carbone et de silicium qu'on appelle *fonte* et qui est très-employée pour la fabrication d'une foule d'objets par le moulage. On transforme la fonte en fer en la soumettant de nouveau à l'influence du charbon sous l'action du feu, et à différentes reprises, dans un fourneau d'affinage, et en lui faisant subir, chaque fois, l'action du marteau ou du laminoir.

Le fer forgé, combiné avec une petite quantité de charbon, constitue l'acier, qui est beaucoup plus fin de texture, plus élastique et plus dur que le fer pur. — La sidérose, qui contient naturellement du carbone, est susceptible de donner directement de l'acier par un traitement convenable ; de là le nom de *mine d'acier* qu'on lui applique fréquemment.

Les usages du fer, de la fonte et de l'acier sont très-nombreux, et la plupart sont tellement connus que nous croyons pouvoir nous abstenir de les indiquer ici.

Cuivre.

Ce métal, connu de toute antiquité, offre une couleur rouge *sui generis*. — Il est très-éclatant, très-ductile, très-malléable, tenace, assez dur relativement, exhalant par le frottement une odeur particulière. — Sa densité est entre 8,7 et 8,9. — Peu altérable à l'air sec, il se couvre, sous l'influence de l'humidité, d'un enduit vert (vert de gris). — Fusible à la chaleur rouge. — Soluble dans l'acide nitrique avec dégagement de vapeurs rutilantes ; la dissolution est verte.

Les minéraux du genre cuivre sont nombreux. Ils sont tous colorés d'une manière très-marquée ; les couleurs qu'on peut regarder comme dues à la présence du cuivre sont le rouge, le vert et le bleu. — Tous jouissent de la propriété, lorsqu'ils ont été grillés, de se dissoudre dans l'acide nitrique, en donnant une liqueur verte d'où le cuivre peut être précipité, sous forme d'enduit rouge, sur une lame de fer.

Cuivre natif. = Il jouit des propriétés que nous avons assignées ci-dessus au cuivre du commerce. — On le trouve accessoirement avec les minerais ordinaires. — Il se présente le plus souvent en masses (1) ramuleuses ou dendritiques, dans lesquelles on distingue quelquefois de petits éléments cristallisés en octaèdres ou en cubes.

Zigueline (*cuivre oxydulé*). = Ce minerai consiste en un cuivre oxydé au minimum qui contient environ 89 p. 100 de métal. — Sa forme primitive est le cube, avec des clivages faciles parallèlement aux faces de ce solide. — Densité : 6. — Dureté : 3,5. — Sa couleur est d'un beau rouge dans les variétés translucides. Dans les cristaux opaques, elle est dissimulée ; mais on la met en évidence en réduisant une parcelle du minéral en poussière. — Sa cassure est conchoïde et offre l'éclat vitreux. — Avec l'acide nitrique il fait effervescence et produit une dissolution verte.

Il est habituellement cristallisé en cubes (Cornouailles, Sibérie) ou en octaèdres, ou, enfin, en dodécaèdres (voyez page 27, *fig.* de 16 à 20, et page 44, *fig.* 45). Ces dernières formes se trouvent fréquemment à Chessy près Lyon, où elles offrent un assez beau volume et une admirable régularité. Les cristaux qui présentent ces qualités exceptionnelles sont disséminés ou isolés au milieu d'une matière argileuse où ils ont été formés après coup au dépens d'un minerai pyriteux qui gît par-dessous ou dans le voisinage ; habituellement ils sont revêtus, dans ce gisement, d'une couche de carbonate vert. Il y a aussi de la zigueline en masses lamelleuses. Une variété capillaire est remarquable par sa couleur vive et par l'éclat soyeux des aiguilles qui la composent.

Chalkosine (*cuivre sulfuré*). = Minéral dont la substance

_____

(1) Ces masses atteignent quelquefois, notamment au Canada, des dimensions considérables.

est un sulfure de cuivre tenant environ 75 p. 100 de ce métal. — Forme primitive : le prisme hexagonal régulier. — Densité : 5,7. — Dureté : 2,5. — Assez ductile, lorsqu'il est pur, pour se laisser facilement couper en petits copeaux. — Sa couleur est le gris de fer tirant un peu sur le bleu, et son éclat est métalloïde. — Très-fusible. — Soluble, en vert, dans l'acide nitrique.

Les cristaux ont pour forme le prisme hexagonal simple ou bordé de facettes à la base. On trouve plus souvent la chalkosine en masses lamellaires ou compactes d'une couleur foncée. Elle renferme ordinairement un peu de fer et souvent de l'argent.

Chalkopyrite (*cuivre pyriteux*). = Ce minéral résulte de la combinaison de deux sulfures, l'un de cuivre et l'autre de fer ; mais il est fréquemment mélangé, en outre, de pyrite de fer. Sa teneur en cuivre, lorsqu'il est à l'état normal, est environ de 33 p. 100. — Sa forme primitive est un sphénoèdre dont l'angle diffère très-peu de celui du tétraèdre régulier. — Densité : 4,17. — Dureté : 3,5. — Sa couleur est le jaune de laiton modifié par une légère nuance de vert. — Il jouit d'un éclat métallique très-prononcé. — Au chalumeau il fond en un globule noir qui devient attirable à l'aimant lorsqu'on prolonge suffisamment l'action du feu. — Soluble, en vert, dans l'acide nitrique.

Les cristaux ont habituellement la forme du sphénoèdre primitif simple ou modifié dans les angles, ou celle d'un octaèdre à base carrée différant à peine de l'octaèdre régulier. On le trouve le plus souvent en masses et quelquefois en concrétions.

La chalkopyrite offre assez souvent des reflets irisés à sa surface ; mais il existe un minerai cuivreux, composé à peu près comme elle, chez lequel les irisations profondes de couleurs foncées constituent un caractère habituel. On le désigne particulièrement par le nom de *cuivre panaché* ou *phillipsite*.

Panabase (*cuivre gris*). = Ce nom de panabase, qui signifie nombreuses bases, indique que ce minerai de cuivre a une substance assez complexe. Normalement il se compose de cuivre et de fer minéralisés par du soufre et par de l'antimoine. Il contient moyennement 35 de cuivre ; mais un peu de ce métal peut être remplacé par de l'argent, et une partie de l'antimoine par de l'arsenic. — Sa forme primitive est le tétraèdre régulier. — Densité : 4,6 à 5. — Dureté : 3,5 ; il est aigre et fragile ; sa cassure est brillante et finement grenue. — Sa couleur est le gris d'acier clair et son éclat est vif. — Au chalumeau il se boursoufle et donne des vapeurs blanches d'antimoine et souvent d'arsenic. — L'acide nitrique l'attaque, en produisant un précipité blanc d'acide antimonieux.

Les cristaux de panabase sont constamment des tétraèdres simples (voyez page 46, *fig.* 51) ou modifiés, souvent pyramidés.

Il y a des cuivres gris ou *fahlerz* dans lesquels l'arsenic remplace presque complétement l'antimoine. Dans ce cas, ils ont une couleur plus foncée ; ils donnent au chalumeau d'abondantes vapeurs arsenicales et cristallisent dans le système cubique normal. On a fait de ces cuivres gris arsénifères une espèce sous le nom de *tennantite*.

Cuivre carbonaté. = Cette espèce comprend deux sortes qui ont été érigées en espèces sous les noms d'*azurite* et de *malachite*. La première est d'un beau bleu, et la seconde d'un vert velouté très-agréable. — La substance est, pour l'une comme pour l'autre, un hydro-carbonate de cuivre. — Elles sont assez tendres et peu pesantes. — Dureté : entre 2,5 et 3,5. — Densité : 3,8 à 4. — Au chalumeau elles se fondent en une boule noire. — Solubles avec effervescences dans l'acide nitrique.

Ces deux sortes, d'ailleurs, passent de l'une à l'autre et se rencontrent comme des produits secondaires dans les mêmes gisements. Il y a cependant une différence marquée dans leur manière d'être. L'azurite est habituellement cristallisée et offre de beaux groupes de cristaux translucides, dérivant d'un prisme unoblique de 99°. La malachite ne se montre presque jamais avec des formes géométriques. Son état habituel est l'état concrétionné. Elle est d'ailleurs plus fréquente que l'autre sorte.

La localité de Chessy (Rhône), déjà citée pour ses cristaux de zigueline, est encore plus connue pour ses magnifiques groupes cristallisés d'azurite. Ces cristaux gisent là au milieu d'un grès friable argilifère dépendant du keuper et résultent d'un remaniement de la pyrite cuivreuse par des eaux thermales acidules. — Les plus belles malachites viennent de Sibérie où elles forment des masses concrétionnées. Ces concrétions, sciées et polies, offrent des zones satinées de différente intensité de couleur et d'aspect, qui produisent à l'œil un effet des plus agréables. C'est une pierre d'ornement très-précieuse que l'on emploie pour plaquer des coffrets et d'autres petits meubles, et même pour faire des bijoux.

Mines ; traitement ; usages. — Tous les minerais précédents se trouvent souvent réunis dans les mêmes filons au sein des terrains de transition ou des terrains primordiaux ; les carbonates ne jouent jamais, dans ces gîtes, qu'un rôle insignifiant au point de vue métallurgique ; la zigueline y est généralement peu abondante et le cuivre natif ne s'y montre qu'accessoirement. Le plus habituel de ces minerais et la chalkopyrite. — Les principales mines de cuivre sont en Cornouailles en Angleterre, en Saxe, au Hartz, en Suède et Norwége, à Cuba, au Chili, dans l'Oural. Il y a, en outre, des mines exceptionnelles, comme celle de Chessy (Rhône) où l'on a exploité pendant quelque temps l'azurite avec le plus grand profit, les mines de cuivre natif du Canada, et les schistes cuivreux de la Thuringe qui ont une origine sédimentaire.

Le traitement des minerais habituels du cuivre, qui sont, comme nous venons de le dire, essentiellement pyriteux, est assez complexe. Il se compose de deux parties : 1° le *grillage* et la *fusion*; 2° l'*affinage*.

Le grillage et la fusion se répètent et alternent un certain nombre de fois. La première opération a principalement pour but de chasser le soufre, et la fusion, qui se fait, en général, avec addition de fondants, produit des scories qui entraînent peu à peu le fer. Le résultat de ce premier traitement est un cuivre impur (*cuivre noir*).

L'affinage consiste à fondre, dans un creuset revêtu de charbon intérieurement (brasqué), le cuivre noir, par petites portions que l'on mélange avec des morceaux de charbon. Il se dégage beaucoup d'acide sulfureux, et il se forme des scories que l'on fait écouler. Lorsque l'opération est terminée, le fond du creuset offre un bain de cuivre métallique sur lequel on jette un peu d'eau qui détermine la formation d'une plaque ronde que l'on retire ; une nouvelle injection d'eau produit une nouvelle plaque, et ainsi de suite ; on obtient ainsi le cuivre *rosette*, qu'il faut affiner de nouveau pour le transformer en cuivre malléable.

Plusieurs minerais de cuivre, notamment le panabase, contiennent de l'argent et sont traités en conséquence.

C'est en Angleterre surtout que la métallurgie du cuivre offre une grande importance. On y traite des minerais de tous les pays et les produits forment plus de la moitié de ceux qui sont consommés dans le monde entier.

Les usages du cuivre sont très-importants. A l'état de régule il sert à faire des chaudières, des ustensiles de cuisine, des plaques pour doubler les vaisseaux, des monnaies. Ses alliages avec le zinc (laiton) et avec l'étain (bronze) ont des emplois plus nombreux encore et plus variés. Enfin, plusieurs de ces combinaisons fournissent aux arts des matières précieuses, notamment des couleurs pour la teinture.

Plomb.

Métal très-anciennement connu, d'un gris légèrement bleuâtre, terne orsqu'il a été exposé à l'air, mais brillant dans la coupure fraîche; tendre au point de laisser des traces sur le papier, mou, flexible et très-malléable, pesant. — Densité : 11,4. — Il fond à 335°. — Attaquable à la température ordinaire par l'acide nitrique avec dégagement de vapeurs rutilantes.

Galène (*plomb sulfuré*). = La substance de la galène pure est un sulfure de plomb, contenant 85 p. 100 de métal; mais, habituellement, il s'y mêle une petite quantité d'argent. — Forme primitive : le cube ; clivage très-facile parallèlement aux faces de ce solide. — Densité : 7,5. — Dureté : 2,6. — Fragile. — Eclat métallique prononcé. — La couleur de la galène est constamment le gris de plomb ; sa rayure est grise. — Facilement fusible au chalumeau avec dégagement d'une forte odeur de soufre. — Soluble, avec précipité blanc, dans l'acide nitrique.

La galène affecte des formes variées appartenant au système régulier, cube, octaèdre, dodécaèdre rhomboïdal, seuls ou combinés (voyez page 27, *fig.* 16, 17, 18, 19, 20, et page 56, *fig.* 50). Elle se trouve plus fréquemment en masses laminaires, lamellaires, grenues. Une simple percussion suffit pour déterminer les variétés lamelleuses à se diviser en une foule de petits fragments cubiques. C'est le minerai par excellence pour le plomb et il est extrêmement répandu.

Bournonite (*antimoine sulfuré plumbo-cuprifère*). = Cette espèce est remarquable par sa substance, qui est un triple sulfure, en proportions égales, de plomb, d'antimoine et de cuivre. Sa forme primitive est un prisme droit rhomboïdal de 93° 1/2. — Densité : 5,7 à 5,9. — Dureté : 2,5. —Fusible au chalumeau en laissant exhaler une fumée blanche épaisse et produisant un bouton noir plumbo-cuprifère. — Couleur d'un gris de fer ou d'acier. — Cassure conchoïdale d'une couleur plus claire que celle de la surface. — Éclat variable.

Elle se présente sous la forme de petits cristaux dans lesquels domine quelquefois le prisme primitif, mais plus souvent le prisme rectangulaire droit qui résulterait de la troncature des arêtes latérales du type. Ordinairement ces cristaux sont courts et même tabulaires. Dans certaines circonstances, ils s'allongent et sont alors fréquemment striés et mâclés. La bournonite existe aussi en masses amorphes.

Les principaux gîtes sont les mines de Cornouailles, de Kapnick en Transylvanie, du Hartz, du Mexique, de Servoz (Piémont), de Pontgibaud (Auvergne). Dans quelques localités, la bournonite est assez abondante pour constituer un minerai exploitable de cuivre et d'argent.

Céruse (*plomb carbonaté*). = Ce minéral est composé de plomb et d'acide carbonique. Il renferme 76 p. 100 de plomb. — Sa forme primitive est un prisme droit rhomboïdal de 117°. — Sa couleur presque nulle ou blanche et l'éclat adamantin qu'il possède à un assez haut degré, qui tendraient à le faire prendre, au premier abord, pour une pierre, joints à une densité tout à fait métallique (6,7), suffiraient pour le faire reconnaître. — Il est très-fragile et sa dureté atteint 3,5. — Au chalumeau il décrépite, se décompose et donne un globule de plomb. — Soluble avec effervescence dans l'acide nitrique.

La céruse se trouve souvent cristallisée dans les géodes des filons plombifères. Ses formes les plus habituelles sont des prismes à six faces aplatis latéralement, assez sujets à se mâcler en se joignant ou se croisant suivant l'axe. Elle offre aussi des variétés aciculaires remarquables par leur éclat soyeux, d'autres à structure bacillaire, et enfin des masses compactes à cassure vitreuse. Certains morceaux ont une couleur noire que l'on est porté à attribuer à un mélange de galène ou de sulfure d'argent. Ce minéral accompagne souvent la galène et est utilisé subsidiairement comme un minerai de plomb dont le traitement est très-facile.

Pyromorphite (*plomb phosphaté*). = C'est un chlorophosphate de plomb qui a pour forme primitive et en même temps pour forme dominante un prisme hexagonal régulier. — Densité : 7. — Dureté : 3,75. — Cassure vitreuse; éclat un peu gras. — Fusible au chalumeau en une perle d'un gris clair qui prend, en se refroidissant, une forme polyédrique (d'où le nom de *pyromorphite*).

Il y a deux sortes de pyromorphite : l'une est d'un vert d'herbe très-agréable; l'autre est brune. Elles se présentent toutes les deux en beaux cristaux prismatiques, en masses bacillaires ou aciculaires et en masses amorphes. Ce minéral accompagne la galène dans certains filons seulement, notamment à Huelgoat (Bretagne), à Freyberg (Saxe), à Bérézof en Sibérie.

Mines; traitement; usages. — Presque tout le plomb du commerce s'extrait de la galène, qui est extrêmement répandue dans toutes les parties du monde. Elle gît presque toujours dans des filons qui traversent divers terrains de sédiment, principalement le terrain de transition, en association avec le quartz, la barytine, la fluorine, le calcaire. Elle est fréquemment accompagnée de blende et de pyrite, et renferme presque toujours une petite quantité d'argent.

La France possède quatre mines principales où le minerai est traité, savoir : Poullaouen et Huelgoat en Bretagne, Villefort (Lozère), Pontgibaud (Auvergne), et Vienne (Isère).

Le minerai de plomb, lorsqu'il a été bocardé, trié et lavé avec soin, se trouve converti en une poudre très-riche qu'on appelle *schlick*, dont il faut enlever le soufre. Pour cela, on se sert quelquefois du fer, mais ordinairement on emploie le procédé dit par *réaction*. Il consiste à griller la galène, de manière à y déterminer la formation d'un oxyde et d'un sulfate. Lorsque ce résultat est obtenu, on brasse et on mélange bien la matière, puis on ferme toutes les issues du fourneau et l'on donne un bon coup de feu. Il se produit alors une réaction entre le sulfate et le sulfure, d'où résulte la séparation d'une certaine quantité de plomb métallique.

Ce métal ainsi obtenu retient tout l'argent qui était contenu dans la galène. Lorsque cette quantité égale au moins $1/5000$ du poids du minerai, il est avantageux de l'extraire. On y parvient en soumettant le plomb, qui résulte du traitement précédent, à la fusion au contact de l'air. Il se forme alors, à la surface du bain, de la litharge que l'on fait écouler au fur et à mesure qu'elle se produit. En même temps l'argent se sépare peu à peu et se rassemble au fond du creuset. Lorsque tout le plomb a été ainsi converti en oxyde, il ne reste plus qu'un culot d'argent. On peut ensuite revivifier la litharge en la fondant au contact du charbon dans un fourneau à manche.

Le plomb laminé est employé pour la fabrication des tuyaux de conduite, pour la couverture des terrasses, pour fabriquer les balles et le plomb de chasse. Il forme avec l'étain plusieurs alliages importants, comme la soudure des plombiers, la potée d'étain. Il sert de base, en outre, à une foule de combinaisons utiles dans les arts et dans l'industrie, comme le minium, le chromate de plomb, le blanc de céruse.

Étain.

L'étain est un métal un peu moins blanc que l'argent, se ternissant à l'air, malléable, se laissant plier en faisant entendre un petit bruit (cri de l'étain); donnant une odeur *sui generis* par le frottement. — Fusible à 228°. — Densité : 7,3. — Peu dur. — Violemment attaqué par l'acide nitrique en produisant un précipité blanc.

Le genre étain ne comprend qu'une espèce importante : la *cassitérite*.

Cassitérite (*étain oxydé*). = La substance est ici un bioxyde d'étain dans lequel ce métal entre pour 77 sur 100. — Forme primitive : octaèdre carré. — Densité : très-voisine de 7. — Dureté : 6,5. — Ce minéral est doué d'un vif éclat et offre une cassure vitreuse. — Sa couleur habituelle est le brun, quelquefois assez clair, ordinairement foncé. — Infusible au chalumeau. — Insoluble dans l'acide nitrique.

La cassitérite se présente habituellement en cristaux dont la forme ordinaire est un prisme carré terminé par l'octaèdre primitif (page 53, *fig.* 73), seul ou portant, sur ses arêtes, des facettes appartenant à un octaèdre inverse. Ces cristaux sont rarement simples ; presque toujours ils s'accolent deux à deux, trois à trois, par des plans obliques, et se pénètrent profondément. Ces mâcles, facilement reconnaissables à leurs angles rentrants, fournissent un excellent caractère distinctif aux mineurs, qui leur ont donné le nom de *becs d'étain*. On trouve aussi ce minéral en petites masses amorphes et vitreuses. Il existe une variété à structure stratiforme et comme fibreuse, qui offre assez souvent des teintes d'un brun jaunâtre avec une disposition veinée (étain de bois).

Mines ; traitement; usages. — La cassitérite constitue le seul minerai d'étain exploité, et c'est un des minerais dont l'aspect indique le moins les caractères du métal qu'il renferme. Elle gît dans les filons les plus anciens, au sein des terrains granitiques, au milieu d'une gangue de quartz ou de greisen. On la trouve aussi en morceaux roulés dans certaines alluvions. Les principaux lieux d'extraction sont : l'île de Banca et la presqu'île de Ma-

lacca dans l'Inde, le Mexique, et le pays de Cornouailles
en Angleterre; il y a aussi des mines exploitées en Saxe
et en Bohême. La France offre quelques gîtes peu pro-
ductifs en Bretagne et dans le Limousin.

Il est très-facile d'extraire de cette mine l'étain métallique. Il suffit pour cela de la bocarder et de la laver, puis
de la griller et de la laver de nouveau pour en séparer
quelques sulfures et arséniures mélangés, et enfin de la
traiter par le charbon dans un fourneau brasqué.

L'étain allié à un peu de plomb sert à faire une poterie
particulière et des couverts de table. Réduit en feuilles
minces et combiné avec le mercure, il constitue le *tain* des
glaces. C'est lui, qui appliqué sur les parois intérieures
des vases de cuivre et de fer, forme l'étamage ordinaire et
qui, incorporé à la tôle, donne le *fer-blanc*. Il entre dans
plusieurs alliages utiles, comme le bronze, la soudure des
plombiers, etc..

Zinc.

Métal très-anciennement connu; blanc avec une nuance de bleuâtre;
lamelleux, brillant dans la cassure fraîche; assez mou, graissant la lime;
cassant à froid, devenant ductile à chaud entre 130° et 150°. — Densité:
6,8 à 7. — Fusible à 412°; se réduisant à l'air, au rouge blanc, en
une vapeur susceptible de brûler avec une flamme éclatante et de produire un oxyde blanc floconneux.

Calamine. = La mine de zinc qu'on appelle ainsi dans
les arts est, le plus souvent, un mélange de deux espèces
dont l'une est un carbonate et l'autre un silicate de zinc;
celle-ci ne paraît jouer, relativement à la première, qu'un
rôle secondaire. Au reste, ces deux éléments contiennent
l'un et l'autre, dans leur état de pureté, 52 p. 100 de métal.
— Ce minerai se présente habituellement sous la forme
d'une pierre jaunâtre, blanchâtre ou rougeâtre, mélangée
d'argile ferrugineuse, de calcaire, etc., dont la cassure varie

du compacte au terreux, et qui est fréquemment cellulaire
ou cariée. Il y a aussi des calamines concrétionnées. —
C'est dans les cavités de cette calamine mixte que l'on
trouve les deux espèces cristallisées et offrant les caractères
qui les distinguent. Ces cristaux sont généralement petits,
presque incolores, ont un aspect vitreux, et on les prendrait, au premier coup d'œil, pour une pierre cristallisée.

La *smithsonite* (zinc carbonaté) se distingue de l'autre
espèce par la forme de ses cristaux, qui dérivent d'un
rhomboèdre de 107° $^1/_2$ et par la propriété qu'elle possède
de faire effervescence avec les acides. — Sa densité est
4,45, et sa dureté 5.

La *calamine* proprement dite (zinc silicaté), dont la substance est un silicate de zinc hydraté, se réduit en gelée
dans l'acide nitrique sans effervescence, et sa densité ne
dépasse pas 3,6. — Ses cristaux affectent ordinairement la
forme d'un petit prisme hexagonal allongé, aplati latéralement et terminé supérieurement et inférieurement par un
biseau. Cette forme dérive d'un prisme ortho-rhombique.

Blende (*zinc sulfuré*). = La substance de ce minéral est
un sulfure dans lequel il entre 66 p. 100 de zinc. — Sa
forme primitive est le tétraèdre régulier. Son tissu est lamelleux et offre des clivages faciles et brillants parallèlement aux faces du dodécaèdre rhomboïdal (Haüy). —
Densité : 4,16. — Dureté : 3,5. — Sa couleur n'est pas
constante, comme celle de presque tous les minéraux métalliques. Les teintes habituelles sont le brun et le jaune.
La rayure est jaunâtre ou grisâtre, caractère qui peut servir à faire distinguer la blende de la galène lorsque la première affecte des couleurs sombres. Les variétés claires
sont translucides. — L'éclat de la blende est très-vif. —
Au chalumeau cette espèce se décompose sans se fondre
et donne une odeur sulfureuse. — Soluble dans l'acide nitrique avec dégagement d'hydrogène sulfuré.

La blende se présente en cristaux et en masses lamelleuses ou grenues. Les cristaux se présentent assez souvent sous la forme de tétraèdres réguliers (page 46 , *fig*. 51), soit simples, soit modifiés. On trouve plus fréquemment encore des mâcles assez compliquées, où l'on distingue les faces du dodécaèdre rhomboïdal. Ce minéral s'allie et se mélange à la galène dans les mêmes filons.

Mines; traitement; usages. — La blende est le minerai de zinc le plus fréquent; mais, jusqu'à présent, il a été peu employé à cause de la difficulté de son traitement. Le véritable minerai de zinc est la calamine, dont les gisements sont bien plus restreints. Les principaux sont ceux de la Vieille-Montagne, près Aix-la-Chapelle, et de Tarnowitz en Silésie. On trouve aussi ce minéral en plusieurs points de l'Angleterre. Ces gîtes consistent en des amas très-irréguliers intercalés dans des calcaires et dolomies qui paraissent dater du commencement de l'époque secondaire et qui portent avec eux de fréquents indices d'une action thermale.

Voici le résumé du mode de traitement :

Le minerai est d'abord calciné et réduit en poudre, puis traité par le charbon dans des cylindres de terre que l'on chauffe au blanc. Le métal, débarrassé, par cette opération, de l'acide carbonique et de l'oxygène, se volatilise et vient se condenser dans des allonges d'où on le retire pour le soumettre à la fusion. Ce mode de traitement laisse à peu près infructueux le minerai silicaté qui est d'ailleurs très-inférieur en quantité au carbonate. C'est à Liége que se fabrique presque tout le zinc réclamé par le commerce de l'Europe.

Ce métal est actuellement très-employé pour des usages qui exigeaient le plomb laminé. Allié au cuivre, il produit le laiton. Son oxyde, sous le nom de *blanc de zinc*, tend à se substituer à la céruse dans la peinture en bâtiment.

Mercure.

Ce métal pourrait être regardé comme constituant une catégorie particulière : nous le rattachons toutefois aux métaux usuels, bien qu'il offre beaucoup d'analogie avec les métaux précieux. C'est le seul métal qui soit liquide à la température ordinaire. Il ne prend l'état solide qu'à 40° au-dessous de zéro; il ressemble alors à l'argent et peut être forgé et martelé. — Dans son état ordinaire, il est blanc d'argent très-brillant, coule sur la plupart des corps, sans les mouiller, et la moindre pression suffit pour le diviser en globules sphériques. — Densité : 13,5. — A la température de 350°, il entre en vapeurs. Ces vapeurs sont délétères et causent des tremblements convulsifs à ceux qui les respirent. — Le mercure est attaqué par l'acide nitrique normal avec dégagement de bi-oxyde d'azote. — Il s'allie volontiers à différents métaux (amalgames), notamment à l'argent et à l'or qu'il dissout avec une grande rapidité, propriété sur laquelle est fondé un procédé d'extraction de ces métaux connu sous le nom d'*amalgamation*.

La nature le présente à l'état natif et surtout à l'état de sulfure (cinabre).

Mercure natif. = Ses caractères viennent d'être signalés. Il accompagne le cinabre dans ses gîtes, sous forme de gouttelettes (1).

Cinabre (*mercure sulfuré*). = Cette espèce consiste en un sulfure de mercure qui renferme 85 p. 100 de métal. — Sa couleur, d'un rouge vif dans les masses cristallines, s'obcurcit souvent par un mélange de matières étrangères; mais dans ce dernier cas même, la poussière a une teinte de vermillon. Cette propriété et celle d'être entièrement volatile au feu du chalumeau suffiraient pour faire reconnaître ce minéral. — Densité : 8. — Dureté : 2,5.

Il se présente fréquemment en masses lamelleuses d'un

---

(1) On l'a vu couler, à plusieurs époques, dans les Cévennes, notamment dans les talus du plateau jurassique du Larzac.

éclat vif et même adamantin, et en masses finement grenues. Ses cristaux sont rares; ils dérivent d'un rhomboèdre aigu. On appelle *mercure hépatique* une variété bitumineuse qui n'est qu'un schiste ou un calcaire imprégné
de cinabre.

Gisement; traitement; usages. — Le mercure natif ne
se rencontre qu'en petites goutelettes dans les gîtes du
cinabre et ne peut être considéré que comme un minerai
tout à fait accessoire. Le véritable minerai de mercure
est le cinabre.—Il affecte deux espèces de gisement. L'un
est en filons ou en veines dans les schistes anciens. Les
célèbres et riches mines d'Almaden, dans la Manche en
Espagne, appartiennent à cette catégorie, ainsi que le gîte
beaucoup plus restreint de Toscane. L'autre sorte de gisement consiste en une dissémination au sein du grès
houiller (Palatinat) ou de quelques schistes et calcaires
jurassiques de couleur noire (Idria en Illyrie). — On a
trouvé récemment des gîtes de cinabre en Algérie, en Californie et en quelques points de la France, comme au
Ménildot (Manche), et à Réalmont (Tarn).

La métallurgie du cinabre est bien simple ; elle consiste
en un grillage qui brûle le soufre et volatilise le mercure
que l'on reçoit dans des récipients où il se condense.

Le principal emploi du mercure est celui qu'on en fait
en Amérique pour l'amalgamation, procédé qui permet
d'extraire l'or et l'argent dans ces circonstances où tout
autre moyen serait insuffisant ou inefficace. Ce métal liquide est très-utile en physique et en chimie pour la confection des baromètres, manomètres, thermomètres et
pour les cuves à recueillir les gaz. Combiné avec l'étain en
feuille, il constitue le tain des glaces. Enfin on s'en sert
beaucoup en médecine comme antisyphilitique. Son sulfure (cinabre) est la base de la belle couleur rouge connue
sous le nom de *vermillon.*

Les métaux précieux sont l'*argent*, l'*or*, le *platine* et le *palladium*. Ces métaux sont très-lourds, très-éclatants, malléables et ductiles. — Ils ont peu d'affinité pour l'oxygène et sont inaltérables à l'air. — On en fait usage principalement pour la fabrication des monnaies et des objets de luxe.

Argent.

Métal connu des anciens, d'un blanc particulier, très-brillant, très-ductile, se laissant entamer par le couteau. — Fusible au rouge blanc. — Sa densité est 10,5. — Il est vivement attaquable par l'acide nitrique avec dégagement de bi-oxyde d'azote et formation d'un nitrate. — Sa présence, même en très-petite quantité, dans une dissolution, est facilement dévoilée par l'addition de quelques gouttes d'eau contenant du sel marin. La réaction qui se produit alors détermine la formation instantanée d'un précipité blanc cailleboté de chlorure d'argent, soluble dans l'ammoniaque, prenant une teinte violette après une exposition de quelques minutes à l'air libre.

Argent natif. = Aux caractères donnés ci-dessus pour l'argent du commerce, il faut ajouter les circonstances de cristallisation et de gisement. L'argent natif se présente quelquefois sous la forme de cristaux qui, le plus souvent sont des cubes et des octaèdres; mais il offre plus habituellement la configuration dendritique. Il se trouve aussi en masses et en petites parties disséminées. On cite des échantillons d'argent natif pesant plusieurs quintaux.

Argyrose. (*argent sulfuré* ; *argent vitreux*). = Substance : sulfure d'argent contenant 86,5 p. 100 d'argent. — Forme primitive : le cube. — Densité : 7 environ. — Dureté : 2,5. — Semi-ductile, au point de se laisser couper en petits copeaux par une lame tranchante en prenant alors un plus vif éclat. — Sa couleur est le gris de plomb un peu foncé.

— Fusible à la simple flamme d'une bougie. — Soluble dans l'acide nitrique normal.

On le trouve cristallisé sous la forme d'octaèdres et de cubo-octaèdres (page 27, *fig.* 17, 19 et 20) : mais, le plus souvent, il est en petites masses amorphes ou ramuleuses ; ces masses ont une cassure conchoïdale vitreuse.

Argyrithrose (*argent antimonié sulfuré ; argent rouge*). = Le caractère minéralogique le plus saillant de cette espèce est la couleur rouge, qui se manifeste dans sa cassure ou dans sa poussière, et même immédiatement dans ses cristaux lorsqu'ils sont transparents. — Substance : double sulfure d'argent et d'antimoine, tenant 57 à 60 p. 100 d'argent. — Forme primitive : rhomboèdre obtus de 108° 1/2. — Densité : 5,7 à 5,8. — Dureté : 2 à 2,5 ; rayé par le calcaire. — Très-fragile ; cassure conchoïdale. — Facilement fusible au chalumeau en donnant d'abondantes vapeurs blanches. — Attaquable par l'acide nitrique avec un précipité blanc.

Ce minéral se présente sous des formes cristallines très-variées qui offrent la plus grande analogie avec celles du calcaire, mais qui n'ont jamais une grande netteté. On le trouve aussi à l'état amorphe et même en masses concrétionnées.

Nous citerons à la suite de cette espèce un autre minéral ayant une composition analogue, avec une plus forte proportion d'argent (65 à 72 p. 100), mais dont la couleur est le gris noirâtre, même dans la poussière, et qui est aigre et fragile. — Ses cristaux sont des tables hexagonales qui dérivent d'un prisme rhomboïdal de 115° 1/2. — On lui a donné les noms d'*argent sulfuré fragile ; argent noir, psaturose, polybasite.*

Kérargyre (*argent muriaté : argent corné ; argent chlorobromuré*). = Minéral composé de 68 p. 100 d'argent et de chlore, souvent bromifère. — Vitreux, adamantin. — D'un blanc grisâtre passant au vert par la présence d'une cértaine quantité de brome qui remplace une portion correspondante de chlore, devenant violacé par l'action prolongée de la lumière. — Il est tendre au point de se laisser rayer par l'ongle, et assez ductile pour qu'on puisse le couper au couteau comme de la cire. — Sa densité est 5,3. — Fusible à la simple flamme d'une bougie en répandant des vapeurs d'acide chlorhydrique. — En le frottant avec du fer on peut y opérer une réduction partielle qui fait paraître à la surface l'argent métallique.

Le kérargyre se présente en petits cristaux cubiques et, le plus souvent, en masses vitreuses à cassure conchoïdale.

Mines; traitement; usages. — Les minéraux qui viennent d'être décrits constituent les minerais d'argent proprement dits. Ils se trouvent généralement ensemble dans les mêmes gîtes, et l'argent métallique, qui les accompagne souvent, paraît, dans beaucoup de cas, résulter de leur décomposition. — C'est presque exclusivement dans l'Amérique méridionale, sur les pentes des Cordillères (Mexique, Pérou, Chili), que ces minerais existent en assez grande abondance pour être exploités. Ils gisent là généralement dans des filons de quartz qui traversent des calcaires appartenant à l'époque secondaire. En Europe, il n'y a qu'une mine d'argent proprement dite exploitée. C'est celle de Kongsberg en Norwége, qui est remarquable par le beau volume des blocs d'argent natif qu'on y a plusieurs fois rencontrés. Ce métal s'y trouve dans des filons au milieu d'une gangue, qui est, le plus souvent, le spath calcaire. Il y a aussi quelques gîtes en Saxe et en Hongrie.

Presque tout l'argent qu'on extrait en Europe n'est pas fourni par des minerais d'argent proprement dits comme ceux que nous venons de décrire, mais bien par des minerais où ce métal ne joue minéralogiquement qu'un rôle très-accessoire. Les principaux de ces minerais sont la *galène* et la *panabase*. Nous avons fait connaître, à l'article *plomb*, le procédé par lequel on l'extrait de la galène.

Le traitement des minerais d'argent proprement dit, qui se fait surtout en Amérique, est assez complexe. Il consiste en réactions qu'on fait exercer entre les minerais bien bocardés, pulvérisés et réduits en pâte, et certaines matières, comme du sel marin et de la pyrite grillée. C'est après ces réactions, qui rendent une portion de l'argent libre, que l'on procède à l'amalgamation par le mercure. L'amalgame de mercure et d'argent est ensuite distillé ; le mercure se sépare à l'état de vapeurs et l'argent reste.

L'argent, allié à une petite proportion de cuivre, est la base de l'orfévrerie et de nos monnaies les plus employées. Il sert aussi à fabriquer le plaqué d'argent et l'argenture. Plusieurs de ses combinaisons sont aussi d'un grand usage.

Or.

L'or, connu de toute antiquité, offre une belle couleur jaune caractéristique et jouit d'un éclat très-brillant et presque inaltérable. — Il est mou, très-flexible, très-tenace et d'une malléabilité extrême. — Sa densité est 19,25 ; il fond à une chaleur blanche. — Il résiste à l'action de presque tous les réactifs ; cependant on parvient à le dissoudre par l'eau régale.

Ce précieux métal n'existe qu'à l'état natif ; mais il est rarement pur, le plus souvent il est allié à une petite quantité d'argent et même de cuivre.

Or natif. = Il offre les propriétés indiquées ci-dessus. Toutefois, sa densité n'est jamais aussi forte que celle que nous avons donnée et qui se rapportait à l'or écroui. Elle peut être évaluée à 15, tout au plus, pour les pépites les plus pures et les plus compactes.

L'or se montre beaucoup plus souvent cristallisé que l'argent. Ses cristaux dérivent du cube. Ce sont des oc-

taèdres, des dodécaèdres, des cubes, etc. (*fig.* 16, 17, 19, 45).
On le trouve aussi en rameaux dendritiques, en lames, ou
en veines massives, en pépites et en paillettes.

Mines ; traitement ; usages. — Les $9/10$ de l'or répandu
dans le monde proviennent des sables ou des autres dépôts
de transport aurifères où le métal se trouve en grains, en
paillettes ou en petites masses arrondies auxquelles on
donne le nom de *pépites.* — C'est au Brésil, en Californie,
en Australie, en Sibérie qu'existent les plus riches dépôts
de ce genre. — La présence de l'or dans ces terrains meubles est due à l'inaltérabilité et à la densité de ce métal
précieux. On l'extrait par le lavage seul ou par le lavage
suivi de l'amalgamation. — Cet or d'alluvion tire évidemment son origine de filons aurifères, ainsi que celui qu'on
trouve dans les alluvions de plusieurs rivières, comme
l'Ariége et le Rhin en France. Il existe, en effet, des filons
de ce genre, qui presque toujours ont pour base le quartz,
dans les montagnes qui environnent les *placers* d'or alluvial (Californie, Australie, Oural). On en extrait le métal
par le bocardage, le lavage et souvent par l'amalgamation.
— L'or se trouve encore en veinules disséminées dans des
roches sédimentaires métamorphiques (Brésil).

Les usages de l'or sont très-connus. Allié à une petite
quantité de cuivre qui lui communique une certaine dureté, il fournit à la bijouterie la matière fondamentale de
cette industrie et sert à la fabrication des monnaies les
plus précieuses. Avec l'argent, il produit un métal que les
bijoutiers emploient sous le nom d'*or vert.* Réduit en
lames d'une minceur extrême, il constitue la base de la
dorure par application. Ses dissolutions sont très-employées aussi pour la dorure par voie humide.

Platine.

Ce métal était connu depuis longtemps en Amérique sous le nom de *platina* (petit argent) avant 1740, époque où il fut apporté en Europe. Il resta sans usage jusqu'au commencement de ce siècle.

Le platine a une couleur blanche légèrement grisâtre et jouit d'un éclat très-prononcé lorsqu'il est poli. — Il est assez mou, malléable et ductile, et très-tenace, dans son état de pureté; mais le mélange d'un peu de fer suffit pour altérer ces qualités. — C'est le plus dense et en même temps le plus infusible et le plus inaltérable des métaux. Sa densité s'élève jusqu'à 21,5 par le martelage. — Les acides ne l'attaquent pas. — On ne le connaît qu'à l'état natif.

Platine natif. = On ne le trouve guère qu'en grains, paillettes ou pépites arrondies et toutefois cariées ou caverneuses. — Le métal, dans cet état naturel, est plus dur et moins dense que le platine écroui. — Il raie tous les métaux natifs, hormis le fer, et sa densité varie de 17 à 19. — Sa forme paraît appartenir au système régulier. — Il contient souvent de l'osmium et presque toujours 20 p. 100 de métaux étrangers, qui sont principalement du fer et ensuite du rhodium, de l'iridium et du palladium. La proportion de fer s'élève à 12 p. 100 dans le platine de l'Oural.

Mines; traitement; usages. — Le platine n'est exploité que dans les terrains d'alluvion ancienne. Les principaux gisements sont en Colombie, dans la province de Choco, au Brésil et au pied de l'Oural de part et d'autre de cette chaîne. Cependant on en a trouvé en place dans des filons de quartz aurifères en Colombie et dans la Nouvelle-Grenade, et, d'après M. Leplay, il serait disséminé en grains dans la serpentine de l'Oural.

Ce métal s'extrait par le lavage des sables qui le contiennent. On obtient ainsi un sable métallique associé à un assez grand nombre d'autres métaux. On traite ce mélange par l'eau régale, dont on précipite ensuite le platine par l'ammoniaque à l'état de chlorure double de platine et d'ammoniaque. Par la calcination ce double chlorure se décompose; et l'on obtient le platine sous forme d'éponge.

Celle-ci , réduite en boue et lavée , donne une poudre de
platine que l'on soumet à une pression énergique et ensuite à la calcination et au martelage.

L'inaltérabilité du platine et son infusibilité le rendent
très-utile dans les arts chimiques. On s'en sert pour fabriquer des vases destinés à la concentration des acides,
des creusets ; les extrémités des pinces qui doivent sup-
porter la chaleur intense du chalumeau. On en fait aussi
des bijoux, des tabatières et même des monnaies (Russie).

Palladium.

Le platine, avons-nous dit, est associé, dans les alluvions
qui le renferment, à beaucoup d'autres métaux, parmi lesquels il en est que l'on ne connaît guère que par cette association et qui n'ont d'ailleurs aucune importance au
point de vue industriel. Ce sont le *palladium*, l'*iridium*, le
rhodium et le *ruthénium*. Tous ces métaux, que l'on
trouve principalement au Brésil, sont d'un blanc grisâtre,
plus ou moins infusibles, et ressemblent beaucoup au platine. Le principal est le *palladium*, que l'on a utilisé, à
cause de son inaltérabilité, pour la fabrication des échelles
divisées des instruments astronomiques. Allié à l'argent,
il est aussi employé par les dentistes.

MÉTAUX SECONDAIRES.

Les métaux dont l'emploi est restreint, et que nous désignons par le nom de *secondaires*, sont tous plus ou
moins aigres. — On peut y distinguer ceux qui sont employés dans les arts à l'état métallique, l'*antimoine* et le
bismuth, et ceux qui ne sont utilisés qu'à l'état d'oxydes,
savoir : le *manganèse*, le *chrome* et le *cobalt*. — Les premiers se trouvent à l'état natif et leurs minerais sont
d'ailleurs faciles à réduire. Les autres, au contraire,

n'existent dans le sol qu'en combinaison avec un minéralisateur et ne peuvent être amenés à l'état de régule que
par des procédés énergiques et encore d'une manière
imparfaite.

Antimoine.

Ce métal est d'un blanc d'argent avec une teinte légère de bleu. — Il
est brillant, très-lamelleux, très-cristallisable, aigre, peu dur. — Sa
densité est 6,7. — Sa dureté atteint à peine celle du calcaire. — Fusible à 430°; il émet des vapeurs blanches très-épaisses au feu du chalumeau. — Soluble dans l'acide nitrique, avec dégagement de gaz
nitreux et formation immédiate d'un dépôt blanc.

Antimoine natif. = Ce minéral est habituellement en
petites masses lamelleuses ou lamellaires, remarquables
par la multiplicité et par la facilité de leurs clivages; trois
de ces clivages conduisent à un rhomboèdre de 117° que
l'on considère comme la forme primitive de l'espèce. Les
autres caractères sont ceux qui ont été donnés ci-dessus.

On le trouve, en petite quantité, dans quelques filons,
en Suède, au Hartz, et dans la mine d'Allemont en Dauphiné, où il est associé à des arséniures. — Il a une
grande tendance à s'incorporer de l'arsenic, et lorsqu'il en
contient une certaine proportion, il devient grenu, et
passe à l'antimoine arsenical.

Stibine (*antimoine sulfuré*). = Substance : sulfure d'antimoine. — Forme primitive : prisme rhomboïdal droit de
90° 45'; clivage facile et brillant sur les arêtes aiguës du
prisme. — La couleur de cette espèce est le gris légèrement bleuâtre. — Son éclat est brillant, mais seulement
dans les cassures fraîches. — Densité : 4,6. — Dureté : 2.
— Facilement fusible et volatilisable à la simple flamme
d'une bougie, en produisant des vapeurs blanches abondantes et une odeur sulfureuse prononcée. — L'acide

nitrique la dissout en donnant naissance à un dépôt jaunâtre.

On trouve la stibine en cristaux prismatiques allongés à quatre ou six pans et terminés par une pyramide directe à quatre faces. Ces cristaux, qui atteignent quelquefois des dimensions considérables, sont ordinairement striés et ternes à la surface et groupés en masses radiées; ils passent fréquemment aux formes bacillaire et aciculaire. Il y a enfin des variétés plus ou moins compactes où l'on reconnaît encore toutefois une tendance à la structure linéaire.

Le sulfure d'antimoine, en se combinant avec le sulfure de plomb ou le sulfure de fer, donne naissance à plusieurs minéraux rares qu'on a nommés *zinkénite, plagionite, berthiérite*, etc.

Sénarmontite et exitèle (*antimoine oxydé*). = Ces noms appartiennent à deux espèces isomères qui sont, l'une et l'autre, composées d'antimoine et d'oxygène en mêmes proportions.

La *sénarmontite* se trouve en abondance en Algérie dans la province de Constantine, et constitue un nouveau minerai d'antimoine, riche et facile à traiter. — Elle cristallise en octaèdre régulier. — Elle est incolore, translucide ou même transparente, à cassure vitreuse avec un éclat sub-adamantin. — Très-fragile. — Sa densité est entre 5,2 et 5,3, et sa dureté au-dessous de 3. — Elle est fusible à la simple flamme d'une bougie.

L'*exitèle* se présente principalement sous la forme d'aiguilles cristallines et de fibres soyeuses, et quelquefois en cristaux qui dérivent d'un prisme rhomboïdal droit de 137°; elle a, du reste, à peu près les mêmes caractères que la sénarmontite, et se trouve en Algérie dans la même montagne; ses cristaux viennent de Bohême.

Gisement, traitement; usages. — La stibine a été, jusqu'à ces derniers temps, le seul minerai d'antimoine ; mais, depuis quelques années, on exploite aussi les antimoines oxydés dont on a découvert des gisements importants dans la province de Constantine, en Algérie. Ces derniers minerais sont en petites parties ou en amas dans des marnes et des calcaires qui dépendent du terrain crétacé. La stibine se trouve principalement en filons dans les terrains anciens. La France en possède plusieurs mines importantes, notamment celle de Malbosc (Ardèche). Il y en a aussi en Angleterre, en Allemagne et en Toscane, où l'on a rencontré des échantillons de stibine d'une grande magnificence.

Le traitement de la stibine consiste en une fusion qui sépare le sulfure de sa gangue et en un grillage qui le change en oxy-sulfure. Celui-ci est ensuite grillé et pulvérisé, et mêlé avec du charbon et du carbonate de soude, puis calciné dans un creuset au fond duquel on trouve le métal réduit en culot.

L'antimoine entre dans la composition de plusieurs alliages auxquels il communique de la dureté, notamment avec le plomb. Tel est l'alliage qui forme la matière des caractères d'imprimerie. Ses combinaisons sulfurées sont aussi employées en pharmacie, pour la composition de l'émétique par exemple.

Bismuth.

Métal aigre d'un blanc grisâtre nuancé de rougeâtre, éclatant, lamelleux, très-cristallisable, pesant 9,8, rayé par le calcaire. — Fusible à la simple flamme d'une bougie et se réduisant, à un feu plus vif, en une fumée jaune. — Il est soluble avec effervescence dans l'acide nitrique. — Le seul minerai de bismuth est le bismuth natif.

Bismuth natif. = Ses caractères sont les mêmes que ceux du bismuth du commerce.

La nature le présente en petites masses lamelleuses, offrant des clivages faciles parallèlement aux faces d'un octaèdre régulier, au milieu d'une gangue quartzeuse. — On ne le connaît qu'en très-peu de contrées. Son gisement principal est en Saxe, où il forme aussi des dendrites ramuleuses au sein d'un jaspe brun rougeâtre. Presque partout il est associé à la cobaltine et à l'argent.

Ce sont les mines de Saxe qui fournissent tout le bismuth dont les arts ont besoin. Il suffit, pour l'extraire, de chauffer le minerai (bismuth natif) mêlé avec sa gangue, dans des vases clos, au fond desquels le métal fondu se rassemble.

Le principal usage du bismuth consiste dans sa participation à la formation des alliages fusibles.

Manganèse.

Le manganèse est gris, peu éclatant, ressemblant à la fonte blanche, dur, cassant. Il se laisse limer; sa densité est 8. Il est presque infusible et très-altérable à l'air.

Les principaux minerais de manganèse sont des oxydes, et sont exploités comme tels et non pour le métal qu'ils renferment. On en compte cinq espèces, mais il n'en est que trois qui aient une certaine importance et que nous décrirons; nous dirons aussi un mot du carbonate.

Un des caractères distinctifs de ces minéraux consiste dans la propriété de communiquer au borax, lorsqu'on les soumet au chalumeau par l'intermédiaire de ce fondant, une couleur améthyste très-prononcée.

Pyrolusite (*manganèse oxydé*). = La substance de ce minéral est un bi-oxyde; c'est le plus oxygéné des oxydes de manganèse et par conséquent le plus important pour l'industrie. — Sa forme primitive est un prisme droit rhomboïdal de 93° $^1/_2$. — Densité : 4,9. — Dureté : 2 à 2,5. — Sa couleur est le gris noirâtre, et son éclat médiocre ou assez vif, suivant les variétés ; sa poussière est toujours noire. — Au chalumeau, il perd de l'oxygène et se change en oxyde rouge, sans fusion.

On trouve cette espèce cristallisée en longs prismes

modifiés sur les arêtes latérales, ordinairement cassés ;
mais il est beaucoup plus fréquent de la rencontrer en
masses aciculaïres parallèles ou radiées, ou sub-compac-
tes, ou encore en stalactites.

L'oxyde qu'on exploite à Romanèche, près Mâcon, renferme 16 p. 100 de baryte. Il est en masses à texture grumelée ; sa couleur tire un peu sur le bleuâtre. M. Beudant
lui a donné le nom de *psilomélane*.

Acerdèse (*manganèse oxydé*). = Ce nom signifie que cet
oxyde est moins profitable que le précédent. L'acerdèse,
en effet, renferme moins d'oxygène que la pyrolusite et
admet une assez forte proportion d'eau. — Elle est grise
comme l'espèce que nous venons de nommer, mais ce gris
est ici plus clair ; la poussière est brune. Son éclat rappelle
mieux celui des métaux ; elle est un peu plus dure. — Sa
forme primitive est, comme pour la pyrolusite, un prisme
ortho-rhombique, mais ici l'angle est un peu plus grand
(100° environ).

Les cristaux de cette espèce ressemblent beaucoup à
ceux de l'espèce précédente. Elle affecte également des
formes et structures aciculaires, fibreuses et concrétionnées. Enfin, elle se trouve en masses amorphes et même
terreuses.

Ranciérite (*manganèse oxydé hydraté*). = Nous propo-
sons ce nom univoque pour désigner le péroxyde de manganèse hydraté terreux, d'un brun foncé, tachant, qui se
montre assez fréquemment dans les mines de manganèse,
et le péroxyde métalloïde argentin, qu'on trouve aussi en
plusieurs gîtes, et particulièrement dans la mine de fer de
Rancié (Ariége). — Ce dernier minéral constitue de petites
masses légères ou des enduits, des paillettes et des filaments déliés très-tendres, qui ont un éclat métalloïde et
une couleur argentine ; cette couleur prend une nuance de
violâtre dans certains échantillons plns massifs et dont la
poussière est d'un brun rougeâtre.

Diallogite (*manganèse carbonate*). = M. Beudant a nommé ainsi un carbonate de manganèse que l'on trouve accidentellement dans certaines mines de ce métal. — Il est en petites masses lamelleuses remarquables par leur couleur rose, et qui sont facilement clivables en rhomboèdres de 107°. — L'acide nitrique dissout ce carbonate avec effervescence.

Les principales localités qui le présentent sont Freyberg en Saxe, Nagyag et Transylvanie, le Hartz. On en a trouvé aussi dans la vallée de Louron (Pyrénées).

Gisement; traitement; usages. — Les oxydes de manganèse qui viennent d'être décrits se trouvent ordinairement ensemble, souvent mélangés dans les mêmes gîtes dont il serait difficile de les extraire isolément. Ils remplissent souvent des poches et des canaux sinueux dans les terrains secondaires ou de transition où ils ont dû être apportés par voie thermale conjointement avec des minerais de fer qui les accompagnent presque toujours.

Les principales mines sont en Allemagne, notamment en Saxe et en Hongrie. En France, on exploite les oxydes de manganèse aux environs de Périgueux et de Nontron (Dordogne), à Romanèche, près Mâcon, dans plusieurs vallées des Pyrénées où ils gisent dans le terrain devonien. — L'acerdèse et la ranciérite accompagnent les minerais de fer de Rancié (Ariége) et le fer oligiste de La Voulte (Ardèche).

Les oxydes de manganèse sont utilisés dans l'art du verrier pour décolorer le verre par l'oxygène qu'ils fournissent au protoxyde de fer ; de là le nom de *savon du verrier* qu'on leur a donné. Ils servent d'un autre côté à colorer le verre et le cristal en violet améthyste. On emploie enfin ces minerais dans la fabrication du chlore et pour préparer l'oxygène.

Chrome.

Ce métal est gris clair, aigre, brillant lorsqu'il est poli, infusible, dur au point de rayer le verre. — Sa densité est 6. — Il est surtout remarquable par les belles couleurs qu'offrent la plupart de ses combinaisons.

Son minerai est le sidérochrome ou fer chromé; on le trouve aussi à l'état d'oxyde vert.

Sidérochrome (*fer chromé*). = Minéral composé d'oxyde de chrome, de péroxyde de fer et d'alumine. — Presque noir, avec une légère teinte de violâtre. — Eclat métallique à un médiocre degré. — Cassure inégale. — Densité : 4,5. — Dureté : 5,5. — Le feu du chalumeau lui communique, sans le fondre, la vertu magnétique. Fondu avec le borax, il donne une perle d'un vert intense et agréable.

On l'a trouvé à Baltimore, sous la forme d'octaèdres réguliers ; mais presque toujours il est en petites masses dissiminées dans des roches magnésiennes; c'est ainsi qu'il existe dans la serpentine des environs de Fréjus (Var).

C'est avec ce minerai qu'on prépare le chromate de potasse, qui sert, à son tour, à obtenir des produits diversement colorés. On s'en sert aussi pour la fabrication de l'oxyde (vert de chrome) si précieux pour la peinture sur porcelaine, à cause de la propriété qu'il possède de résister au feu.

Autunite (*chrome oxydé*). = Cet oxyde, remarquable par sa couleur verte, se trouve dans la nature, mais seulement comme matière colorante incorporée dans le quartz de la montagne des Ecouchets, non loin d'Autun, et dans des matières terreuses ou magnésiennes (Perm en Russie, Rudmiack en Sibérie).

Cobalt.

Ce métal n'est connu à l'état de régule que depuis 1733, où il fut isolé par Brandt. — Sa couleur est d'un blanc grisâtre. Sa densité est 8,5. Il est réfractaire et *magnétique* à un haut degré.

Son oxyde est employé pour colorer en bleu les cristaux et les émaux. On le retire de deux minerais, où l'arsenic est le principal minéralisateur, savoir : la *smaltine* et la *cobaltine*.

Smaltine (*cobalt arsenical*). = C'est un arséniure de cobalt ordinairement mélangé de fer. — Sa couleur est le gris d'acier. — brillant dans le cassure fraîche, il se ternit à l'air. — Il cristallise en cubes simples ou modifiés. — Densité : 6,5. — Dureté : 5,5. — La simple chaleur d'une bougie allumée suffit pour en faire dégager une fumée blanche arsenicale. Fondu avec le borax, il lui communique une belle couleur bleue. — Avec l'acide nitrique, il produit une dissolution rose.

On le trouve en petites masses amorphes, en cristaux, et enfin avec les configurations dendritique et réticulée.

Cobaltine (*cobalt gris ; cobalt éclatant*). = Ce minerai est un arsénio-sulfure de cobalt ferrifère qui a beaucoup de caractères communs avec le précédent. La différence consiste dans ls couleur, qui est ici le gris nuancé de rougeâtre, dans l'éclat qui est plus vif, et dans les caractères cristallographiques, qui indiquent, de la manière la plus claire, le sous-système hexa-diédrique combiné avec un clivage distinct parallèlement aux faces d'un cube.

Les cristaux de cobaltine sont très-nets, brillants, ordinairement complets et isolés, et offrent toutes les formes qu'on peut faire dériver de l'hexa-dièdre. Ces formes sont au reste très-analogues, on pourrait même dire identiques, à celles de la pyrite (voyez *fig.* 39, 41, 53, 55).

Gisement. — Ces minerais de cobalt se trouvent au sein de filons qui traversent les terrains anciens où ils sont

réquemment accompagnés de minerais d'argent, de cuivre
et de fer. — On trouve le premier à Sainte-Marie-aux-
Mines dans les Vosges, à Schneeberg en Saxe, etc. Le
second s'extrait principalement de la mine de Tunaberg
en Suède où il est associé à la chalkopyrite. On en trouve
aussi en Norwége et dans le Connecticut (Amérique).

Les mines de cobalt renferment accessoirement l'oxyde
noir (*cobaltide*) et un arséniate (*érythrine*) facile à reconnaître à sa couleur fleur de pêcher.

MINÉRAUX MÉTALLIQUES NON INDUSTRIELS.

Nous rassemblons ici plusieurs minéraux métalliques
peu utiles dans l'industrie ou dans les arts, mais qu'il est
néanmoins indispensable de connaître, à cause de l'intérêt minéralogique qu'ils présentent.

Nickéline (*nickel arsenical*). = Ce minéral, qui constitue le minerai de nickel le plus important, a pour substance un arséniure de nickel. Aussi donne-t-il au chalumeau d'abondantes vapeurs arsenicales. — On le reconnaît
facilement à sa couleur d'un rouge cuivreux clair. — Densité : 7,6. — Dureté : 5,5. — Il se dissout dans l'acide
nitrique ; la dissolution offre une couleur verte peu intense.

On le trouve constamment en masses amorphes dans
les mêmes circonstances où existe le cobalt, notamment
en Saxe.

Le métal que l'on retire de ce minerai est d'un blanc
grisâtre, ductile, *très-magnétique* et très-réfractaire. On le
fait entrer dans la composition de certains alliages (maille-
chort, etc.) destinés à imiter l'argent.

Pechurane (*urane oxydulé*). = La substance de cette
espèce est un oxydule d'urane. — Sa couleur est le noir
brunâtre, et son éclat est à la fois métalloïde et gras ou

résineux. — Densité : 6,4. — Dureté : 5,5. — Infusible. — Soluble dans l'acide nitrique avec effervescence.

Le péchurane accompagne les minerais de cobalt et d'argent en Bohême et en Saxe.

Rutile (*titane oxydé*). = Substance : péroxyde de titane. — Forme primitive : prisme carré. — Densité : 4,2 à 4,3. — Dureté : 6,5. — Sa couleur habituelle est le rouge brunâtre, mais les variétés fibreuses prennent une teinte d'un jaune mordoré. — Éclat plutôt vitreux que métallique.

Le rutile se trouve en prismes quelquefois très-longs et assez gros, habituellement cannelés à la surface, implantés dans les roches granitiques anciennes (Hongrie, Espagne, montagnes du Charolais en France). Ces prismes sont assez souvent réunis deux à deux par un bout sous un angle de 114°, et forment ainsi une sorte de mâcle qu'on désigne par le nom de *géniculée*. — A Madagascar et en Sibérie, le rutile se présente en aiguilles souvent très-fines qui traversent le quartz hyalin limpide sans rien perdre de leur rectitude. Au Saint-Gothard et dans la Tarentaise, on voit cette variété, d'une couleur mordorée, former des espèces de réseaux (*sagénite* de Saussure).

Anatase et brookite. = Ces minéraux sont peu importants par eux-mêmes, mais ils offrent un grand intérêt par leur isomérie avec le rutile. — Leur substance, en effet, n'est autre chose encore qu'un péroxyde de titane. — Leurs formes primitives diffèrent essentiellement de celle du rutile et offrent entre elles également des différences qui, ajoutées à celles qu'on peut tirer des caractères extérieurs, indiquent nécessairement des espèces minérales distinctes.

L'*anatase* se présente en petits octaèdres carrés aigus, bruns ou bleus, translucides, dont la densité 3,8 est très-inférieure à celle du rutile. — On la trouve principalement en Oisans (Dauphiné), où elle est associée à l'albite et adhérente au quartz hyalin.

La *brookite* existe en Oisans avec l'anatase, et au Saint-Gothard. Ses cristaux sont de petites tables minces d'un brun rougeâtre, fortement translucides, qui dérivent d'un prisme rhomboïdal droit. — Sa densité, 4,1, est intermédiaire entre celle du rutile et celle de l'anatase.

Une sorte particulière de brookite, que l'on a récemment rencontrée aux États-Unis (*arkansite*), présente la forme du dodécaèdre bi-pyramidal. Sa couleur est le gris d'acier.

Sphène (*titane siliceo-calcaire*). = Minéral d'aspect pierreux, composé de chaux, de silice et de péroxyde de titane (41 p. 100). — Ses cristaux dérivent d'un prisme rhomboïdal oblique, et ont l'habitude de se grouper régulièrement, dans le sens longitudinal, de manière à offrir la forme d'une gouttière. — Densité : 3,5. — Dureté : 5,5. — Fusible au chalumeau, mais seulement sur les bords. — Les couleurs du sphène sont très-variées. Les principales sont le gris verdâtre, le vert rougeâtre, le brun, le jaune orangé. — Une variété manganésifère, que M. Dufrénoy a décrite sous le nom de *greenovite*, et qui a été découverte il y a quelques années à Saint-Marcel en Piémont, est d'un rose clair.

Le sphène se trouve en cristaux ou en grains cristallins disséminés dans certaines roches granitiques (Bavière, Saint-Gothard). A Arendal (Norwége), il accompagne le fer oxydulé dans le gneiss ; il existe aussi dans les roches volcaniques anciennes (Auvergne, bords du Rhin).

Molybdénite (*molybdène sulfuré*). = Minéral composé de molybdène et de soufre, d'un gris de plomb bleuâtre, écailleux ou lamelleux et facilement clivable en petites lamelles qui offrent quelquefois la forme hexagonale. — Il est doux au toucher et assez tendre pour recevoir l'empreinte de l'ongle et pour laisser une trace grise sur le papier et d'un gris verdâtre sur la porcelaine. — Densité ;

4,6. — Au feu du chalumeau, il laisse dégager une forte odeur sulfureuse. — On le trouve en veinules et en petites masses disséminées dans les granites anciens.

Wolfram (*schéelin ferruginé*). = Ce minéral, dont la substance est un tungstate de fer et de manganèse, est noir, assez brillant, lamelleux. — Sa densité est 7,2. — Sa dureté, 5, lui permet d'être rayé par une pointe d'acier. — Fusible au chalumeau en une perle noire cristalline.

Il se présente en larges cristaux, qui sont des prismes courts et aplatis à douze pans, terminés par des faces obliques. Ces cristaux dérivent d'un prisme rhomboïdal unoblique. Les gisements sont ceux de la cassitérite que le wolfram accompagne presque toujours (Saxe, Bohême, Cornouailles, Limousin).

Schéelite (*schéelin, calcaire*). = Cette espèce a pour substance un tungstate de chaux : aussi son aspect indique plutôt une pierre qu'un minéral métallique ; mais sa densité, qui est un peu supérieure à 6, suffit pour prouver la présence et même la prédominance d'un métal. — Sa couleur est le blanc fréquemment jaunâtre, ou miellé. — Son éclat un peu gras rappelle faiblement celui du diamant. — Dureté : 4,5. — Sa cassure est inégale et conchoïde. — Difficilement fusible au chalumeau.

La schéelite est presque toujours cristallisée en octaèdres très-nets, assez aigus, simples ou modifiés par des facettes qui produiraient un second octaèdre alterne du premier. — Comme le wolfram, elle accompagne les minerais d'étain (Bohême, Cornouailles).

DEUXIÈME DIVISION. — ORGANIQUES.

Les minéraux qui composent cette division ont tous une origine et une composition organiques. Ils sont généralement tendres, légers, fragiles, chauds au toucher, combustibles, et donnent, en brûlant, une odeur prononcée.

1re Famille. — **Haloïdes.**

Les deux minéraux, *mellite* et *humboldtite*, qui constituent cette famille, sont composés d'un acide végétal et d'une base minérale dont l'une est terreuse et l'autre métallique. Nous ne décrirons que le premier, le seul qui soit réellement intéressant.

Mellite. = Cette espèce, dont la substance est un mellate d'alumine hydraté, n'a été trouvée, jusqu'à présent, que dans une localité de la Thuringe où elle est adhérente à du bois bitumineux. — Elle affecte la forme d'un octaèdre carré, assez obtus. — Sa couleur est le jaune brunâtre et son éclat est résineux. — Densité : 1,6. — Dureté : 2,5. — Au chalumeau, elle blanchit, se charbonne et tombe en poussière. — Soluble dans l'acide nitrique.

2e Famille. — **Résines.**

Matières colorées en jaune clair, rougeâtre ou brunâtre, avec un éclat caractéristique, et jouissant d'une translucidité prononcée. — Très-fusibles, très-combustibles; laissant dégager en brûlant une odeur résineuse plus ou moins agréable. — Solubles en partie dans l'alcool.

Succin (*ambre jaune; electrum*). = Résine d'un jaune clair ou varié par des teintes de rougeâtre et d'orangé, translucide ou même quelquefois transparente, presque aussi légère que l'eau. — Un acide particulier volatile, odorant (*acide succinique*), constitue la partie principale de sa substance. — Soumise à l'action de la chaleur, au contact de l'air, elle se fond à 287°, puis s'enflamme et brûle en répandant une odeur agréable et en laissant un résidu charbonneux. — Le succin prend, par le frottement, une électricité négative très-intense, et c'est dans ce minéral, appelé *electrum* par les anciens, que l'on a reconnu pour la première fois le fluide électrique.

Le succin n'est autre chose qu'une résine qui découlait de certains arbres de l'époque tertiaire ou de la période crétacée. Aussi le trouve-t-on habituellement en morceaux arrondis au sein des lignites (Saint-Lon, Landes ; Saint-Paulet, Gard). La plus grande partie de celui qu'on utilise dans les arts sous le nom d'*ambre* nous arrive [des environs de Kœnigsberg. On le pêche sur les bords de la Baltique ; mais il provient évidemment de couches lignitifères qui existent dans le sol de la contrée au-dessous du niveau de la mer. On rencontre, dans certains morceaux, des insectes englobés qui indiquent, par leur présence même, l'origine organique de cette résine.

Rétinasphalte (*rétinite*). == On désigne par ce nom des résines fossiles ressemblant beaucoup au succin et qui se trouvent, comme lui, dans les dépôts de lignite, sous forme de petites masses arrondies. Elles sont moins translucides, plus foncées en couleur et renferment peu d'acide succinique.

3ᵉ Famille. — Stéariens.

Cette famille est constituée par des matières principalement composées de carbone et d'hydrogène, d'un aspect gras, qui se présentent en petites masses ordinairement écailleuses et en enduits d'une couleur claire souvent blanchâtre. — Ces matières ressemblent à la stéarine, d'où le nom vulgaire de *suifs de montagne*. — Elles sont très-fusibles, très-combustibles et solubles dans l'alcool.

Schéererite. == Comme exemple des stéariens, nous donnons ici la description d'une espèce qui se trouve à Saint-Gall (Grisons) et qu'on a dédiée à M. Schéerer. — Elle existe en petites écailles presque incolores et d'un éclat nacré, grasses au toucher, dans les fissures et à la surface d'un bois fossile. — Elle pèse seulement un peu plus que l'eau. — Elle se fond à 45°, et brûle avec flamme lorsqu'on l'approche d'une source de chaleur. — Elle est soluble dans l'alcool.

4° Famille. — Bitumes.

Les bitumes sont encore chimiquement des carbures d'hydrogène ; les uns sont liquides et les autres solides. Ils se distinguent facilement des autres organiques par une odeur spéciale et par la flamme fuligineuse qu'ils produisent en brûlant.

Naphte et pétrole. = Le naphte est un liquide huileux surnageant sur l'eau, peu coloré et peu odorant dans son état de pureté, mais acquérant de l'odeur et, en même temps, une couleur jaune brunâtre lorsqu'il tient de l'asphalte en dissolution, auquel cas il prend le nom de *pétrole*. — Il s'enflamme immédiatement par l'approche d'un corps en ignition et se dissout en toutes proportions dans l'alcool anhydre.

Le naphte pur est très-abondant à Bakou, au bord de la mer Caspienne, où l'on en recueille beaucoup. Le sol de cette contrée est imbibé de cette huile, et l'on n'a qu'à creuser des puits pour en faire rassembler des quantités considérables. On cite également des gîtes de naphte dans l'Amérique du Nord, dans le duché de Parme et dans quelques autres points de l'Europe.

Le naphte impur ou *pétrole* est beaucoup plus fréquent que celui dont nous venons d'indiquer quelques gîtes. Nous citerons particulièrement le pays des Birmans, dont la sol recèle une grande quantité de ce liquide huileux. On le recueille au fond de puits creusés dans ce but. Il est aussi très-abondant dans les États-Unis d'Amérique, principalement en Pensylvanie, où il est l'objet d'une large exploitation. On l'exploite également en Italie, dans les duchés de Modène, de Parme et de Plaisance. Il en existe encore mais en petite quantité, à Gabian, en Languedoc, en Auvergne près Clermont, etc. Enfin certaines roches, des schistes houillers surtout, en sont imbibées et on peut l'en dégager par la distillation.

Le pétrole purifié est employé pour l'éclairage. Celui qu'on extrait, pour cet usage, des schistes bitumineux est particulièrement connu sous le nom d'*huile de schiste*.

Asphalte et malthe. = L'asphalte est solide, noir, compacte, et offre, à la cassure, une surface homogène assez brillante et de forme conchoïdale, — Sa densité dépasse à peine celle de l'eau. — Fusible à la température de l'eau bouillante ; brûle facilement avec une flamme fuligineuse et en répandant une odeur forte caractéristique.

On appelle *malthe* ou *pissasphalte*, un asphalte amolli par nn mélange de naphte. C'est un passage entre le bitume liquide et le bitume solide que nous venons de décrire.

L'asphalte existe en abondance sur les bords du lac Asphaltite, en Judée, de là le nom de *bitume de Judée*, et à l'île de la Trinité. Ces localités fournissaient autrefois tout le bitume dont le commerce avait besoin. Maintenant on l'extrait en une foule de lieux où il se trouve à l'état de mélange ou d'imbibition au sein de sables (Dax dans les Landes), ou de calcaires (Seyssel), ou de tufs volcaniques (Monestier dans le Cantal, Puy-de-la-Poix près Clermont). Ce dernier est mou et glutineux comme de la poix et suinte d'une butte de vackite.

Ces bitumes sont très-employés sous le nom d'*asphalte* pour faire des enduits imperméables, des sols de terrasses, de trottoirs, etc. — On extrait le bitume des roches qui le contiennent, en les traitant par l'eau bouillante qui détermine sa fusion ; il suinte alors de la roche et se rassemble dans le liquide où il est facile de le recueillir.

Elatérite (*bitume élastique*). = Ce bitume est très-remarquable par la propriété qu'il a d'être compressible et élastique comme du caoutchouc ; aussi l'a-t-on appelé quelquefois *caoutchouc fossile*. — Il est plus léger que l'eau. — Sa couleur habituelle est le brun.

On le trouve en morceaux informes dans le terrain houiller ou dans certains dépôts de lignite, comme à Montrelais (Loire-Inférieure), aux Massachussets (Amérique du Nord) et dans les Landes. La découverte en a été faite dans un filon plombifère du Derbyshire.

5e Famille. — Charbons.

Les charbons se distinguent facilement des autres organiques. Ils sont solides, noirs ou d'un brun foncé. — Ils brûlent sans fusion et sans vaporisation directe de leur matière propre, en laissant un résidu de cendres plus ou moins considérable. — Distillés en vases clos, ils se transforment en braise ou en *coke*. — Leur couleur, leur opacité et l'absence d'un éclat gras ou résineux caractérisé les sépare d'ailleurs des résines et des stéariens. — Ils ont pour base le carbone, qu'ils doivent à des matières végétales.

On peut les diviser en cinq espèces, que nous plaçons ici dans leur rang d'âge géologique, qui est en même temps celui de leur densité et de l'amoindrissement des caractères organiques.

Graphite (*plombagine, mine de plomb*). = Ce minéral, dont la couleur et l'éclat rappellent, jusqu'à un certain point, celui du plomb, est essentiellement composé de carbone; mais il s'y trouve toujours, à l'état de mélange intime, un peu de matières étrangères, au moins 5 à 6 p. 100. — Densité : 2,1 à 2,2. — Il est tendre au point de laisser sur le papier une trace grise. — Il est infusible et brûle avec la plus grande difficulté.

On le trouve quelquefois en petites paillettes hexagonales; mais il est habituellement écailleux ou finement grenu. Dans ce dernier état, il jouit d'une sorte d'onctuosité.

Les caractères de ce minéral, comme on le voit, semblent indiquer plutôt une pierre qu'un produit végétal; mais la grande probabilité de son origine organique, jointe à sa composition et à ses analogies avec l'anthracite, nous ont engagé à le rattacher aux charbons, à l'exemple de M. Dufrénoy.

Il forme des veines, des amandes ou des nids dans le terrain de transition dont les schistes sont quelquefois intimement mélangés de sa substance. — Le graphite sub-compacte onctueux, si recherché par le commerce, vient du Cumberland et de la Sibérie où l'on en a découvert, assez récemment, un gîte d'une grande richesse. On en trouve aussi en Bavière, et à Pontivy, en France. Dans les Alpes, au col du Chardonnet près de Briançon, le graphite commun est accompagné d'empreintes végétales. Dans les Pyrénées et dans les Alpes, certains schistes en sont tout imprégnés.

L'emploi du graphite pour la fabrication des crayons est très-connu ; c'est à la qualité de celui du Cumberland que les crayons anglais doivent cette supériorité qu'ils devront désormais partager avec ceux qui ont pour matière le graphite de Sibérie. Le graphite impur est employé à noircir la tôle des poêles et à fabriquer des creusets réfractaires (Passau en Bavière).

Anthracite. = Ce charbon est noir, opaque, assez éclatant, sec au toucher. — Poids spécifique : 1,6 à 2. — Brûlant difficilement sans flamme ni fumée ; impropre à la forge. — C'est chimiquement du carbone avec quelques traces d'hydrogène et 3 à 5 p. 100, et même plus, de matières terreuses.

Il gît habituellement dans les terrains anciens dits de transition.

Houille. = Elle peut être considérée comme de l'anthracite imprégnée de bitume ; sa structure est souvent schisteuse avec une tendance à se diviser en fragments rectangulaires. — Elle est fragile et assez tendre. — Poids spécifique entre 1,1 et 1,6. — Brûle facilement avec flamme et fumée, en exhalant une odeur bitumineuse. A la forge la plupart des variétés s'amollissent, s'agglutinent et forment voûte sur la pièce à forger, condition très-favorable pour le développement d'une haute température. Chauffée en vase clos, elle abandonne plusieurs gaz et principalement un hydrogène carboné qui n'est autre chose que le gaz de l'éclairage et se transforme en une espèce d'anthracite boursouflée qu'on appelle *coke*.

La véritable houille se trouve toujours au même niveau géologique, entre le terrain de transition et le terrain pénéen ou permien. Elle forme souvent des couches considérables.

Lignite. = Les caractères des lignites varient suivant diverses circonstances et particulièrement suivant leur âge.

Les lignites jurassiques, par exemple, et mêmes certains lignites crétacés (Provence), offrent l'aspect de la houille ; mais on peut les en distinguer par l'odeur forte et piquante qu'ils laissent dégager en brûlant, et par la couleur de leur poussière qui est brune, tandis que celle de la houille est d'un noir velouté. — Certaines variétés portent des traces marquées d'une ancienne organisation et affectent une couleur noire imparfaite et même brune. — La plupart des lignites brûlent avec une flamme fuligineuse, sont impropres à la forge, et laissent, après la distillation, une braise qui conserve la forme des fragments. — Leur poids spécifique est entre 1 et 1,5.

La variété très-compacte d'un beau noir porte le nom de *jayet* ou de *jais* ; on l'utilisait autrefois pour la fabrication des bijoux de deuil. — Une variété terreuse d'un brun clair agréable sert en peinture sous le nom de *terre de Cologne*.

Tourbe. = Cette matière, qui peut être regardée comme un passage entre les combustibles minéraux et le bois, résulte de la réunion et de l'enchevêtrement de végétaux marécageux mêlés de matières terreuses ou sableuses. Elle

est, en général, d'autant plus spongieuse qu'elle occupe,
dans les marais, une place plus superficielle ; les parties
les plus anciennes, situées profondément, sont plus tas-
sées et offrent une couleur d'un brun foncé. — La tourbe
brûle avec une fumée épaisse et une odeur désagréable,
laissant un résidu de cendre assez volumineux. A la distillation elle donne des produits peu différents de ceux
que l'on retire des végétaux ordinaires et laisse une braise
très-légère.

La tourbe ne se trouve que dans les terrains tout à fait
modernes, où elle n'occupe jamais qu'une faible place.

NOTIONS
DE LITHOLOGIE

COMPRENANT

LA CLASSIFICATION ET LA DESCRIPTION DES ROCHES IMPORTANTES.

PRINCIPES GÉNÉRAUX.

L'écorce terrestre se compose de grandes parties auxquelles les géologues ont donné le nom de *terrains*. Les
matériaux qui constituent ces terrains s'appellent *roches*.
Ce sont là les éléments immédiats du sol géognostique; et
l'on ne peut faire un pas en géognosie sans connaître au
moins les principaux d'entre eux.

La description des roches appartient donc, sous plusieurs
rapports, à la géologie ; mais, d'un autre côté, les roches
elles-mêmes ont pour éléments essentiels ou accessoires
certains minéraux dont l'étude se lie assez naturellement à
la leur. C'est pourquoi nous prenons le parti de traiter ce
sujet lithologique à part et de lui donner une place particulière entre les notions de minéralogie descriptive et les
éléments de géologie proprement dite.

Nous commencerons par faire connaître les noms des
minéraux qui entrent essentiellement dans la composition
des roches, et ceux des espèces qui ne s'y trouvent que
d'une manière accessoire, renvoyant, pour la connaissance
réelle des uns et des autres, aux descriptions qui en ont
été données en minéralogie. Les noms de ces espèces
géognostiques se trouvent méthodiquement disposés dans
le tableau suivant, où nous avons eu soin de les répartir
dans deux catégories distinctes, conformément au rôle
bien différent, au point de vue de l'importance, qui leur a
été assigné par la nature.

TABLEAU

DES MINÉRAUX GÉOGNOSTIQUES.

MINÉRAUX ESSENTIELS.

(Nombre : 21.)

Plutoniques.			Neptuniens.
	Feldspath.	Calcaire.	
	Saussurite.	Dolomie.	
	Amphigène.	Gypse.	
	Amphibole.	Sel gemme.	
	Pyroxène et hypersthène.	Argile.	
	Diallage.	—	
	Mica.	Graphite.	Combustibles organiques.
	Talc.	Anthracite.	
	Serpentine.	Houille.	
	Chlorite.	Lignite.	
	—	Tourbe.	

Quartz.
(d'origine mixte).

MINÉRAUX ACCESSOIRES HABITUELS.

(Nombre : 17.)

Pierres.			Métaux.
	Barytine.	Limonite.	
	Célestine.	Oligiste.	
	Fluorine.	Aimant.	
	Grenat.	Sidérose.	
	Mâcle et Staurotide.	Manganèse oxydé.	
	Péridot (olivine).	Pyrite et sperkise.	
	Tourmaline.	Galène.	
	Pinite.	Blende.	

Les roches réellement importantes n'ont pas d'autres
éléments essentiels que les vingt et un minéraux qui for-

ment la première catégorie de ce tableau (1). Les unes n'admettent dans leur composition qu'une seule de ces espèces, et les autres résultent de l'association de deux, trois, rarement de quatre d'entre elles. Les premières sont les roches *simples*, et les secondes, qui sont de beaucoup les plus nombreuses, prennent le nom de roches *composées*.

Il faut distinguer dans ces dernières roches celles dont les éléments se manifestent immédiatement à l'œil (*R. phanérogènes*), des agrégats trop fins (*adélogènes*), pour qu'il soit possible d'en distinguer les parties constituantes sans employer des moyens particuliers (2).

On peut faire encore dans les roches deux catégories basées sur la *structure* et la *texture*.

Sous le rapport de la *structure*, elles se divisent en roches *massives* et en roches *schisteuses*. Les premières n'ont aucune structure remarquable; elles n'offrent que des joints irréguliers. Les secondes manifestent une tendance à se diviser en feuillets parallèles à une surface générale qui est ordinairement plane (3).

Les éléments qui constituent les roches composées et même les roches simples, peuvent être agrégés de diffé-

(1) Les espèces de la seconde catégorie se trouvent souvent, mais non essentiellement, disséminées dans les roches et jouent un rôle important dans la composition des filons métallifères.

(2) Parmi ces moyens, le plus général et le plus efficace consiste dans l'analyse mécanique qui permet de mettre en évidence et de séparer même les éléments par l'écrasement ou par une trituration ménagée de la roche et à les examiner alors à la loupe et au chalumeau (procédé de M. Cordier). Il ne faut pas compter, dans ce cas, sur l'analyse chimique, qui entraînerait nécessairement à la confusion des éléments agrégés ou mélangés.

(3) Dans les roches où cette tendance est le plus marquée et que l'on désigne alors par l'épithète de *fissile*, les feuillets peuvent être facilement et nettement séparés (schiste ardoisier).

rentes manières; de là les diverses *textures d'agrégation.*, Les principales de ces textures sont les suivantes :

Texture granitoïde. — Résulte de l'agrégation d'éléments grenus, cristallins ou même cristallisés et contemporains, appartenant à des minéraux différents (granite).

— *entrelacée.* — Parties cristallines ou ganglions; quelquefois d'origine organique, enveloppés et enlacés par une matière foliacée (calschiste amygdalin de Campan).

— *porphyroïde.* — Cristaux dans une pâte en général de couleur plus foncée (porphyre).

Nota. Nous rattachons à cette catégorie certaines roches empâtées comme les porphyres, mais dans lesquelles les cristaux se trouvent remplacés par des parties cristallines irrégulières de forme (euphotide).

— *amygdaloïde.* — Globes, noyaux ou amandes dans une pâte (diorite orbiculaire et pyroméride de Corse, calcaire glanduleux).

— *oolitique.* — Agrégat d'éléments concrétionnés (oolites, pisolites, grumeaux) formé par voie aqueuse (calcaire oolitique).

— *arénacée.* — Se rapporte aux roches composées de grains ou de fragments provenant d'autres roches, transportés et rassemblés généralement par l'eau, arrondis ou anguleux, libres ou plus ou moins agrégés (poudingues, grès, argiles). — Les argiles et les schistes sont des roches arénacées adélogènes.

On voit par les considérations précédentes que les roches peuvent être envisagées sous divers aspects très-différents les uns des autres, sans parler même de leur origine ni de leur mode de formation qui sont du ressort de la géologie proprement dite. Mais, à quelque point de vue qu'on se place pour les étudier, on a toujours besoin de les nommer et de les comparer *minéralogiquement,* c'est-à-dire relativement à la nature, à l'état et à la disposition des minéraux dont elles sont composées.

Je dois dire toutefois qu'il existe des roches dont la

composition minéralogique est peu caractéristique et pour lesquelles il est nécessaire de recourir aux considérations d'origine, de texture, etc. Celles-ci, qui sont peu nombreuses, exigent un classement particulier, où le caractère minéralogique ne doit jouer qu'un rôle secondaire.

Quoi qu'il en soit, une classification minéralogique des roches est indispensable. Celle à laquelle je me suis arrêté après de nombreux essais et pour laquelle j'ai été heureux d'utiliser des réminiscences des excellentes leçons que M. Elie de Beaumont faisait à l'Ecole des mines en 1838 et 1839, se trouve résumée dans le tableau suivant :

TABLEAU

DES ROCHES IMPORTANTES.

PREMIÈRE DIVISION. — ROCHES CLASSÉES

EU ÉGARD A LEUR COMPOSITION MINÉRALOGIQUE.

1re CLASSE. — ROCHES FELDSPATHIQUES.

1er Ordre. — R. à base d'orthose lamelleux.

Granite.
Pegmatite.
Leptynite.
Gneiss.
Protogine.
Syénite.

2e Ordre. — R. à base de pétrosilex.

Eurite.

Minette et *kersanton.*
Porphyre.
Elvan ou porphyre quartzifère.
Pyroméride.
Rétinite.

3e Ordre. — R. à base de feldspath vitreux.

Trachyte.
Phonolite.
Obsidienne.
Ponce.

2ᵉ CLASSE. — ROCHES TRAPPÉENNES.

1ᵉʳ Ordre. — R. amphibo-
liques.

Amphibolite.
Diorite.
} Grunstein.
{ Aphanite et cornéenne.

2ᵉ Ordre.— R. pyroxéniques.

Mélaphyre.

Basalte et dolérite.
Hypérite.
Euphotide.
Prasophyre.
Variolite de la Durance.

3ᵉ Ordre. — R. à base de
péridot.

Lherzolite.

Appendice. Trapp. — Spilite.

3ᵉ CLASSE. — ROCHES TALQUEUSES ET MICACÉES.

Serpentine.
Schiste chloritique.
Pierre ollaire.

Talcschiste.
Micaschiste.

4ᵉ CLASSE. — ROCHES QUARTZEUSES.

Quartz.
Hyalomicte.
Quartzite.

Phtanite ou Lydienne.
Silex et meulière.

5ᵉ CLASSE. — ROCHES CALCAREUSES.

1ᵉʳ Ordre. — R. calcaires.

Calcaire cristallin.
—   concrétionné.
—   commun.

2ᵉ Ordre. — Dolomie.

Dolomie cristalline.
—   commune.

3ᵉ Ordre. — Gypse.

6ᵉ CLASSE. — SEL GEMME.

7ᵉ CLASSE. — CHARBONS.

Anthracite.
Houille.

Lignite.
Tourbe.

Nota. Certaines de ces roches, principalement celles à base de pétrosilex
ou de ryacolite et les roches pyroxéniques, ont, dans la nature, leurs conglomérats immédiats produits par frottement, qui doivent aussi les suivre
dans la classification. Même remarque à l'égard des brèches qui accompagnent certaines roches calcaires.

DEUXIÈME DIVISION. — ROCHES CLASSÉES

AU POINT DE VUE DE LEUR ORIGINE, DE LEUR TEXTURE, ETC.

1re CLASSE. — ROCHES LAVIQUES.

Lave.
Scorie, lapilli.

Cinérite.
Tufa (*tuf volcanique*).

2e CLASSE. — ROCHES ARÉNACÉES.

A. PHANÉROGÈNES.

1er Ordre. — Agglomérats et conglomérats.

Cailloux, grève, galets.
Poudingue.
Brèche.

2e Ordre. — Grès.

Grès proprement dit.
Arkose.
Psammite.
Grès houiller.
Grès rouge.
Mimophyre.
Macigno.
Grès vert.
Molasse.
Grauwacke.

Nota. Chaque espèce de grès correspond à un sable qu'il est naturel de lui annexer dans la classification.

B. ADÉLOGÈNES.

1er Ordre. — Argiles.

Limon ou lehm.
Gorre.
Argile.
Argilolite.
Marne.

2e Ordre. — Schistes.

a. Ordinaires.

Schiste argileux.
— siliceux.
— euritique.
— novaculaire.
— calcarifère (*calschiste*).
— carburé ou graphitique.
— bitumineux.

b. Cristallins.

Schiste talqueux et sch. micacé.
— mâclifère (*mâcline*).
— gneissique.
— amphibolique.
— serpentineux.

Dans ce tableau, les roches se trouvent d'abord divisées en deux grandes catégories ou divisions, conformément au double point de vue précédemment indiqué. La première, qui comprend la plupart de ces éléments du sol, est essentiellement établie en partant de la composition minéralogique, tandis que la seconde est principalement basée sur des caractères qui se rapportent plutôt à la géognosie.

Les principaux groupes dont la première division est composée, que nous appelons *classe* pour la facilité et le commodité de l'étude, reposent sur la considération du minéral *caractéristique* qui n'est pas toujours le plus abondant. Les catégories subordonnées, les *ordres*, sont basées sur des caractères spéciaux ou sur un état particulier relatifs à ce même élément. Enfin, les types, que l'on appellera, si l'on veut, *espèces*, ont pour point de départ la nature et l'état des minéraux secondaires associés et quelques autres caractères, comme la texture.

La deuxième division ne comprend que deux classes : les roches *laviques* et les roches *arénacées*; les ordres y sont établis en partant de la texture; les espèces sont basées sur le même caractère et, lorsqu'il y a lieu, sur la composition minéralogique.

DESCRIPTION DES ROCHES.

Notre tableau contient toutes les roches qu'il est utile de connaître en géognosie; les espèces que nous aurions pu ajouter ne sont que des minéraux de filon, ou des roches en masses très-restreintes et locales, ou enfin des associations accidentelles qui n'ont qu'un intérêt de curiosité ou de collection.

Nous allons passer successivement en revue ces roches essentielles dans l'ordre du tableau, en nous arrêtant particulièrement sur celles qui ont une grande importance. Les roches simples étant à peu près connues par la description déjà faite des minéraux qui les constituent, nous nous bornerons, le plus souvent, à indiquer leurs caractères géognostiques.

Beaucoup de roches éruptives sont habituellement accompagnées de *conglomérats* dus, en général, au frottement qu'elles ont subi en perçant des roches plus anciennes. Ces conglomérats *immédiats*, qu'il ne faut pas confondre avec les conglomérats arénacés, se trouvent naturellement composés de fragments plus ou moins anguleux des deux roches qui ont participé au phénomène, l'une activement, l'autre passivement. Nous ne les avons pas mentionnés dans le tableau ; mais leur place serait naturellement à la suite des roches aux dépens desquelles ils ont été formés et auxquelles ils sont immédiatement associés.

Les principales roches à conglomérats par frottement sont : le *porphyre*, le *trachyte*, la *diorite*, le *basalte* et les *laves*, la *serpentine*, le *quartz*, le *calcaire*.

PREMIÈRE DIVISION. — ROCHES CLASSÉES

EU ÉGARD A LEUR COMPOSITION MINÉRALOGIQUE.

PREMIÈRE CLASSE. — ROCHES FELDSPATHIQUES.

Les roches de cette classe ont pour élément principal un feldspath orthique à un état quelconque. La plupart jouent dans la nature un rôle considérable, tantôt passif, tantôt éruptif.

1er Ordre. — **R. à base d'orthose cristallin en général lamelleux.**

Celles-ci, dans lesquels le feldspath principal est presque constamment de l'orthose lamelleux, ont généralement une texture granitoïde et renferment habituellement du quartz. Leurs couleurs sont presque toujours claires. Elles comprennent les roches les plus importantes et les plus anciennes de la croûte terrestre.

Granite. = Roche phanérogène, essentiellement composée d'orthose, de quartz hyalin et de mica, en petites parties cristallines uniformément disposées et également répandues. L'orthose y est à l'état de grains lamelleux, le quartz en grumeaux vitreux et le mica en paillettes brillantes ordinairement brunes ou noires, quelquefois blanches, vertes, jaunes. La couleur du feldspath est le blanc ou l'incarnat. C'est cet élément qui contribue le plus à la couleur dominante de la roche. Le quartz est presque toujours gris. Il se joint souvent à ces éléments essentiels un feldspath compacte, grisâtre ou verdâtre qui fréquemment est à base de soude et semble alors devoir se rapporter à l'*albite*. — Il y a des granites à gros, à moyens et à petits grains. — Ces deux derniers sont les plus habituels. Ces grains sont, en général, solidement réunis; cependant certains granites ont une tendance à se désagréger en produisant un sable qui a reçu le nom particulier d'*arène*.

Je mentionnerai à part une variété qui offre de grands cristaux de feldspath sur un fond de granite à petits grains. On la désigne par l'épithète de *porphyroïde*.

Le granite a généralement une structure massive. Les joints y affectent une disposition irrégulière, parallèle dans certains cas, et sont quelquefois assez espacés pour permettre l'extraction de blocs (monolites) ayant un très-grand volume (obélisque de Luqsôr).

On trouve dans cette roche un assez grand nombre de cristaux disséminés; toutefois ces accidents y sont assez rares. Les plus habituels sont l'amphibole, la tourmaline, le grenat, le béryl, la pinite, la pyrite.

Le granite forme à lui seul des montagnes entières et s'enfonce probablement sous les roches sédimentaires pour constituer les fondements de l'écorce terrestre. Il se présente aussi sous forme de typhons et de filons au milieu de terrains sédimentaires plus ou moins anciens.

Pegmatite. = C'est un granite à gros éléments dans lequel le mica n'existe plus qu'accidentellement et, le plus souvent, sous la forme de lames argentines qui peuvent atteindre de grandes dimensions.

Une variété presque sans mica, dans laquelle le quartz offre des squelettes de cristaux comme fichés et alignés au milieu de l'orthose lamelleux, a reçu le nom de *granite graphique*, tiré de la ressemblance qu'on a cru voir entre ces lignes et celles de l'écriture hébraïque.

La pegmatite passe à l'*orthose lamelleux* par la rareté ou par l'absence du quartz, et lorsque, à cette composition toute feldspathique, se joint une tendance marquée à l'altération dont nous avons parlé en décrivant le feldspath, elle fournit à l'industrie céramique de belles masses de *kaolin*.

Cette roche est une matrice féconde en minéraux intéressants. La tourmaline noire s'y trouve habituellement. On y rencontre aussi le béryl.

La pegmatite forme des filons ou des amas dans le terrain granitique.

Leptynite (d'un mot grec qui signifie *atténué*). = Roche granitoïde qui consiste essentiellement en feldspath finement grenu, souvent accidenté par de menus grains de quartz et par des lamelles de mica. — Elle accompagne le granite auquel elle passe; elle offre aussi des passages au gneiss. — On y trouve assez souvent de petits grenats et de la tourmaline.

Gneiss. = On le caractériserait suffisamment en disant que c'est un granite à structure schisteuse. Le quartz toutefois n'y est qu'à titre d'accident habituel. — Le grenat s'y trouve fréquemment disséminé : on y rencontre aussi l'hornblende, la tourmaline, la pyrite, etc. — Il y a des gneiss très-schisteux en raison de l'abondance du mica qui s'y trouve disposé, dans le sens de la stratification, en lits rapprochés. D'autres ne manifestent qu'une tendance à se diviser en gros feuillets et même en dalles irrégulières et quelquefois en pièces bacilloïdes. On en trouve enfin qui mériteraient le nom d'amygdalins par la présence de nœuds ou de ganglions feldspathiques autour desquels le mica se contourne.

Le gneiss est une des roches fondamentales de l'écorce terrestre. Il recouvre immédiatement le granite et s'y incorpore même par alternances.

Protogyne (nom qui manque de justesse en ce qu'il indiquerait, pour cette roche, une époque de formation des plus anciennes). = C'est un granite ou un gneiss dans lequel le mica se trouverait en partie remplacé par une matière talqueuse ou chloriteuse. — On y rencontre souvent du grenat, du sphène, du rutile, de la pyrite. — Elle est très-répandue dans les Alpes, où elle constitue notamment presque tout le massif du mont Blanc.

Syénite (du nom de la ville de Syène). = On peut considérer cette roche comme un granite dans lequel l'amphibole, particulièrement l'hornblende lamelleuse, remplacerait le mica. — Elle est beaucoup moins importante que le granite. Elle est toutefois assez répandue dans les Vosges et surtout dans les montagnes de Norwége où elle contient souvent des zircons.

2ᵉ Ordre. — **R. à base de feldspath compacte** (pétrosilex).

Elles sont constamment massives, fusibles avec plus ou moins de difficulté, compactes ou empâtées. Le quartz ne joue, dans la plupart d'entre elles, qu'un rôle accessoire. Elles sont moins anciennes et moins répandues que les précédentes, ont presque toujours une origine éruptive, et portent souvent avec elles des conglomérats par frottement, mais très-rarement des parties scoriacées.

Eurite (εὐ, bien; ρυάς, qui coule, qui se fond). = Essentiellement composée de feldspath compacte, grossier, plus ou moins mélangé, ordinairement riche en silice, passant à la texture grenue. — Couleurs généralement assez sombres. — On lui donne souvent le nom de *pétrosilex* lorsqu'elle est très-compacte.

La roche compacte d'aspect résineux qu'on appelle *pechstein* ou *rétinite*, et qui se trouve souvent vers les bords des massifs d'eurite ou de porphyre, peut être considérée comme un pétrosilex contenant une petite quantité d'eau.

Minette. — On désigne par ce nom, usité parmi les mineurs des Vosges, une sorte d'eurite pénétrée de mica qui joue dans ces montagnes et ailleurs un rôle éruptif. — Peut-être pourrait-on lui associer le *kersanton*, roche très-analogue, qui traverse en filons les schistes siluriens de la rade de Brest.

Porphyre. = Cristaux de feldspath (orthose ou albite) empâtés dans une eurite ou dans un pétrosilex. — Les cristaux, généralement blancs ou légèrement teintés de la couleur de la pâte, se dessinent nettement sur ce fond beaucoup plus foncé. Le type de cette belle roche est le porphyre rouge antique ($\pi o \rho \varphi \acute{u} \rho o \varsigma$, rouge) qui provient de la haute Egypte.

Pyroméride. = La roche que l'on nomme ainsi pourrait être regardée comme une eurite siliceuse au sein de laquelle se seraient formées des concrétions sphéroïdales à texture grumelée ou obscurément radiée. — Le type est la pyroméride de Corse, qui portait autrefois le nom de porphyre orbiculaire, dont les globes, qui ont habituellement 4 ou 5 centim. de diamètre, adhèrent souvent assez peu à la pâte pour qu'il soit assez facile de les en séparer. — La même roche existe dans les Vosges ; mais ici les sphéroïdes n'ont pas plus d'un centimètre de diamètre.

Elvan ou **porphyre quartzifère.** = Ce porphyre est beaucoup plus important que le porphyre simple. Il en diffère par la présence du quartz qui s'y trouve uniformément dis-

séminé en cristaux vitreux qui ont une tendance à affecter la
forme du dodécaèdre à faces triangulaires. — Il est souvent
rouge. — On y trouve du mica, du grenat, de la pinite et
de la pyrite. — Les mineurs du Cornouailles, qui rencontrent souvent ce porphyre dans leurs travaux, lui ont
donné le nom d'*elvan* que les géologues devraient adopter.

L'elvan forme à lui seul des masses assez considérables
et même des montagnes ; tandis que l'eurite et le porphyre
proprement dit, beaucoup moins développés, ne se montrent, le plus souvent, que sous la forme de filons ou de
petites masses soulevées (typhons). — Ces roches, surtout
la première, sont quelquefois accompagnées et comme
marginées par une sorte de pétrosilex d'aspect résinoïde,
simple ou porphyroïde, qu'on appelle *rétinite*.

3ᵉ Ordre. — **R. à base de feldspath vitreux** (ryacolite).

Roches massives fusibles, grises et rudes au toucher, si l'on excepte
cependant la phonolite et l'obsidienne, espèces peu importantes qui sont
compactes avec des couleurs plus ou moins sombres. — Elles constituent
les terrains volcaniques les plus anciens que l'on désigne géologiquement
par le nom de *trachytes*. Presque jamais on n'y trouve de quartz. Elles
sont accompagnées, le plus souvent, d'une masse considérable de conglomérats par frottement et portent habituellement des traces de scori-
fication. Considérées dans leur ensemble, elles sont plus récentes que
toutes les autres roches qui ont pour base le feldspath.

Trachyte (τραχύς, rude, âpre). = Le trachyte proprement ·
dit, le seul dont il soit question dans cet article, essentiellement composé de feldspath vitreux fendillé (ryacolite),
est par conséquent rugueux et rude au toucher, comme
son nom l'indique. C'est la base essentielle des terrains
trachytiques que l'on considère comme les plus anciens
produits volcaniques. Il contient assez souvent de l'amphibole en aiguilles, des lamelles d'oligiste et même du

mica, mais pas de quartz. Sa couleur habituelle est le gris
cendré.

Le type minéralogique de cette roche, ou plutôt de ce
groupe, serait la roche du Puy-de-Dôme, ou *domite*, roche
homogène d'un gris clair à texture lâche, qui résulte de
l'agrégation de menues parties cristallines de ryacolite,
offrant, à l'état disséminé, les minéraux accessoires que
nous venons de nommer.

Les autres sortes de trachyte, qui peuvent être considérées comme ayant pour base la domite avec des éléments
cristallins plus prononcés, affectent, les unes la texture
granitoïde, les autres la texture *porphyroïde*.

La trachyte porphyroïde offre, au sein d'une pâte domi-
tique, de larges cristaux mâclés de ryacolite, qu'il laisse
libres dans certaines circonstances, comme, par exemple,
à la source de la Dore (Auvergne), au milieu d'une cendre
qui résulte de la désagrégation de la pâte. — Cette même
roche se charge quelquefois de silice et constitue alors
une pierre à meules (Hongrie), que M. Beudant a signalée
sous le nom de *porphyre molaire*.

Phonolite (φωνή, son; λίθος, pierre). = Appartient aussi
aux terrains trachytiques, bien qu'elle ait une texture compacte et une couleur gris verdâtre qui lui donne beaucoup
d'analogie avec l'eurite. — Elle est composée de ryacolite
et d'une substance zéolitique. — Au mont Dore elle se
laisse diviser en tables ou en plaques qui résonnent par le
choc du marteau. On lui donne, dans cette partie de l'Auvergne, le nom de *roche tuilière*, parce qu'elle y est employée à couvrir les habitations rustiques.

Obsidienne. = C'est un verre ou laitier naturel qu'on est
jusqu'à un certain point autorisé à regarder comme un
résultat de la fusion du trachyte. — Cette roche est noire
ou verte. — Quelquefois elle empâte de petits cristaux
blancs de ryacolite et passe ainsi à une sorte de porphyre
vitreux. Dans d'autres circonstances elle devient globulaire

par un concrétionnement qui s'opère au sein de sa masse (*perlite*).

Il y a des obsidiennes un peu lithoïdes qui ressemblent beaucoup à des rétinites.

Ponce. = On peut la considérer comme de l'obsidienne boursouflée et étirée. Elle est remarquable par sa couleur habituellement claire, le plus souvent blanc grisâtre, par ses cellules allongées et surtout par sa grande légèreté.

DEUXIÈME CLASSE. — ROCHES TRAPPÉENNES (1).

Ces roches se distinguent par leur couleur, qui est presque toujours le vert plus ou moins foncé ou le noir, et par leur densité, qui avoisine 3 et qui est supérieure à celle des autres roches. La plupart sont assez tendres pour se laisser rayer au couteau avec plus ou moins de facilité. L'élément qui leur communique ces propriétés, et qui n'est pas toujours le plus abondant, est un minéral de la famille des trappéens qui, dans presque tous les cas, se rapporte à l'amphibole ou au pyroxène. Il entre habituellement aussi dans la composition de ces roches un minéral feldspathique, qui est généralement l'albite ou le labrador, mais presque jamais on n'y trouve de quartz. Elles fondent assez facilement en un verre ou émail vert foncé ou noir.

Elles jouent, presque toujours, un rôle éruptif, et ne sont jamais aussi abondantes que les roches de la première classe.

(1) Le mot suédois *trapp*, qui signifie *escalier*, a été appliqué d'abord à des roches verdâtres ou noirâtres qui se divisent naturellement en parallélipipèdes, et dont l'aspect général rappelle, en quelques points de la Suède, une série de gradins en retraites ou la disposition d'un escalier. Ces roches dépendent de l'ordre que nous allons étudier, et nous ne faisons que suivre l'exemple de plusieurs auteurs très-recommandables en généralisant ici leur nom pour en former le titre de l'ensemble des roches amphiboliques et pyroxéniques.

1er Ordre. — R. amphiboliques.

Ici l'élément caractéristique est l'amphibole noire ou verte, et le principe feldspathique est principalement l'albite. — Ces roches ont, en général, une origine plutonique. — Le couteau les raie facilement.

Amphibolite. = Roche peu importante composée d'amphibole ordinairement lamelleuse. Elle peut être schisteuse. Il faut la considérer comme une variété ou un accident de la roche suivante.

Diorite (composé de deux éléments). = Les deux minéraux qui constituent cette roche sont l'amphibole (hornblende ordinairement), le plus souvent à l'état lamelleux, et un feldspath qui, dans la plupart des cas, peut être rapporté à l'albite. Ces éléments sont, en général, d'un assez petit volume, mais très-discernables à l'œil. — Dans le cas contraire, la roche prendrait le nom d'*aphanite* ou de *grunstein*, ou encore celui de *cornéenne*. — La diorite est habituellement très-tenace; elle a une couleur verte ou noire.

Il y en a une variété porphyrique et une autre qui est amygdaloïde (diorite orbiculaire de Corse).

L'*ophite* des Pyrénées, roche essentiellement éruptive, consiste le plus souvent en une diorite riche en amphibole (1). Sa couleur habituelle est le vert foncé; elle contient, presque toujours, de l'épidote verte. Souvent elle passe au grunstein.

La diorite forme des typhons, des filons et des amas. Il y a aussi une diorite stratifiée qui doit être considérée comme un schiste métamorphique.

(1) Il n'est pas moins essentiel de conserver le nom d'*ophite* pour représenter le rôle important et caractéristique que cette roche, assez variable d'ailleurs, joue dans les Pyrénées.

2e Ordre. — **R. pyroxéniques.**

Les roches de cet ordre sont caractérisées par la présence du pyroxène proprement dit, ou de l'hypersthène, ou enfin du diallage. L'élément feldspathique est presque toujours le labrador et quelquefois le jade de Saussure (saussurite). — Elles ont une origine plutonique, mais qui se rapproche cependant du mode de formation qu'on appelle volcanique. Nous leur associons même une espèce, le *basalte*, qui est évidemment un produit des volcans.

Mélaphyre (*porphyre noir*). = Roche composée d'un feldspath que l'on croit être principalement du labrador, et d'un pyroxène (hédenbergite) vert foncé. — Les éléments sont en général petits ; mais il se développe, au milieu de la masse, des cristaux larges et chatoyants de pyroxène et de labrador. — On y trouve divers minéraux accidentels, comme du mica, de la pyrite, mais jamais de quartz.

Cette roche devient quelquefois cellulaire, à cellules arrondies qui se remplissent de minéraux concrétionnés ou cristallisés (agates, zéolites), et prend alors la structure amygdaloïde. — Elle passe à une espèce de *diorite* (diorite pyroxénique) par la rareté des grands cristaux de labrador et de pyroxène, et à une sorte d'*aphanite* par l'atténuation et le mélange intime des mêmes éléments.

Le mélaphyre affecte habituellement la forme de typhons (Tyrol, Oural). Il est souvent accompagné de conglomérats formés à ses dépens et à ceux des roches qu'il traverse.

Basalte. = Roche volcanique adélogène, noire, composée d'augite et de feldspath labrador. — La même roche à l'état phanérogène constitue une sorte de diorite augitique qu'on appelle *dolérite*. — On rencontre assez souvent, dans ces roches, des géodes d'aragonite, de zéolites et de l'aimant titanifère. L'olivine s'y trouve habituellement en nœuds ou grains disséminés.

Le basalte forme des nappes, des typhons, des filons,

qui offrent fréquemment une structuré prismatoïde, et entraîne à sa suite des *vackes* (détritus de basalte décomposé, remaniés) et d'abondants conglomérats.

Hypérite. = Sorte de mélaphyre où le pyroxène serait remplacé par l'hyperstène.

Euphotide (εὖ , bien; φῶς, lumière). = Roche d'un aspect agréable , comme son nom l'indique , composée d'un feldspath compacte du sixième système (saussurite) et d'un minéral lamelleux métalloïde ou bronzé (diallage) qui s'y trouve empâté en parties cristallines de forme irrégulière. — Une belle variété, dans laquelle le diallage est d'un vert d'émeraude (smaragdite), est connue sous le nom de *verde di Corsica*. — Cette roche ne joue qu'un rôle accessoire; elle semble sortir du sein du globe en typhons, comme la serpentine qu'elle accompagne presque toujours.

Prasophyre ou *porphyre vert antique*. — Cette belle roche, si employée par les anciens et dont MM. Boblaye et Virlet ont retrouvé le gîte en Morée, est, à l'égard de la texture, un porphyre des plus caractérisés; mais sa composition tendrait à la rapprocher de l'euphotide. Son fond, d'un vert pistache ou de poireau (πράσον, poireau), empâte des cristaux, étroits, quelquefois croisés, d'un blanc légèrement verdâtre, qui appartiennent à un minéral feldspathique, indéterminé. La pâte n'est sans doute qu'un mélange de ce même feldspath à l'état compacte et de diallage uni à une certaine quantité de serpentine.

Variolite de la Durance. — On considère généralement comme devant se rapporter à la même catégorie une roche glanduleuse, d'un vert pâle, provenant du mont Genèvre, au-dessus de Briançon, mais qui est plus connue à l'état de cailloux roulés dans la vallée de la Durance. Les globules de cette roche, plus durs que la pâte qui les contient, s'accusent en saillie à la surface des cailloux et sont, jusqu'à un certain point, comparables aux boutons de la variole.

3ᵉ Ordre. — R. à base de péridot.

Lherzolite. = On appelle ainsi une roche éminemment éruptive qui accompagne l'ophite dans les Pyrénées et qui est particulièrement développée autour de l'étang de Lherz dans l'Ariége. Elle est généralement grenue, peu dure et d'une couleur vert d'olive assez clair qui rappelle celle de l'olivine. Jusqu'à ces derniers temps, on l'avait crue, d'après Charpentier, composée exclusivement de pyroxène; mais une récente analyse de M. Damour tendrait à faire penser que l'olivine entre pour la plus grande part dans sa composition.

Appendice aux roches trappéennes.

Trapp. = Nous mettons ici en appendice, sous le nom de *trapp*, qu'elles portaient exclusivement dans l'origine, des roches adélogènes noirâtres ou d'un vert foncé, dont la pâte résulte d'un mélange si confus, qu'il est impossible d'en distinguer les éléments, même à l'aide de la loupe, et pour lesquelles l'analyse mécanique est impuissante. Elles renferment un élément amphibolique ou pyroxénique qui leur communique la couleur foncée qu'il possède, en leur donnant ainsi une grande ressemblance avec le basalte. — En empâtant des cristaux feldspathiques ou des ganglions de diverses natures, elles peuvent prendre la texture porphyroïde ou la texture amygdaloïde. — Elles forment de grandes nappes superficielles ou pénètrent dans les terrains en s'y intercalant parallèlement ou en les traversant.

Spilite (σπίλος, tache). — On désigne par ce nom une sorte de trapp ou de grunstein, empâtant des noyaux ou des globules composés le plus souvent de calcaire, qui forment des taches blanches arrondies sur le fond gris verdâtre ou noirâtre, quelquefois violacé de la masse. Cette

roche a souvent fait éruption à travers les terrains de sédiment de plusieurs pays, particulièrement dans le lias du
Dauphiné.

Dans ces roches dominent soit un minéral talqueux ou
talcoïde, soit le mica. Deux d'entre elles sont simples, la
serpentine et la chlorite. Les autres résultent de l'association d'un élément talqueux ou micacé avec le quartz.
Celles-ci ont essentiellement la structure schisteuse et
sont très-répandues dans la croûte terrestre.

Serpentine (voyez à la description des minéraux, p. 174).
= Elle forme des typhons et des collines, principalement
dans les montagnes de la Ligurie.

La serpentine ne se présente jamais en grosses masses
sans divisions naturelles; elle est ordinairement composée
de lopins allongés et comme écrasés et même polis par
leur pression mutuelle. — On y trouve souvent des lamelles
de diallage et des cristaux d'aimant.

Chlorite schisteuse ou schiste chloritique. = Essentiellement composée de chlorite écailleuse et terreuse avec
une structure schisteuse. Elle contient presque habituellement de l'aimant en cristaux octaèdres.

Pierre ollaire. — Cette pierre, dont nous avons déjà indiqué l'usage page 175, peut être regardée, dans la plupart des cas, d'après M. Delesse, comme un mélange
intime de stéatite et de chlorite. Elle est très-douce, très-
tendre, réfractaire, se laissant facilement couper, et éminemment propre à être façonnée sur le tour. Elle gît en
amas-couches dans les schistes cristallins, principalement
dans le stéaschiste.

Talcschiste ou Stéaschiste. = Roche schistoïde ayant
deux éléments, l'un talqueux (talc, stéatite) et l'autre

quartzeux. Elle varie beaucoup suivant les proportions , la disposition et l'état de ses minéraux composants. Elle est, en général, luisante et même brillante ou satinée , tantôt onctueuse, tantôt simplement douce. Ses couleurs habituelles sont le grisâtre , le vert, le jaunâtre, le brunâtre. — On y trouve fréquemment du quartz en ganglions et du grenat.

Micaschiste. = La description de la roche précédente pourrait s'appliquer à celle-ci en substituant le mica au talc. Le micaschiste, toutefois, n'est pas onctueux au toucher. Le quartz y est, en général, plus abondant : souvent même il y forme des nœuds considérables. Le mica s'y trouve tantôt en lamelles , tantôt en feuillets plats ou ondulés jaunes ou. blancs. Le grenat est presque habituel dans cette roche. Elle passe fréquemment au schiste micacé et accidentellement au mica schistoïde.

Le micaschiste et le stéaschiste jouent un grand rôle dans la nature; le premier surtout qui accompagne fréquemment le gneiss et alterne même avec lui.

QUATRIÈME CLASSE. — ROCHES QUARTZEUSES.

Ici c'est le quartz qui joue le principal rôle ; le plus souvent même il constitue seul la roche à divers états. Les roches quartzeuses sont à peu près infusibles et assez dures pour faire feu au briquet. — Elles forment des amas , des filons, des rognons et même des couches.

Quartz (voyez aux minéraux, page 150). = Il se présente habituellement sous forme de filons fréquemment métallifères. — Le quartz des filons est grossier, ordinairement gris , blanchâtre et même un peu laiteux, assez souvent gras.

Hyalomicte et greisen. = Roche granitoïde essentiellement composée de quartz et de mica. On pourrait la regarder comme un granite sans feldspath essentiel. — On lui donne particulièrement le nom allemand de *greisen* lorsque ses éléments sont d'un petit volume, auquel cas elle offre l'aspect d'un grès à gros grains. — Elle ne constitue jamais que de petites masses dans le terrain granitique de certaines contrées où elle sert particulièrement de matrice au minerai d'étain.

Quartzite. = C'est la roche de quartz la plus importante. Elle est composée, comme la précédente, de quartz hyalin grossier, mais avec une texture obscurément grenue. Ses couleurs sont moins claires, quelquefois même sombres. — Les quartzites forment des masses stratifiées et paraissent être d'anciens grès modifiés par métamorphisme.

Phtanite ou Lydienne. = Cette roche, dont nous avons donné les caractères minéralogiques, page 151, forme des bandes au sein de certains schistes argileux ; elle peut être considérée comme un quartz ou un hornstein intimement mélangé de la matière même du schiste qui le renferme.

Silex, meulière, jaspe. — (Voyez aux minéraux, p. 153 et 154).

CINQUIÈME CLASSE. — ROCHES CALCAREUSES

Roches simples haloïdes plus ou moins tendres, caractérisées par la chaux qui est l'élément chimique dominant dans leur composition.

1er Ordre. — R. calcaires.

Faciles à reconnaître aux caractères de l'espèce minéralogique qui les constitue, et notamment par la propriété de se laisser rayer facilement au couteau et de faire, avec les acides, une vive effervescence. — Les calcaires forment un des principaux éléments des terrains sédimentaires.

Calcaire. = On peut diviser cette espèce en trois sortes, savoir : le *calcaire cristallin*, le *calcaire concrétionné* et le *calcaire commun*.

Calcaire cristallin. — On considère la plupart des calcaires cristallins comme résultant d'actions métamorphiques exercées sur des calcaires ordinaires. Les principales variétés sont lamellaires, grenues, saccharoïdes, de couleur blanche (marbres salins ou statuaires). — Elles prennent différents noms lorsqu'elles renferment des minéraux uniformément répandus dans leur masse. — Le *cipolin* est un calcaire cristallin micacé ou légèrement talcifère à structure fréquemment stratoïde. — L'amphibole caractérise l'*hémithrène.* — L'*ophicalce* résulte de l'association d'une matière serpentineuse (vert de mer). — Le marbre de *Campan* et la *griotte* ne sont outre chose que des calcaires cristallins compactes, en ganglions souvent organiques, entrelacés par une matière foliacée schisteuse et sub-talqueuse (voyez l'espèce calcaire, *Minéralogie,* p. 131).

Calcaire concrétionné. — Il y a des calcaires concrétionnés glanduleux, pisolitiques; mais le plus important comme roche est le *calcaire oolitique,* qui forme des assises entières dans la grande formation jurassique (voyez *Minéralogie,* p. 66 et 70).

Calcaire commun. — Celui-ci est le vrai calcaire géognostique. Il offre une texture intermédiaire entre la texture cristalline et la texture terreuse. Sa substance est rarement pure. Sa cassure est conchoïde, fine ou unie dans les variétés compactes, quelquefois esquilleuse; mais le plus souvent elle est un peu rugueuse ou inégale, avec un éclat terne passant au terreux. Les couleurs sont le gris, le jaunâtre, le noirâtre, le brun, le rougeâtre, enfin le blanc.

La *craie,* qui joue un rôle si important à la partie supérieure des terrains secondaires, est un calcaire terreux très-pur et d'une blancheur exceptionnelle. Il y a cependant des craies grises, par suite d'un mélange d'argile, et des craies piquetées de vert par des grains de glauconie (sorte de chlorite) qui s'y trouvent abondamment et uniformément disséminés.

Le calcaire commun renferme souvent des fossiles très-nombreux qui le caractérisent et qui lui donnent une texture spéciale. Dans ce cas se trouvent les calcaires à *entroques*, à *nummulites*, le calcaire *lumachelle*. — On appelle *falun* ou *fahlun* un agrégat grossier de coquilles marines brisées.

Il existe aussi beaucoup de variétés de calcaires communs par mélange : tels sont les *calcaires magnésien, ferrugineux, marneux, siliceux, arénifère, glauconieux*.

Le *calcaire d'eau douce* ou *travertin* se distingue des calcaires précédents qui ont été déposés dans la mer, par une couleur ordinairemeut claire, souvent blanche, une texture vacuolaire ou tubulaire, et par les coquilles d'eau douce et terrestres qu'il peut renfermer.

Nous citerons enfin la *brèche calcaire*, qui pourrait être regardée, dans beaucoup de cas, comme un conglomérat par frottement.

Le calcaire commun et le calcaire concrétionné oolitique occupent une grande place dans les terrains de sédiment et surtout dans les formations secondaire et tertiaire.

2ᵉ Ordre. — R. de dolomie.

Roches simples ayant pour base l'espèce qui porte le même nom ; font une lente effervescence avec l'acide nitrique ; douées, dans leur état normal, d'un éclat assez vif, d'une nature particulière. — Les dolomies peuvent être sédimentaires ou métamorphiques ; elles ne jouent jamais, dans les terrains, qu'un rôle secondaire.

Dolomie. = Elle peut être divisée en *dolomie cristalline* et *dolomie commune*.

Dolomie cristalline. — Le type de cette sorte de dolomie est la variété *marmoréenne* blanche, grenue, du Saint-Gothard, sur laquelle Dolomieu appela le premier l'attention des lithologistes. Celle-ci est en masses irrégulières et pourrait être due, ainsi que certaines autres variétés moins pures, à une modification métamorphique du calcaire.

Dolomie commune. — Il n'est pas rare de rencontrer, dans les étages calcaires de divers âges, des assises régulières de dolomie ordinairement blonde ou un peu brunâtre, dont la cassure dévoile une texture sub-lamellaire avec cet éclat particulier que nous avons signalé ci-dessus. Celle-ci peut être grenue, friable, pulvérulente, caverneuse (*cargneule*), et il serait assez naturel de la considérer comme étant le résultat direct de précipités calcaréo-magnésiens. Ce mode de formation, dans tous les cas, ne saurait être mis en doute pour certaines variétés terreuses dont l'aspect ne diffère pas sensiblement de celui du calcaire.

Il y a fréquemment, avec ces roches, des conglomérats et des brèches dolomitiques.

3ᵉ Ordre. — R. de gypse.

Roches peu abondantes, tendres au point de se laisser rayer par l'ongle, perdant de l'eau par l'action de la chaleur, et ne faisant aucune effervescence avec l'acide nitrique.

Gypse. = Le gypse offre deux modes de gisement qu'il est bon de distinguer, et qui correspondent à ceux déjà indiqués pour le calcaire et pour la dolomie ; mais il est cristallin dans les deux cas.

Le gypse de la première sorte forme des masses irrégulières cristallines, le plus souvent saccharoïdes, compactes ou fibreuses, ou des amandes, des veines, des mouches, au sein de marnes ou d'argiles modifiées au voisinage de roches éruptives. Il semble résulter d'actions thermales et métamorphiques. Fréquemment il est accompagné d'*anhydrite* (*Minéralogie*, p. 129), et renferme accidentellement de la pyrite avec certains minéraux des roches plutoniques, comme du mica, du talc, de la chlorite.

La seconde manière d'être du gypse consiste dans une stratification qu'il partage avec le terrain qui le renferme. Ce gypse sédimentaire est presque aussi cristallin que le précédent lorsqu'il est pur; mais il est fréquemment mélangé avec la matière (marne calcaire) des assises auxquelles il est subordonné. Il a été déposé évidemment, soit d'une manière directe, soit par double décomposition, à l'état où il se trouve.

Les terrains les plus riches en gypse sont le trias et le terrain tertiaire.

SIXIÈME CLASSE. — SEL GEMME.

Sel gemme. = Le sel gemme, qu'il est très-facile de reconnaître à sa saveur franchement salée, est toujours à l'état cristallin dans le sein du globe. Il résulte tantôt d'éruptions thermales, tantôt d'un dépôt sédimentaire.

Il forme des couches nombreuses et puissantes particulièrement dans le trias; mais il est propre à certaines contrées et ne peut être considéré comme un élément général et fondamental du sol.

SEPTIÈME CLASSE. — CHARBONS.

Voyez aux minéraux, pages 233, 234 et 235.

DEUXIÈME DIVISION. — ROCHES CLASSÉES

AU POINT DE VUE DE LEUR ORIGINE, DE LEUR TEXTURE, ETC.

PREMIÈRE CLASSE. — ROCHES VOLCANIQUES.

Nous désignons ainsi toutes les roches émanées directement des volcans proprement dits, non compris le basalte qui fait partie des roches trappéennes.

Lave. == Les laves sont des matières fondues grises ou noires, de composition variable. Il y entre toujours, comme élément principal et essentiel, un feldspath ou une cozéolite (ampbigène, néphéline) (1) et très-souvent du pyroxène augite. Elles portent ordinairement des traces d'étirement qui indiquent qu'elles ont coulé. Il y a des laves compactes ; mais la plupart de ces déjections ont une texture plus ou moins poreuse ou cellulaire.

Scorie, lapilli. == Lorsque la texture cellulaire est poussée très-loin et que la matière n'a qu'un faible volume, on a une *scorie*. — Le nom de *lapilli* s'applique à un agglomérat de petites scories.

Cinérite. == Les cinérites ou cendres volcaniques peuvent être considérées comme des lapilli pulvérulents.

Tufa (*tuf volcanique*). == Nous réunissons ici tous les agglomérats ou conglomérats volcaniques, savoir : les lapilli agglomérés, qui portent principalement dans l'industrie le nom de *pouzzolanes*, et les *péperino*, qui ne sont que des lapilli cimentés par un tuf à petits éléments ou terreux.

Nous y comprenons aussi le *trass*, roche terreuse et homogène qui résulte du remaniement par les eaux de fins détritus volcaniques.

DEUXIÈME CLASSE. — ROCHES ARÉNACÉES.

On qualifie de cette manière toute roche qui résulte de l'assemblage, avec ou sans agrégation, d'éléments anguleux ou arrondis, empruntés à des roches préexistantes et qui ont subi, en général, un transport par l'action de l'eau.

(1) La néphéline est une cozéolite qui fait partie de ce groupe de minéraux vitreux, incolores, qui se trouvent cristallisés dans les cavités des roches rejetées par la Somma au Vésuve. Ses cristaux sont des prismes hexagonaux simples ou émarginés. — Elle se dissout en gelée dans les acides. — Sa substance est un silicate d'alumine et de soude, avec 5 à 6 p. 100 de potasse.

Les éléments peuvent être visibles ou indiscernables à l'œil nu ; de là deux sections que nous désignons par les épithètes de *phanérogène* et d'*adélogène*.

A. PHANÉROGÈNES.

1er Ordre. — Agglomérats et conglomérats.

On appelle *agglomérat* un amas plus ou moins grossier de débris d'un volume sensible rassemblés et généralement transportés près ou loin. — Lorsque ces débris sont agglutinés ou cimentés de manière à former une roche solide, on donne à cette roche le nom de *conglomérat*. — Les agglomérats et conglomérats les plus grossiers, qu'aucune circonstance remarquable ne caractérise, peuvent être désignés simplement par ces dénominations générales ; mais ceux qui se distinguent par des origines ou par des formes d'éléments spéciales, qui sont les plus intéressants en géognosie, forment plusieurs espèces ou sortes qu'il est indispensable de nommer d'une manière particulière.

Cailloux, grève, galets. = Ce sont des fragments de diverses roches qui ont été transportés, roulés et arrondis avec frottement mutuel par l'action des eaux courantes. On appelle particulièrement *galets* les cailloux qui doivent leur forme au mouvement des vagues de mer. Ces éléments sont habituellement agglomérés.

Poudingue. = Lorsque les cailloux sont conglomérés et liés par un ciment, ils constituent un *poudingue*.

On a créé des noms particuliers pour certains de ces conglomérats ; mais ces noms ne sont pas d'une utilité incontestable. Nous signalerons toutefois celui de *nagelflue* ou de *gompholite* par lequel on désigne un poudingue tertiaire très-répandu en Suisse, qui est composé de cailloux, souvent très-gros, calcaires, quartzeux et granitiques avec un ciment de molasse.

Nous croyons devoir citer particulièrement le poudingue d'Angleterre, remarquable par sa composition qui consiste n cailloux siliceux versicolores solidement cimentés par un quartzite à très-petits grains, et qui prend le plus agréable aspect lorsqu'il a été scié et poli.

Brèche. = La brèche n'est autre chose qu'un conglomérat de débris non roulés. Dans la plupart des cas, elle a été formée presque sur place comme un conglomérat par frottement. Les brèches les plus fréquentes sont constituées par des éléments calcaires avec un ciment de même nature. Certaines de ces brèches sont susceptibles de poli, et constituent une sorte de marbre très-employé.

2e Ordre. — Grès.

On appelle *sable* un agglomérat composé de grains d'un volume faible et uniforme qui résulte d'un transport et d'un lotissement produits par les eaux, quelquefois aussi par le vent. — Le *grès* n'est autre chose que le résultat de la conglomération et de la consolidation d'un sable par un ciment, circonstance qui est clairement indiquée par la dénomination anglaise de *sandstone* et par celle de *sandstein* de la nomenclature allemande, qui signifient, l'une et l'autre, *pierre de sable*. — Les grès sont composés de grains à peu près uniformes et d'un petit volume. La plupart ont leurs grains plus petits que la tête d'une épingle.

Les grès appartiennent aux conglomérats comme les sables aux agglomérats; mais le rôle important qu'ils jouent en géognosie, leur texture relativement assez fine et homogène, et la nature assez variée des éléments qui les constituent nous engagent à en traiter à part dans un ordre distinct où nous comprenons aussi les sables. — L'élément le plus essentiel du grès est le *quartz*, auquel s'associent souvent le *mica*, le *feldspath*, le *schiste*, quelquefois le *calcaire*, la *glauconie*. Chaque composition particulière donne lieu à la formation d'une espèce ou d'une sorte de grès à laquelle nous supposerons annexé le sable qui lui correspond.

Grès quartzeux (*grès proprement dit*). = Composé essentiellement de grains de quartz avec un ciment siliceux quelquefois mélangé de calcaire. C'est le grès proprement dit, le grès par excellence, celui qui joue le plus grand rôle dans la constitution des terrains de sédiment.

Le sable qui se rapporte à cette espèce forme des assises importantes dans quelques terrains à partir du groupe crétacé. Il est surtout très-développé dans les formations tertiaire et quaternaire et constitue un des éléments habituels des dépôts de notre époque.

Arkose. = Ici les éléments sont des grains de felspath et de quartz, avec ou sans mica. Ces grains résultent de la désagrégation du granite. Le ciment est siliceux. Il est probable qu'il a été introduit là par une action thermale en même temps que des minéraux de filons (fluorine, barytine, galène).

Le sable de l'arkose (*arène*) se trouve ordinairement sur le granite qui lui a donné naissance, ou dans le voisinage.

Psammite. = Grès quartzeux avec du mica qui lui communique souvent une structure schistoïde. Ciment peu abondant de nature variable, souvent argileux.

Grès houiller. — C'est minéralogiquement un psammite ou une arkose avec quelques parcelles de gorre ou de charbon disséminées. On doit le considérer comme l'élément principal du terrain qui contient la véritable houille.

Grès rouge. — Ce grès, qui occupe habituellement une place inférieure dans le groupe secondaire, n'est autre chose qu'un grès quartzeux, un psammite, une arkose, imbibés d'un fer oligiste terreux qui lui communique sa couleur. — Le nom de *pséphite* a été particulièrement employé par M. Cordier pour désigner le grès rouge proprement dit, celui qui constitue l'assise inférieure du terrain permien et que plusieurs géologues considèrent comme résultant de la décomposition du porphyre rouge quartzifère. Il renferme habituellement des mouches de feldspath plus ou moins décomposé, des grains de quartz et des fragments de schiste. Les variétés les plus fines de ce grès, de même que celles du psammite, servent à faire des meules de moulin.

Mimophyre (μῖμος, mime, qui imite). = Grès ressemblant à un porphyre, et qui n'est, le plus souvent, qu'une arkose ou un grès rouge à texture serrée qui empâte des cristaux de feldspath rarement entiers et souvent aussi des grains de quartz. — On lui donne le nom d'*argilophyre* quand la pâte est argileuse, soit directement soit par décomposition.

Macigno. = Grès fin souvent schistoïde formé par des grains de quartz, des lamelles de mica, etc.; ciment de marne endurcie. Il joue un assez grand rôle en Italie vers le plan de séparation du terrain secondaire et du terrain tertiaire.

Grès vert. — On peut le considérer comme un grès quartzeux à ciment argilo-calcaire, ou comme un macigno, coloré en vert par une multitude de grains glauconieux.

Il joue un rôle important dans l'étage inférieur du terrain crétacé d'Angleterre, circonstance qui a déterminé les géologues anglais à donner à l'étage lui-même le nom de *greensand*.

Molasse. = Grès tertiaire formé des éléments du psammite avec un ciment marneux. Il peut y entrer aussi de petits fragments de schistes et du feldspath décomposé. Consistance variable, souvent faible.

Grauwacke. = Grès ancien (période de transition), ordinairement de couleur sombre, qui est composé de grains de quartz et quelquefois de feldspath, avec de petits fragments de schiste et souvent des lamelles de mica. Il passe au schiste par l'abondance de l'élément argileux et par l'atténuation des autres éléments.

Nota. Il ne faut pas perdre de vue que ces sortes de grès ne sont considérées ici qu'au point de vue minéralogique, qui est et restera toujours indispensable, et nous devons prévenir que les noms que nous venons d'employer ont souvent été déviés de leur première signification par des considérations géognostiques.

B. ADÉLOGÈNES.

Les roches de cette section ont été formées par voie de transport et de lotissement comme les précédentes; mais ici les éléments sont tellement fins qu'on ne peut les distinguer, au moins à l'œil nu. Il convient de les subdiviser en deux ordres dont l'un se compose des roches à base d'argile et l'autre des schistes.

1er Ordre. — **Argiles.**

Ces roches ont une texture terreuse fine; les éléments y sont tellement atténués qu'ils finissent, dans les argiles pures, par arriver à l'état de molécules physiques. — Elles font souvent pâte avec l'eau, et n'ont pas une tendance nécessaire à la structure schisteuse.

Limon ou lehm. = Dépôt impur et grossier argilo-sableux, ordinairement calcarifère, et coloré en jaunâtre ou en brunâtre par l'oxyde de fer. Il appartient à l'époque diluvienne ou même à l'époque actuelle. Dans la vallée du Rhin, où cette matière constitue une grande partie du diluvium, on lui donne le nom de *lehm* ou de *loëss*.

Gorre. = Je désigne par ce nom, emprunté aux mineurs, une matière noire argileuse assez grossière, souvent carburée et quelquefois micacée, qui accompagne la houille dans tous les bassins houillers. Elle peut être massive; mais, le plus souvent, elle montre au moins une tendance à la structure schisteuse, et offre alors assez fréquemment des empreintes végétales. On l'a appelée jusqu'à présent *argile schisteuse*, bien qu'elle n'ait aucune des propriétés caractéristiques des argiles, et que la structure schisteuse ne lui soit pas essentielle.

La gorre renferme, comme minéraux accidentels, de la sidérose lithoïde et de la pyrite.

Argile. = Cette roche éminemment terreuse est composée d'éléments à l'état moléculaire ou à peu près. Nous en avons donné les caractères à la description des minéraux, page 178. Le calcaire et l'oxyde de fer y entrent très-souvent comme éléments accessoires et s'y trouvent intimement mélangés. — Parmi les minéraux accidentels disséminés, les plus fréquents sont la pyrite, le calcaire en nodules et le gypse cristallisé.

L'argile proprement dite prend le nom d'argile *plastique* ou d'argile *smectique*, suivant qu'elle possède principalement l'une ou l'autre des propriétés que ces noms rappellent.

Argilolite. = Nous désignons par ce nom une roche de nature argileuse, plus dure que l'argile, sans plasticité, susceptible d'offrir des teintes et des bariolures variées, et qui a la propriété de se diviser facilement, par le choc du marteau, en lopins à surface anguleuse ou conchoïde. Cette roche se montre dans plusieurs formations ; mais elle est surtout très-développée et très-constante à la partie supérieure du trias en Lorraine où elle a été très-improprement désignée par le nom de *marne irisée*.

Marne. = La marne résulte d'un mélange intime d'argile et de carbonate de chaux à peu près à parties égales. Elle est souvent schistoïde et jouit de la propriété, précieuse pour l'agriculture, de se déliter, et de se réduire en poussière par l'action de l'air et de l'humidité. — On apprécie sa richesse en carbonate par le moyen d'un acide qui dissout cette dernière substance en laissant un résidu qui est la partie argileuse. — Elle offre à peu près les mêmes minéraux accidentels que les argiles.

Les argiles et les marnes jouent un grand rôle dans les terrains secondaire et tertiaire, et leur imperméabilité est la principale cause de la présence, dans la croûte terrestre, des nappes d'eau souterraines permanentes qui alimentent les sources, les puits ordinaires et les puits artésiens,

2ᵉ Ordre. — **Schistes** (1).

Les schistes, ont une origine première analogue à celle des argiles : mais ils sont plus consistants, plus nettement divisibles en feuillets et n'ont aucune plasticité. Il est probable qu'ils doivent, au moins en partie, ces caractères particuliers à des actions métamorphiques qui, faiblement prononcées dans les schistes *ordinaires*, ont agi avec beaucoup d'énergie dans ceux que nous appelons *cristallins*. — Les schistes, en général, forment le principal élément du terrain de transition, et les plus cristallins occupent, le plus souvent, la partie inférieure de cette formation vers son contact avec le terrain primordial ou près des roches éruptives. — Il est indispensable de distinguer et de caractériser à part, sous des noms différents, plusieurs sortes de schistes analogues à celles qui ont été créées pour les grès. — Les plus fissiles, parmi les schistes qui ont pour base essentielle une matière argileuse, ont reçu de M. Daubuisson et de plusieurs autres auteurs après lui, le nom de *phyllade*, du mot grec φυλλάς, qui veut dire assemblage de feuilles.

a. Schistes ordinaires.

Sch. argileux. = Cette sorte de schiste, qui est ordinairement grise ou noirâtre, et qui est très-répandue dans les contrées dont le sol appartient à l'époque de transition, se rapproche plus de l'argile que toutes les autres ; toutefois, la matière qui la constitue ne fait nullement pâte avec l'eau. Le mica en éléments très-atténués entre ordinairement dans sa composition. — On y trouve fréquemment de la pyrite, du graphite et, dans certains pays, particulièrement en Bretagne, des staurotides et des mâcles disséminées.

L'ardoise (phyllade par excellence), n'est autre chose qu'un schiste argileux nettement fissile. Il faut bien remarquer ici que le fil suivant lequel les ardoises se débitent

(1) De σχίζω, fendre, diviser.

est assez souvent oblique relativement aux surfaces de stratification.

Sch. siliceux. = C'est un schiste argileux riche en silice. Il est assez fréquemment rubané en vertu d'une disposition de cette substance à se rassembler, particulièrement à certains niveaux. Ceux de ces rubans siliceux qui ont une couleur noire ont reçu particulièrement les noms de *quartz lydien*, *lydienne*, *phtanite*. On en fait d'excellentes pierres de touche.

Une sorte particulière de schiste siliceux se rencontre parfois dans des formations relativement récentes. Elle est plus ou moins terreuse et rougit par l'action du feu. On l'emploie sous le nom de *tripoli*, après l'avoir réduite en poudre, pour polir et nettoyer les métaux. Elle paraît n'être autre chose ; le plus souvent, qu'un agrégat de carapaces d'infusoires.

Sch. euritique. = Schiste analogue au schiste siliceux, sauf que la matière qui le pénètre et qui lui communique une certaine compacité est ici le pétrosilex. On peut assez facilement distinguer l'un de l'autre ces deux schistes par l'action du briquet et surtout en éprouvant leur fusibilité.

Sch. novaculaire. = Cette roche imparfaitement schisteuse, qui constitue habituellement un élément accessoire dans l'étage devonien, peut être regardée comme une espèce intermédiaire entre le schiste siliceux ou le schiste euritique et le psammite. M. Cordier la considère comme un agrégat microscopique de parties talqueuses, feldspathiques et quartzeuses. — Son grain très-fin, sa dureté et sa douceur la rendent propre à être utilisée comme pierre à rasoir. — Elle est ordinairement d'un blanc grisâtre, ou jaunâtre ou d'un vert clair et quelquefois veinée ou maculée de rouge vineux.

Sch. calcarifère (*calschiste*). = Résulte du mélange ou de l'association, par feuillets parallèles ou entrelacés, du calcaire et du schiste argileux. Il passe au calschiste amygdalin par l'abondance du calcaire à l'état de ganglion.

Sch. carburé ou **graphitique.** = Schiste argileux pénétré intimement de carbone assez souvent à l'état de graphite terreux, qui occupe une place considérable dans le terrain silurien des Pyrénées. Il est noir et quelquefois éclatant. — La pyrite s'y trouve habituellement disséminée, et y produit des sulfates de fér et d'alumine par sa décomposition, d'où le nom de schiste *alumineux* qu'on lui a souvent donné. On y trouve assez souvent des mâcles cruciformes. — Une variété à pâte fine et riche en graphite prend le nom *d'ampélite.* On en fait des crayons pour les charpentiers.

Sch. bitumineux. = C'est un schiste argileux ou un gorre très-schisteux imprégné de bitume, qui se trouve principalement à la partie supérieure du terrain houiller. On en tire, par la distillation, une sorte de naphte qu'on emploie pour l'éclairage sous le nom *d'huile de schiste.*

b. Cristallins.

Schiste talqueux et **schiste micacé.** = Nous ne faisons qu'un groupe de ces deux schistes, qui peuvent être regardés comme un schiste argileux, qui serait devenu brillant, métalloïde ou satiné par suite du développement d'une matière lamelliforme talco-micacée, où dominent tantôt les caractères du mica, tantôt ceux du talc foliacé. — Ces schistes, très-abondants au milieu des formations anciennes qui se rapprochent des centres d'éruption, passent souvent au micaschiste, au gneiss et au talschiste sans jamais acquérir toutefois une onctuosité bien prononcée. Ils offrent plusieurs couleurs, parmi lesquelles on peut distinguer des teintes argentines ou dorées. — On y trouve souvent des grenats, des embryons de mâcles ou de staurotides, des tourmalines, etc.

Sch. mâclifère (*mâcline*). = Les schistes précédents

prennent ce nom lorsque les mâcles ou les staurotides, cessant d'y être accidentelles, viennent à s'y répandre uniformément au point de devenir essentielles. Habituel-lement ces cristaux ne sont qu'ébauchés, et s'offrent à l'ob-servateur sous la forme de taches bosselées brunes, noirâ-tres, rougeâtres, etc.

Sch. gneissique. = C'est un gneiss extrèmement schis-teux qui peut être considéré comme une variété feldspathi-que du schiste micacé (Luchon, Lyon).

Sch. amphibolique. = On peut regarder cette roche comme un schiste ordinaire qui serait devenu amphiboli-que ou plutôt dioritique par métamorphisme. Il est habi-tuellement noir ou vert foncé. — On y trouve plusieurs minéraux disséminés, comme de la pyrite, de l'amphibole, de l'aimant (Bretagne, Lyonnais).

Sch. serpentineux. = C'est un schiste ordinaire imbibé de matière serpentineuse, qui se trouve au voisinage des typhons éruptifs de serpentine (Aveyron).

FIN.

TABLE DES MATIÈRES

NON COMPRIS LES ESPÈCES DE MINÉRAUX ET DE ROCHES.

TABLE ALPHABÉTIQUE

DES MINÉRAUX ET DES ROCHES.

Nota. — Dans cette table toute spéciale pour les minéraux et pour les roches, celles-ci sont désignées par des lettres grasses ; les minéraux sont en caractères ordinaires. Pour les synonymes et pour les sortes et variétés, on a adopté des lettres italiques.

FIN DES TABLES.